U0270707

国家工科数学教学基地　国家级精品课程使用教材

高等数学

（下册）

上海交通大学数学系　组编

内容提要

本教材吸取其他高等数学优秀教材精华部分，依照少学时高等数学教学的知识结构要求及特点，围绕教学大纲内容，强调教材的层次性、针对性，便于少学时高等数学教学，也方便学生自学，各章、节知识点后配有相应习题，并附习题答案.

本教材分上、下两册. 下册包括多元函数微积分，重积分，无穷级数和微分方程四部分内容.

本书可作为少学时高等数学的教学用书，也可供广大读者进行自学.

图书在版编目(CIP)数据

高等数学. 下册 / 上海交通大学数学系组编. —上海：上海交通大学出版社，2017
ISBN 978-7-313-16127-7

Ⅰ. ①高… Ⅱ. ①上… Ⅲ. ①高等数学-高等学校-教材 Ⅳ. ①O13

中国版本图书馆 CIP 数据核字(2016)第 268588 号

高等数学(下册)

组　　编：上海交通大学数学系
出版发行：上海交通大学出版社　　地　　址：上海市番禺路 951 号
邮政编码：200030　　电　　话：021-64071208
出 版 人：郑益慧
印　　制：上海天地海设计印刷有限公司　　经　　销：全国新华书店
开　　本：787 mm×960 mm　1/16　　印　　张：15.25
字　　数：284 千字
版　　次：2017 年 1 月第 1 版　　印　　次：2017 年 1 月第 1 次印刷
书　　号：ISBN 978-7-313-16127-7/O
定　　价：38.00 元

前　言

高等数学是大多数非数学专业大学生的一门必修课，对大学生养成良好的数学素养及科学的分析能力有着至关重要的作用. 因此，高等数学教材的改革受到广大师生的重视. 现有的高等数学教材类型很多，难度各异，各有侧重.

很多院校的理工科及文科专业，多年来一直沿用上海交通大学数学系组编的《高等数学》和《微积分》两本精品教材，但部分老师在开展少学时高等数学教学工作时，发现诸多不便：基本理论过度抽象，学生无法很好地理解知识点；习题偏难，技巧性太强；章节重点不突出等. 因此，改革教材以适应这类高等数学教学的需求越来越迫切.

在诸多教师和上海交大数学系领导的关心和支持下，我们不断总结，集思广益，进行总体构思，逐渐形成了现在的教材框架. 强调教材的概念叙述，注重知识点的层次性、针对性，易于学生自学，并在各章、节后配套相应习题，方便学生练习，掌握知识点. 在保证教学完整性的基础上，更加简洁、清晰地呈现教学重点.

本教材分上、下两册，可作为少学时高等数学教学用书，也可供广大读者进行自学.

全书由向光辉和曹玥共同编写，习题和答案由曹玥收集和整理，赵亮在审核习题答案工作中提供极大支持.

限于编者的水平与经验，本教材存在的不足之处恳请读者指正，以便今后再版时改正.

编　者

2016 年 6 月

目　　录

6　多元微分学

前面讨论的函数都只有一个自变量，这种函数称为**一元函数**. 但在很多实际问题中往往涉及多方面的因素，反映到数学上，就需要研究一个因变量与多个自变量之间的关系，即多元函数关系. 本章将在一元函数微分学的基础上，进一步讨论多元函数的微分法及其应用. 讨论将以**二元函数**为主要对象，这不仅因为与二元函数有关的概念和方法大多有比较直观的解释，便于理解，而且这些概念和方法能自然推广到二元以上的多元函数.

6.1　空间解析几何简介

本节简单介绍空间解析几何的一些基本概念，包括空间直角坐标系、空间两点间的距离、空间曲面及其方程等概念，这些内容对学习多元函数的微分学和积分学起到重要的作用.

6.1.1　空间直角坐标系

过空间一定点 O，作 3 条相互垂直的数轴，依次记为 **x 轴(横轴)**、**y 轴(纵轴)**、**z 轴(竖轴)**. 它们构成一个空间直角坐标系 $Oxyz$.

空间直角坐标系有右手系和左手系两种，通常采用右手系(见图 6－1)，其坐标轴的正向按如下方式规定：以右手握住 z 轴，当右手的 4 个手指从 x 轴正向以 $90°$ 角度转向 y 轴正向时，大拇指的指向就是 z 轴的正向.

3 条坐标轴中每两条坐标轴所在的平面 xOy，yOz，zOx 称为**坐标面**. 3 个坐标面把空间分成 8 个部分，每个部分称为一个**卦限**，共 8 个卦限. 其中 $x>0$，$y>0$，$z>0$ 部分为第一卦限，其余按逆时针方向确定，先上后下. 如图 6－2 所示.

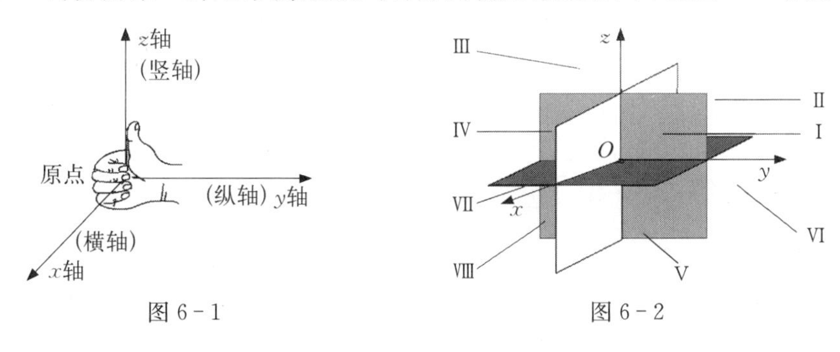

图 6－1　　图 6－2

定义空间直角坐标系后，就可以用一组有序实数组来确定空间点的位置. 如图 6-3 所示，设 M 为空间中任意一点，过点 M 分别作垂直于 x 轴、y 轴、z 轴的平面，它们与 x 轴、y 轴、z 轴分别交于 P、Q、R 三点，这三个点在 x 轴、y 轴、z 轴上的坐标分别为 x,y,z，这样空间的一点 M 就唯一地确定了一个有序数组 x,y,z. 这组数 x,y,z 称为**点 M 的坐标**，并依次称 x,y,z 为点 M 的**横坐标**、**纵坐标**、**竖坐标**，通常记为 **$M(x, y, z)$**.

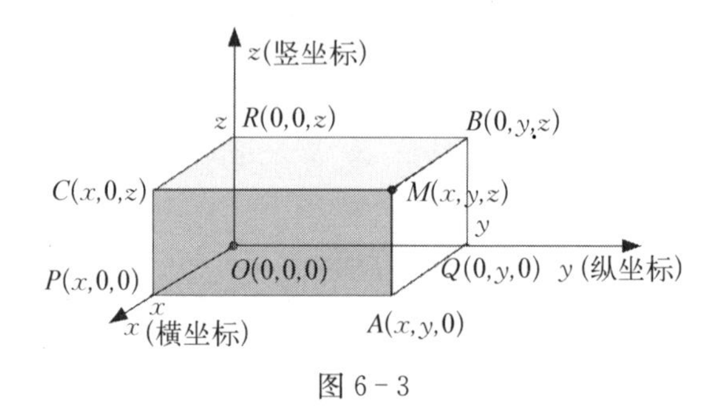

图 6-3

6.1.2 空间两点间的距离

如图 6-4 所示，设 $M_1(x_1, y_1, z_1)$，$M_2(x_2, y_2, z_2)$ 为空间中任意两点，过 M_1、M_2 两点各作 3 个分别垂直于坐标轴的平面，这 6 个平面围成一个以 M_1M_2 为对角线的长方体，它的各棱与坐标轴平行，其长度分别为 $|x_2-x_1|$，$|y_2-y_1|$，$|z_2-z_1|$，因此，M_1、M_2 两点的距离公式为

$$|M_1M_2|=\sqrt{(x_2-x_1)^2+(y_2-y_1)^2+(z_2-z_1)^2}.$$

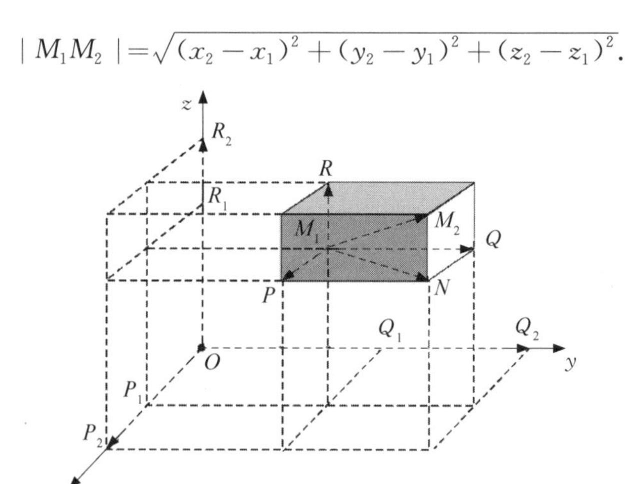

图 6-4

特别地,点 $M(x, y, z)$ 到坐标原点 $O(0, 0, 0)$ 的距离为

$$|OM|=\sqrt{x^2+y^2+z^2}.$$

例 6.1 求证以 $M_1(4, 3, 1)$、$M_2(7, 1, 2)$、$M_3(5, 2, 3)$ 三点为顶点的三角形是一个等腰三角形.

解 因为 $|M_1M_2|^2=3^2+(-2)^2+1^2=14$, $|M_2M_3|^2=(-2)^2+1^2+1^2=6$, $|M_3M_1|^2=(-1)^2+1^2+(-2)^2=6$,所以 $|M_2M_3|=|M_3M_1|$,从而结论成立.

6.1.3 曲面及其方程

1. 曲面方程的概念

在空间解析几何中,曲面也可以看作是具有某种性质的动点的轨迹.

定义 6.1 如果曲面 S 与三元方程 $F(x, y, z)=0$ 有下述关系:

(1) 曲面 S 上任一点的坐标都满足方程;

(2) 不在曲面 S 上的点的坐标都不满足方程,

那么方程 $F(x, y, z)=0$ 称为**曲面 S 的方程**,而曲面 S 称为方程的图形.

空间曲面研究的两个基本问题是:

(1) 已知曲面上的点所满足的几何条件,建立曲面的方程;

(2) 已知曲面方程,研究曲面的几何形状.

2. 平面

空间平面是空间曲面的特例,在空间直角坐标系中,平面的方程是 x、y、z 的三元一次方程:

$$Ax+By+Cz+D=0,$$

式中 A,B,C,D 为常数,且 A,B,C 不全为零.

具有特殊位置的平面方程

(1) 平面通过坐标原点: $Ax+By+Cz=0$;

(2) 平面平行于 z 轴: $Ax+By+D=0$;
平面平行于 y 轴: $Ax+Cz+D=0$;
平面平行于 x 轴: $By+Cz+D=0$;

(3) 平面平行于 xOy 面: $Cz+D=0$, 或 $z=$ 常数(特例: $z=0$);
平面平行于 zOx 面: $By+D=0$, 或 $y=$ 常数(特例: $y=0$);
平面平行于 yOz 面: $Ax+D=0$, 或 $x=$ 常数(特例: $x=0$).

例 6.2 求平行于 z 轴且过 $M_1(1, 0, 0)$, $M_2(0, 1, 0)$ 两点的平面方程.

解 因所求平面平行于 z 轴，从而可设平面方程为

$$Ax+By+D=0,$$

又点 M_1 和 M_2 都在平面上，于是

$$\begin{cases}A+D=0,\\B+D=0,\end{cases}$$

得
$$A=B=-D,$$

代入方程得
$$-Dx-Dy+D=0,$$

显然 $D\neq 0$，消去 D 并整理可得所求的平面方程为 $x+y-1=0$.

平面的截距式方程

设平面方程为 $Ax+By+Cz+D=0$，若这平面与 x,y,z 三轴分别交于 $P(a,0,0)$、$Q(0,b,0)$、$R(0,0,c)$（其中 $a\neq0$，$b\neq0$，$c\neq0$），则因这三点均在上述平面内，故

$$\begin{cases}aA+D=0,\\bB+D=0,\\cC+D=0,\end{cases}$$

得
$$A=-\frac{D}{a},B=-\frac{D}{b},C=-\frac{D}{c},$$

代入所设方程，得
$$\frac{x}{a}+\frac{y}{b}+\frac{z}{c}=1.$$

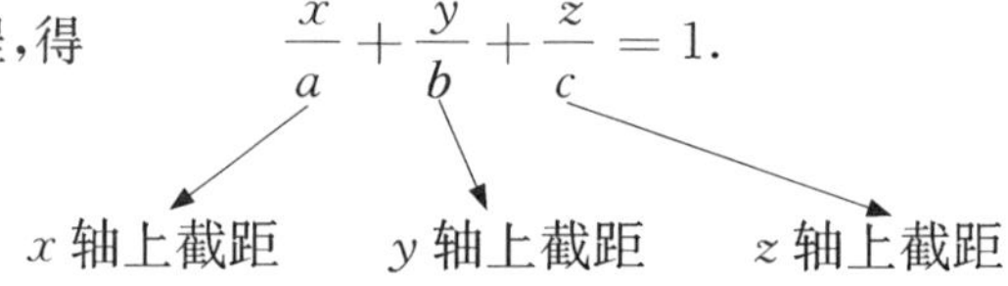

此方程称为**平面的截距式方程.**

例 6.3 设平面在坐标轴上的截距分别为 $a=3$，$b=-4$，$c=5$，求这个平面的方程.

解 由已知条件 $a=3$，$b=-4$，$c=5$，得所求平面的方程为

$$\frac{x}{3}-\frac{y}{4}+\frac{z}{5}=1,$$

即
$$20x-15y+12z-60=0.$$

3. 柱面

定义 6.2 平行于定直线并沿定曲线 C 移动的直线 l 所形成的曲面称为**柱面.**

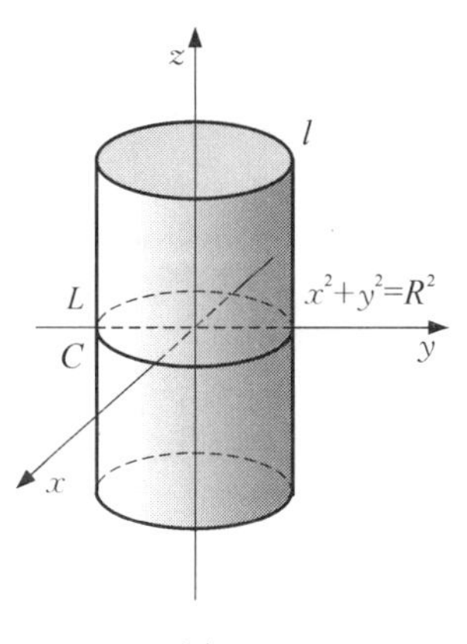

图 6-5

这条定曲线 C 称为柱面的**准线**，动直线 l 称为柱面的**母线**.

如图 6-5 所示，由平行于定直线 L 的直线 l（母线）沿平面上的圆（准线）移动而形成的曲面称为圆柱面. 柱面的方程为

$$x^2+y^2=R^2.$$

6.1.4 其他柱面举例

方程 $y^2=2x$ 表示母线平行于 z 轴、准线为 xOy 面上的抛物线 $y^2=2x$ 的柱面，这个柱面称为**抛物柱面**.

注意 柱面方程中缺变量 z.

方程 $-\dfrac{x^2}{a^2}+\dfrac{y^2}{b^2}=1$ 表示母线平行于 z 轴、准线为 xOy 面上的双曲线 $-\dfrac{x^2}{a^2}+\dfrac{y^2}{b^2}=1$ 的柱面，这个柱面称为**双曲柱面**.

从柱面方程看柱面的特征

一般地，只含 x,y 而缺 z 的方程 $F(x, y)=0$ 在空间直角坐标系中表示母线平行于 z 轴的柱面，其准线为 xOy 面上曲线 C. 类似地，只含 x,z 而缺 y 的方程 $G(x, z)=0$，和只含 y,z 而缺 x 的方程 $H(y, z)=0$，在空间直角坐标系中分别表示母线平行于 y 和 x 轴的柱面.

6.1.5 二次曲面

前面已经介绍了曲面的概念，并且知道曲面可以用 x,y,z 的一个三元方程 $F(x, y, z)=0$ 来表示. 如果方程左端是关于 x,y,z 的多项式，方程表示的曲面就称为**代数曲面**，多项式的次数称为代数曲面的次数，一次方程所表示的曲面称为**一次曲面**，即平面；二次方程表示的曲面称为**二次曲面**. 常见的二次曲面包括：

(1) 椭球面；　(2) 椭圆抛物面；　(3) 双曲抛物面(马鞍面)；

(4) 单叶双曲面；　(5) 双叶双曲面；　(6) 二次锥面.

例 6.4 给定两点：$M(-2, 0, 1)$ 和 $N(2, 3, 0)$，在 Ox 轴上有一点 A，满足 $|AM|=|AN|$，求点 A 的坐标.

解 因为点在 Ox 轴上，可设所求点 $A(x, 0, 0)$，依题意有 $|AM|=|AN|$，即 $\sqrt{(x+2)^2+1}=\sqrt{(x-2)^2+3^2}$，所以 $x=1$，从而所求点为 $A(1, 0, 0)$.

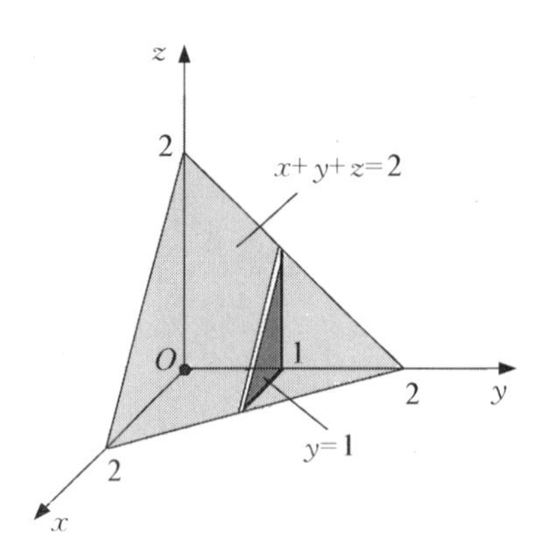

图 6-6

例 6.5 指出方程组 $\begin{cases}x+y+z=2\\y=1\end{cases}$ 表示什么曲线.

解 表示平面 $x+y+z=2$ 与平面 $y=1$ 的交线. 如图 6-7 所示.

例 6.6 指出方程组 $\begin{cases}\dfrac{y^2}{9}-\dfrac{z^2}{4}=1\\x-3=0\end{cases}$ 表示什么曲线.

解 该曲线是由平面 $x=3$ 截双曲柱面 $\dfrac{y^2}{9}-\dfrac{z^2}{4}=1$ 而得的双曲线,它在平面 $x=3$ 上,其中心在点 $(3, 0, 0)$ 处,实轴与虚轴分别平行于 y 轴与 z 轴,半实轴长为3,半虚轴长为2.

习 题 6.1

1. 求满足下列条件的平面方程:

(1) 平行于 xOy 平面且经过点 $(2, -5, 3)$;

(2) 通过点 z 轴和点 $(-3, 1, -2)$;

(3) 平行于 x 轴且过点 $(4, 0, -2)$ 和 $(5, 1, 7)$.

2. 方程组 $\begin{cases}\dfrac{x^2}{4}+\dfrac{y^2}{9}=1\\y=3\end{cases}$ 表示怎样的曲线?

3. 求过三点 $M_1(2, -1, 4)$, $M_2(-1, 3, -2)$, $M_3(0, 2, 3)$ 的平面方程.

4. 求以点 $(1, 2, 3)$ 为球心,且通过坐标原点的球面方程.

5. 确定 k 的值,使平面 $x+ky-2z=9$ 满足下列条件之一:

(1) 经过点 $(5, -4, -6)$; (2) 在 y 轴上的截距为 -3.

6. 下列方程或方程组表示什么图形:

(1) $\begin{cases}x+2=0,\\y-3=0;\end{cases}$ (2) $\begin{cases}x^2+y^2+z^2=20,\\z-2=0;\end{cases}$

(3) $\begin{cases}x^2-4y^2+9z^2=36,\\y=1;\end{cases}$ (4) $\begin{cases}x^2-4y^2=4z,\\y=-2.\end{cases}$

7. 求曲面 $x^2+9y^2=10z$ 与 yOz 平面的交线.

8. 一动点与两定点(2, 3, 1)和(4, 5, 6)等距离,求该动点满足的方程.

9. 求以点 $O(1, 3, -2)$ 为球心,且过坐标原点的方程.

10. 求曲线 $x^2+9y^2=10z$ 与 yOz 平面的交线.

6.2 多元函数的基本概念

6.2.1 平面区域的概念

在一元函数中,曾介绍过邻域和区间的概念,由于讨论多元函数的需要,下面将这些概念进行推广,同时引入一些其他相关概念.

1. 邻域

与数轴上邻域的概念类似,引入平面上点的邻域的概念.

如图 6-7 所示,设 $P(x_0, y_0)$ 为直角坐标系平面上一点,$\delta>0$,称点集

$$\{(x, y) \mid \sqrt{(x-x_0)^2+(y-y_0)^2}<\delta\}$$

为点 P 的 δ **邻域**,记为 $U_\delta(P)$,简称**邻域**.

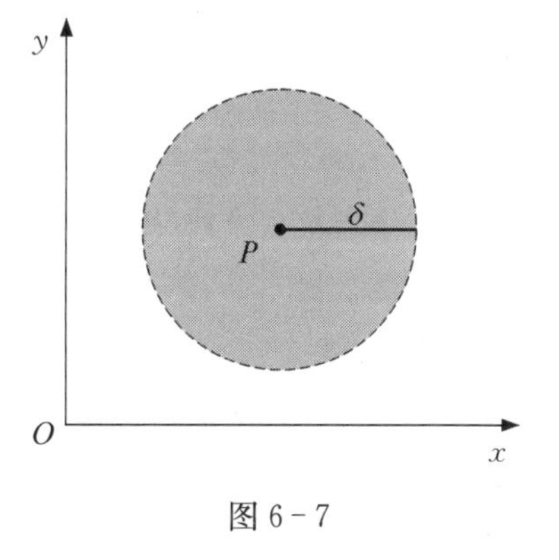

图 6-7

根据这一定义,点 P 的 δ 邻域实际上是以点 P 为圆心、δ 为半径的圆的内部.

$U_\delta(P)-\{P\}$ 中除去点 $P(x_0, y_0)$ 后所剩部分,称为点 $P(x_0, y_0)$ 的**去心邻域**,记作:$\overset{0}{U}_\delta(P)$.

注意 点 P 的邻域 $U_\delta(P)$,有时也可用点集

$$\{(x, y) \mid |x-x_0|<\delta, |y-y_0|<\delta\}$$

来描述,常称为**方形邻域**,而前述邻域则称为**圆形邻域**. 显然,任何圆形邻域内必含有方形邻域;任何方形邻域内必含有圆形邻域.

2. 内点、外点及边界点

设 E 是平面上的一个点集,P 是平面上的一个点,则点 P 与点集 E 之间必存在以下三种关系(见图 6-8):

(1) 如果存在点 P 的某一邻域 $U(P)\subset E$,则称 P 为 E 的**内点**;

(2) 如果存在点 P 的某一邻域 $U(P)\cap E=\phi$,则称 P 为 E 的**外点**;

(3) 如果点 P 的任一个邻域内既有属于 E 的点，也有不属于 E 的点，则称 P 为 E 的**边界点**. 边界点可以属于 E，也可以不属于 E. E 的边界点的全体称为 E 的**边界**.

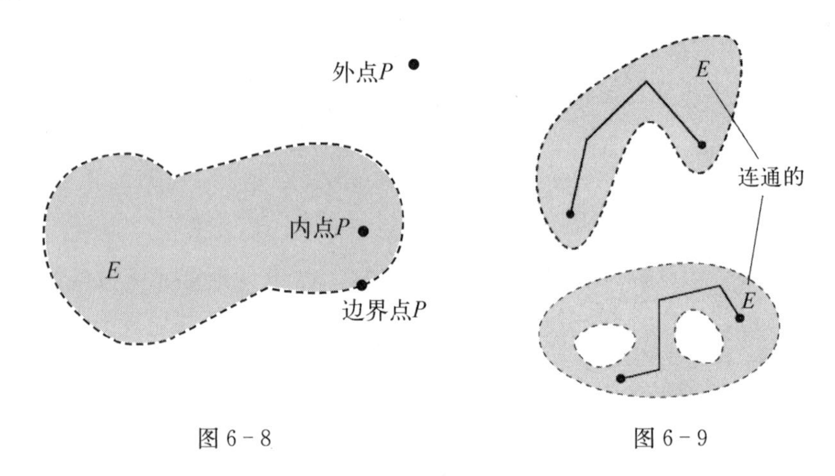

图 6－8　　　　图 6－9

如果点集 E 的点都是内点，则称 E 为**开集**；如果点集 E 的余集 E 为开集，则称 E 为**闭集**.

3. 区域

图 6－9 所示，设 E 是开集，如果对于 E 内任何两点都可用折线连接起来，且该折线上的点都属于 E，则称点集 E 是**连通的**，连通的开集称为区域或称为**区域**或**开区域**，开区域连同它的边界一起称为**闭区域**，包括部分边界的区域称为**半开半闭区域**. 区域举例如图 6－10 所示.

如果一个区域可以被包含在以原点为圆心的某一圆内，那么称这个区域为**有界区域**，否则称为**无界区域**(见图 6－11).

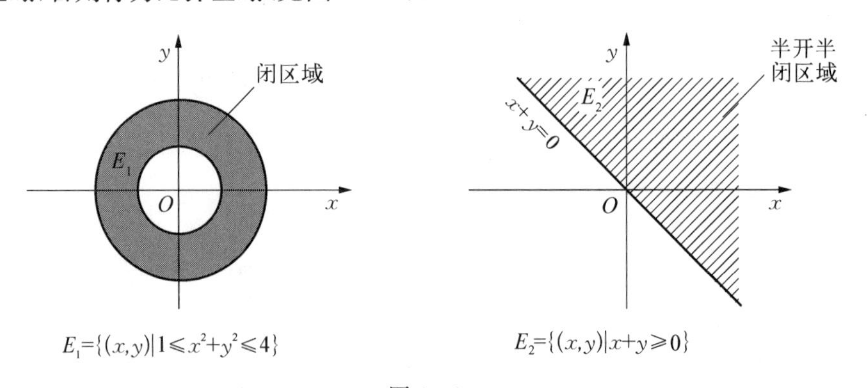

图 6－10

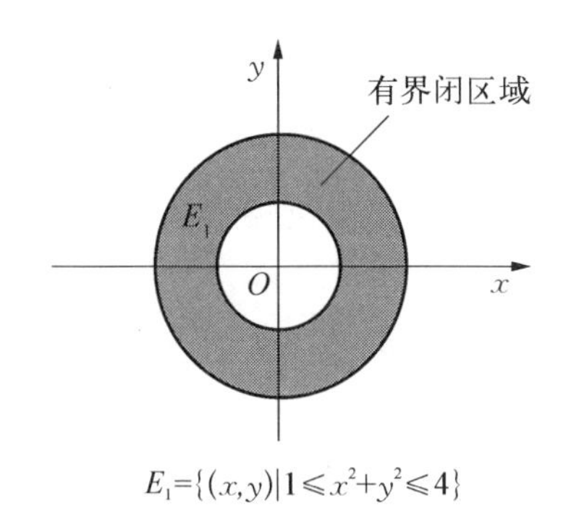

$E_1=\{(x,y)|1\leqslant x^2+y^2\leqslant 4\}$

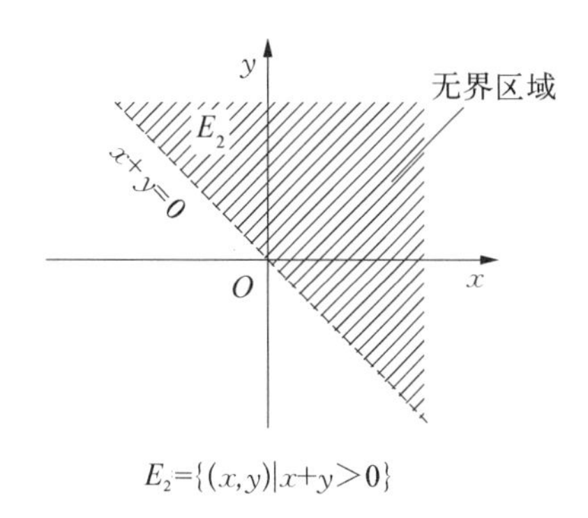

$E_2=\{(x,y)|x+y>0\}$

图 6-11

6.2.2 二元函数的概念

以圆柱的体积计算为例，圆柱的体积公式为 $V=\pi r^2 h$，半径 r、高为 h 在范围 $0<r<+\infty$，$0<h<+\infty$ 内变化时，体积 V 按公式确定的值进行对应. 这种一个变量对两个变量间的依存关系称为**二元函数**.

共同本质 两个变量取定一对数值，按照一定的对应法则，就有另一个变量的一个值与之对应，由此抽象出二元函数的概念.

定义 6.3 设 D 是平面上的一个非空点集，如果对于 D 内的任一点 (x, y)，按照某种法则 f，都有唯一确定的实数 z 与之对应，则称 f 是 D 上的二元函数，它在 (x, y) 处的函数值记为 $f(x, y)$，即

$$z=f(x, y),$$

式中 x，y 称为**自变量**，z 称为**因变量**，D 为**定义域**. 函数 f 的函数值的全体

$$f(D)=\{z \mid z=f(x, y), (x, y)\in D\}$$

称为函数 f 的**值域**.

注意 关于二元函数的定义域仍作如下约定：如果一个用算式表示的函数没有明确指出定义域，则该函数的定义域理解为使算式有意义的所有点 (x, y) 所构成的集合，称为**自然定义域**.

类似地，可定义三元及三元以上的函数，当 $n\geqslant 2$ 时，n 元函数统称为**多元函数**.

例 6.7 确定函数 $z=\sqrt{x^2+y^2-1}+\dfrac{e^{x^2}+y^2}{\sqrt{36-4x^2-9y^2}}$ 的定义域.

解 依题意，有 $\begin{cases}x^2+y^2-1\geqslant 0,\\ 36-4x^2-9y^2>0,\end{cases}$ 满足这两个不等式的区域就是所求的

定义域,即 $D=\{(x, y) \mid x^2+y^2 \geqslant 1, 4x^2+9y^2<36\}$.

例 6.8 确定函数 $z=\sqrt{x+y}-\ln(x-y+2)$ 的定义域.

解 依题意,有 $\begin{cases}x+y \geqslant 0, \\ x-y+2>0,\end{cases}$ 满足这两个不等式的区域,即直线 $y=-x$ 的上方与直线 $y=x+2$ 的右侧所组成的区域,即 $D=\{(x, y) \mid x+y \geqslant 0, x-y+2>0\}$.

例 6.9 确定函数 $z=\ln(y^2-2x+1)$ 的定义域.

解 要使表达式有意义,必须 $y^2-2x+1>0$,

所求定义域为 $$D=\{(x, y) \mid y^2-2x+1>0\}.$$

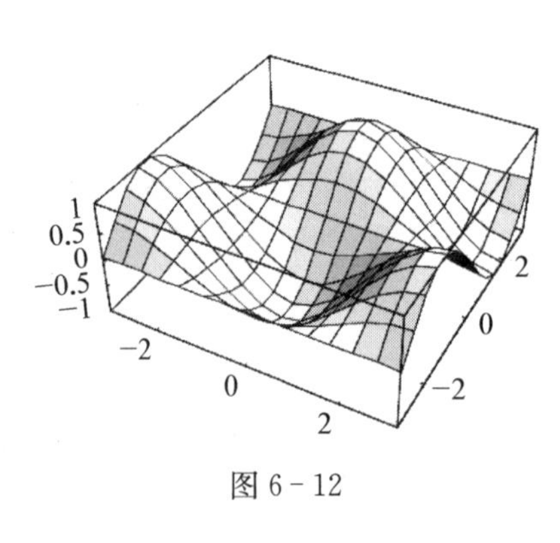

图 6-12

例 6.10 确定函数 $z=\sqrt{x-\sqrt{y}}$ 的定义域.

解 要使表达式有意义,必须 $x-\sqrt{y} \geqslant 0$,所以所求定义域为 $D=\{(x, y) \mid x \geqslant \sqrt{y}, y \geqslant 0\}$.

二元函数的几何意义

点集 $\{(x, y, z) \mid z=f(x, y), (x, y) \in D\}$ 称为二元函数 $z=f(x, y)$ 的图形. 二元函数的图形通常是一张曲面. 例如曲面 $z=\cos x \sin y$ (见图 6-12).

6.2.3 二元函数的极限

类似一元函数极限,二元函数 $z=f(x, y)$ 的极限问题是研究当自变量 $x \rightarrow x_0$ 且同时 $y \rightarrow y_0$,亦即点 $P(x, y) \rightarrow P_0(x_0, y_0)$ 时,函数值 $f(x, y)$ 的变化趋势.

定义 6.4 若函数 $z=f(x, y)$ 在点 $P_0(x_0, y_0)$ 的某一去心邻域内有定义,如果当点 $P(x, y)$ 无限趋于点 P_0 时,函数 $f(x, y)$ 无限趋于某一个常数 A,则称 A 为函数 $f(x, y)$ 当 $(x, y) \rightarrow (x_0, y_0)$ 时的**极限**,记作

$$\lim_{(x, y) \rightarrow (x_0, y_0)} f(x, y)=A \text{ 或 } \lim_{\substack{x \rightarrow x_0 \\ y \rightarrow y_0}} f(x, y)=A,$$

或 $$f(x, y) \rightarrow A\ ((x, y) \rightarrow (x_0, y_0)),$$

或 $$f(P) \rightarrow A\ (P \rightarrow P_0).$$

二元函数的极限与一元函数的极限具有相同的性质和运算法则,在此不再详

述.为了区别于一元函数的极限,称二元函数的极限为**二重极限**.

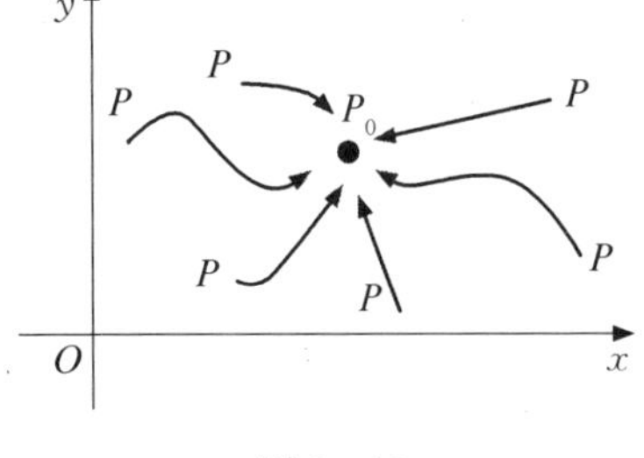

图 6-13

注意 在一元函数 $f(x)\to A(x\to x_0)$ 中,虽然自变量可以任何方式趋向于 x_0,但 x 的变化只局限于 x 轴或从 x_0 的左侧或从 x_0 的右侧或跳动于 x_0 的左、右两侧,而在 $f(x, y)\to A(P(x, y)\to P_0(x_0, y_0))$ 中,点 P 可以从任意方向和任意路径,即任意方式趋向于 P_0(见图 6-13).因此二元函数极限要比一元函数复杂得多.

一元函数极限的运算法则都可以直接应用.

例 6.11 求极限 $\lim\limits_{\substack{x\to 2\\ y\to 1}}(x^2+xy+y^2)$.

解 $\lim\limits_{\substack{x\to 2\\ y\to 1}}(x^2+xy+y^2)=2^2+2\times 1+1^2=7$.

例 6.12 求极限 $\lim\limits_{\substack{x\to 0\\ y\to 0}}\dfrac{\sin(x^2y)}{x^2+y^2}$.

解 $\lim\limits_{\substack{x\to 0\\ y\to 0}}\dfrac{\sin(x^2y)}{x^2+y^2}=\lim\limits_{\substack{x\to 0\\ y\to 0}}\dfrac{\sin(x^2y)}{x^2y}\cdot\dfrac{x^2y}{x^2+y^2}$,

式中 $\lim\limits_{\substack{x\to 0\\ y\to 0}}\dfrac{\sin(x^2y)}{x^2y}=\lim\limits_{\substack{x\to 0\\ y\to 0}}\dfrac{\sin u}{u}=1$,

设 $u=x^2y$,

$$\left|\frac{x^2y}{x^2+y^2}\right|=\frac{1}{2}\left|\frac{2xy}{x^2+y^2}\cdot x\right|\leqslant\frac{1}{2}\mid x\mid\to 0(\text{当 } x\to 0),$$

所以 $\lim\limits_{\substack{x\to 0\\ y\to 0}}\dfrac{\sin(x^2y)}{x^2+y^2}=0$.

例 6.13 求 $\lim\limits_{\substack{x\to 0\\ y\to 0}}(x^2+y^2)^{xy}$.

解 设 $y=(x^2+y^2)^{xy}$,则 $\ln y=xy\ln(x^2+y^2)$,

因为 $\mid xy\ln(x^2+y^2)-0\mid=\left|\dfrac{xy}{x^2+y^2}\cdot(x^2+y^2)\ln(x^2+y^2)\right|$

$$\leqslant\mid(x^2+y^2)\ln(x^2+y^2)\mid,$$

令 $t=x^2+y^2$,则 $\lim\limits_{\substack{x\to 0\\ y\to 0}}(x^2+y^2)\ln(x^2+y^2)=\lim\limits_{t\to 0^+}t\ln t=0$,

所以 $\lim\limits_{\substack{x\to 0\\ y\to 0}}xy\ln(x^2+y^2)=0$,因此 $\lim\limits_{\substack{x\to 0\\ y\to 0}}(x^2+y^2)^{xy}=e^0=1$.

例 6.14 证明 $\lim\limits_{(x,y)\to(0,0)}\dfrac{x+y}{x-y}$ 不存在.

证 设动点 $P(x, y)\to P_0(0, 0)$ 是沿直线 $y=kx$ 的方向进行,则

$$\lim_{(x,y)\to(0,0)}\frac{x+y}{x-y}=\lim_{\substack{(x,y)\to(0,0)\\ y=kx}}\frac{x+kx}{x-kx}=\frac{1+k}{1-k}=I\ (k\neq 1).$$

由于 k 可取不同的数值,于是 $I=\dfrac{1+k}{1-k}$ 不是一个确定的常数,故原极限不存在. 若取 $k_1=-1$,则 $I_1=0$;取 $k_2=2$,则 $I_2=-3\neq I_1$.

例 6.15 求函数 $\lim\limits_{\substack{x\to+\infty\\ y\to+\infty}}(x^2+y^2)\mathrm{e}^{-(x+y)}$ 的极限

解 原式 $=\lim\limits_{\substack{x\to+\infty\\ y\to+\infty}}\dfrac{(x+y)^2-2xy}{\mathrm{e}^{x+y}}=\lim\limits_{\substack{x\to+\infty\\ y\to+\infty}}\left(\dfrac{(x+y)^2}{\mathrm{e}^{x+y}}-\dfrac{2x}{\mathrm{e}^x}\cdot\dfrac{y}{\mathrm{e}^y}\right)$,

因为

$$\lim_{\substack{x\to+\infty\\ y\to+\infty}}\frac{2x}{\mathrm{e}^x}=0,\ \lim_{\substack{x\to+\infty\\ y\to+\infty}}\frac{y}{\mathrm{e}^y}=0,$$

$$\lim_{\substack{x\to+\infty\\ y\to+\infty}}\frac{(x+y)^2}{\mathrm{e}^{x+y}}\overset{u=x+y}{=}\lim_{u\to+\infty}\frac{u^2}{\mathrm{e}^u}=\lim_{u\to+\infty}\frac{2u}{\mathrm{e}^u}=\lim_{u\to+\infty}\frac{2}{\mathrm{e}^u}=0,$$

故

$$\lim_{\substack{x\to\infty\\ y\to\infty}}(x^2+y^2)\mathrm{e}^{-(x+y)}=0.$$

例 6.16 若点(x, y)沿着无数多条平面曲线趋向于点(x_0, y_0)时,函数 $f(x, y)$ 都趋向于 A,能否断定 $\lim\limits_{(x,y)\to(x_0,y_0)}f(x, y)=A$?

解 不能,比如

$$f(x, y)=\frac{x^3y^2}{(x^2+y^4)^2},(x, y)\to(0, 0),$$

取 $y=kx$,则 $f(x, kx)=\dfrac{x^3k^2x^2}{(x^2+k^4x^4)^2}\to 0\ (x\to 0\text{ 时})$,

但是 $\lim\limits_{(x,y)\to(0,0)}f(x, y)$ 不存在,

因为若取 $x=y^2$,$f(y^2, y)=\dfrac{y^6y^2}{(y^4+y^4)^2}\to\dfrac{1}{4}$.

6.2.4 二元函数的连续性

类似于一元函数连续的概念,可以给出二元函数连续的定义.

定义 6.5 设二元函数 $z=f(x, y)$ 在点 (x_0, y_0) 的某一邻域内有定义,如果

$$\lim_{(x, y)\to(x_0, y_0)} f(x, y)=f(x_0, y_0),$$

则称 $z=f(x, y)$ 在点 (x_0, y_0) 处**连续**,如果函数 $z=f(x, y)$ 在点 (x_0, y_0) 处不连续,则称 $z=f(x, y)$ 在点 (x_0, y_0) 处**间断**.

从例 6.13 知道,函数 $\lim\limits_{\substack{x\to 0\\ y\to 0}}(x^2+y^2)^{xy}$ 极限不存在,所以此函数在(0, 0)点处都不连续,即在(0, 0)点间断.

6.2.5 二元初等函数

如果函数 $z=f(x, y)$ 在区域 D 内每一点都连续,则称该函数在**区域 D 内连续**. 在区域 D 上连续的二元函数的图形是区域 D 上一张连续曲面.

与一元函数类似,二元连续函数经过四则运算和复合运算后仍为二元连续函数. 由 x 和 y 的基本初等函数经过有限次的四则运算和复合运算所构成的可用一个式子表示的二元函数称为**二元初等函数**. 一切二元初等函数在其定义区域内是连续的,这里定义区域是指包含在定义域内的开区域或闭区域. 利用这个结论,当要求某个二元初等函数在其定义区域内一点的极限时,只要算出函数在该点的函数值即可.

从而,初等函数在其定义域内某点的极限就等于这个函数在该点的函数值.

例 6.17 求极限 $\lim\limits_{\substack{x\to 0\\ y\to 1}}\dfrac{e^x+y}{x+y}$.

解 因初等函数 $f(x)=\dfrac{e^x+y}{x+y}$ 在 (0, 1) 处连续,故原式 $=\dfrac{e^0+1}{0+1}=2$.

例 6.18 求 $\lim\limits_{\substack{x\to 1\\ y\to 0}}\dfrac{\ln(x+e^y)}{\sqrt{x^2+y^2}}$.

解 因为(1, 0)为函数定义域内的点,故极限值等于函数值,因此

$$\lim_{\substack{x\to 1\\ y\to 0}}\frac{\ln(x+e^y)}{\sqrt{x^2+y^2}}=\frac{\ln 2}{1}=\ln 2.$$

例 6.19 讨论函数

$$f(x, y)=\begin{cases}\dfrac{xy^2}{x^2+y^4}, & x^2+y^2\neq 0\\ 0, & x^2+y^2=0\end{cases}$$ 的连续性.

解 当 $x_0^2+y_0^2=0$ 时,即 $(x_0, y_0)=(0, 0)$,因为

$$\lim_{\substack{x\to 0\\ y\to 0}} f(x, y)=\lim_{\substack{x\to 0\\ y\to 0}}\frac{xy^2}{x^2+y^4}=\lim_{\substack{x\to 0\\ y\to 0}}\frac{ky^4}{k^2y^4+y^4}=\frac{k}{k^2+1},$$

其值随着 k 的取值不同而改变,故 $\lim\limits_{\substack{x\to 0\\ y\to 0}} f(x, y)$ 不存在,从而 $f(x, y)$ 在 $(0, 0)$ 处不连续,当 $x_0^2+y_0^2\neq 0$ 时,因 $\dfrac{xy^2}{x^2+y^4}$ 是初等函数,函数显然连续.

6.2.6 闭区域上连续函数的性质

在有界闭区域 D 上连续的二元函数也有类似于一元连续函数在闭区间上所满足的定理.

定理 6.1(最大值和最小值定理) 在有界闭区域 D 上的二元连续函数,在 D 上至少取得它的最大值和最小值各一次.

定理 6.2(有界性定理) 在有界闭区域 D 上的二元连续函数在 D 上一定有界.

定理 6.3(介值定理) 在有界闭区域 D 上的二元连续函数,若在 D 上取得两个不同的函数值,则它在 D 上必取得介于这两值之间的任何值至少一次.

习 题 6.2

1. 已知函数 $f(x, y)=\dfrac{xy}{x^2-y^2}$,求 $f(2, 1)$, $f(1, 0)$ 和 $f(tx, ty)$.

2. 已知函数 $f(x+y, x-y)=xy+y^2$,求函数 $f(x, y)$.

3. 求下列函数的定义域,并画出草图:

(1) $u=\arcsin\dfrac{y}{x}$; (2) $z=\dfrac{\sqrt{4x-y^2}}{\ln(1-x^2-y^2)}$.

4. 求下列极限:

(1) $\lim\limits_{(x, y)\to(0, 0)}(x^2+y^2)\sin\dfrac{1}{xy}$; (2) $\lim\limits_{(x, y)\to(0, a)}\dfrac{\sin(2xy)}{y}$;

(3) $\lim\limits_{(x, y)\to(0, 0)}\dfrac{x^2+y^2}{|x|+|y|}$; (4) $\lim\limits_{(x, y)\to(0, 0)}x^2y^2\ln(x^2+y^2)$.

5. 证明下列极限不存在:

(1) $\lim\limits_{(x, y)\to(0, 0)}\dfrac{xy}{x+y}$; (2) $\lim\limits_{(x, y)\to(0, 0)}\dfrac{x^2+y^2}{1+(x-y)^4}$.

6. 讨论函数 $f(x, y)=\begin{cases}\dfrac{\sin xy}{y(1+x^2)}, & y\neq 0\\ 0, & y=0\end{cases}$ 在(0, 0)处的连续性.

7. 设 $z=x+y+f(x-y)$，且当 $y=0$ 时，$z=x^2$，求 $f(x)$.

6.3 偏导数

6.3.1 偏导数的定义及其计算方法

在一元函数中，已经知道函数的变化率(导数)的重要意义. 对于多元函数，同样需要研究它的变化率. 由于多元函数的自变量不止一个，因此函数与自变量的关系要比一元函数复杂. 那么应该怎样去考虑它的变化率呢? 以二元函数 $z=f(x, y)$ 为例，如果考虑它对自变量 x 的变化率(导数)时，就把自变量 y 固定(即视为常量)，此时 z 就是自变量 x 的一元函数了，z 对 x 的导数就称为函数 z 对 x 的偏导数，对 y 的偏导数也类似.

定义 6.6 设函数 $z=f(x, y)$ 在点 (x_0, y_0) 及其附近有定义，固定 $y=y_0$，给 x 增量 Δx，相应地函数 z 有增量 $\Delta_x z=f(x_0+\Delta x, y_0)-f(x_0, y_0)$ 称为 z 关于 x 的偏增量，如果极限

$$\lim_{\Delta x\to 0}\frac{\Delta_x z}{\Delta x}=\lim_{\Delta x\to 0}\frac{f(x_0+\Delta x, y_0)-f(x_0, y_0)}{\Delta x}$$

存在，就称其为函数 $f(x, y)$ 在点 (x_0, y_0) 处对 x 的**偏导数**，记作

$$\left.\frac{\partial z}{\partial x}\right|_{\substack{x=x_0\\ y=y_0}},\ \left.\frac{\partial f}{\partial x}\right|_{\substack{x=x_0\\ y=y_0}},\ z_x\Big|_{\substack{x=x_0\\ y=y_0}}\quad 或\ f_x(x_0, y_0).$$

同样，在 (x_0, y_0) 处 $f(x, y)$ 关于 y 的**偏导数**，记作

$$\left.\frac{\partial z}{\partial y}\right|_{\substack{x=x_0\\ y=y_0}},\ \left.\frac{\partial f}{\partial y}\right|_{\substack{x=x_0\\ y=y_0}},\ z_y\Big|_{\substack{x=x_0\\ y=y_0}}\quad 或\ f_y(x_0, y_0).$$

当函数 $z=f(x, y)$ 在点 (x_0, y_0) 同时存在对 x 与对 y 的偏导数时，简称 $f(x, y)$ 在点 (x_0, y_0) 可偏导.

如果函数 $z=f(x, y)$ 在区域 D 内任一点(x, y)处都存在对 x 及对 y 的偏导数，那么这些偏导数仍然是 x, y 的函数，称为函数 $z=f(x, y)$ 对 x, y 的偏导函数，记作

$$\frac{\partial z}{\partial x},\ \frac{\partial f}{\partial x}, z_x \text{ 或 } f_x(x,\ y) \quad \frac{\partial z}{\partial y},\ \frac{\partial f}{\partial y}, z_y \text{ 或 } f_y(x,\ y).$$

一般把**偏导函数**简称为**偏导数**.

注意 偏导数的记号 z_x, f_x，也记成 z'_x, f'_x，对高阶偏导数也有类似记号.

上述定义表明,在求多元函数对某个自变量的偏导数时,只需把其余自变量看做常数,然后直接利用一元函数的求导公式及复合函数求导法则来计算.

例 6.20 求函数 $f(x,\ y) = 5x^2y^3$ 的偏导数 $f_x(x,\ y)$、$f_y(x,\ y)$，并求 $f_x(0,\ 1)$、$f_x(1,\ -1)$、$f_y(1,\ -2)$、$f_y(-1,\ -2)$.

解

$$f_x(x,\ y) = 10xy^3, f_y(x,\ y) = 15x^2y^2,$$

$$f_x(0,\ 1) = 0, f_x(1,\ -1) = -10,$$

$$f_y(1,\ -2) = 60, f_y(-1,\ -2) = 60.$$

例 6.21 求函数 $f(x,\ y) = e^{x^2y}$ 的偏导数 $\frac{\partial f}{\partial x}$, $\frac{\partial f}{\partial y}$.

解

$$\frac{\partial f}{\partial x} = 2xye^{x^2y}, \frac{\partial f}{\partial y} = x^2e^{x^2y}.$$

例 6.22 求三元函数 $u = \sin(x + y^2 - e^z)$ 的偏导数 $\frac{\partial u}{\partial x}$, $\frac{\partial u}{\partial y}$, $\frac{\partial u}{\partial z}$.

解 把 y 和 z 看作常数,对 x 求导,得

$$\frac{\partial u}{\partial x} = \cos(x + y^2 - e^z);$$

把 x 和 z 看作常数,对 y 求导,得

$$\frac{\partial u}{\partial y} = 2y\cos(x + y^2 - e^z);$$

把 x 和 y 看作常数,对 z 求导,得

$$\frac{\partial u}{\partial z} = -e^z\cos(x + y^2 - e^z).$$

例 6.23 求函数 $z = \sin(xy) + \cos^2(xy)$ 的偏导数.

解 $\frac{\partial z}{\partial x} = \cos(xy)y + 2\cos(xy)(-\sin(xy))y = y[\cos(xy) - \sin(2xy)]$;

$$\frac{\partial z}{\partial y} = \cos(xy)x + 2\cos(xy)(-\sin(xy))x = x[\cos(xy) - \sin(2xy)].$$

例 6.24 求函数 $z=\sqrt{\ln(xy)}$ 的偏导数.

解
$$\frac{\partial z}{\partial x}=\frac{1}{2}(\ln(xy))^{-\frac{1}{2}}\frac{1}{xy}y=\frac{1}{2x\sqrt{\ln(xy)}};$$

$$\frac{\partial z}{\partial y}=\frac{1}{2}(\ln(xy))^{-\frac{1}{2}}\frac{1}{xy}x=\frac{1}{2y\sqrt{\ln(xy)}}.$$

关于多元函数的偏导数,补充以下几点说明:

(1) 对一元函数而言,导数 $\frac{\mathrm{d}y}{\mathrm{d}x}$ 可看作函数的微分 $\mathrm{d}y$ 与自变量的微分 $\mathrm{d}x$ 的商,但偏导数的记号 $\frac{\partial z}{\partial x}$ 是一个整体;

(2) 与一元函数类似,对分段函数在分段点的偏导数要利用偏导数的定义来求. 例如,二元函数

$$f(x, y)=\begin{cases}\frac{xy}{x^2+y^2}, & (x, y)\neq(0, 0),\\ 0, & (x, y)=(0, 0),\end{cases}$$

在点(0, 0)处的偏导数为

$$f_x(0, 0)=\lim_{\Delta x\to 0}\frac{f(0+\Delta x, 0)-f(0, 0)}{\Delta x}=\lim_{\Delta x\to 0}\frac{0}{\Delta x}=0,$$

$$f_y(0, 0)=\lim_{\Delta y\to 0}\frac{f(0, 0+\Delta y)-f(0, 0)}{\Delta y}=\lim_{\Delta y\to 0}\frac{0}{\Delta y}=0;$$

(3) 偏导数存在与连续的关系.

在一元函数中,若函数在某点可导,则它在该点必连续,但对多元函数而言,即使函数的各个偏导数存在,也不能保证函数在该点连续(见例 6.25).

例 6.25 前已证明

$$f(x, y)=\begin{cases}\frac{xy}{x^2+y^2}, & (x, y)\neq(0, 0)\\ 0, & (x, y)=(0, 0)\end{cases}$$

的偏导数 $f_x(0, 0)$, $f_y(0, 0)$ 存在,现证明 $f(x, y)$ 在(0, 0)点不连续.

证 由于极限 $\lim\limits_{\substack{x\to 0\\ y\to 0}}\frac{xy}{x^2+y^2}$ 不存在,故 $f(x, y)$在(0, 0)点不连续.

6.3.2 偏导数的意义

1. 偏导数的几何意义

如图 6－14 所示偏导数 $f_x(x_0, y_0)$ 就是曲面被平面 $y=y_0$ 所截得的曲线在点 M_0 处的切线 M_0T_x 对 x 轴正向的斜率.

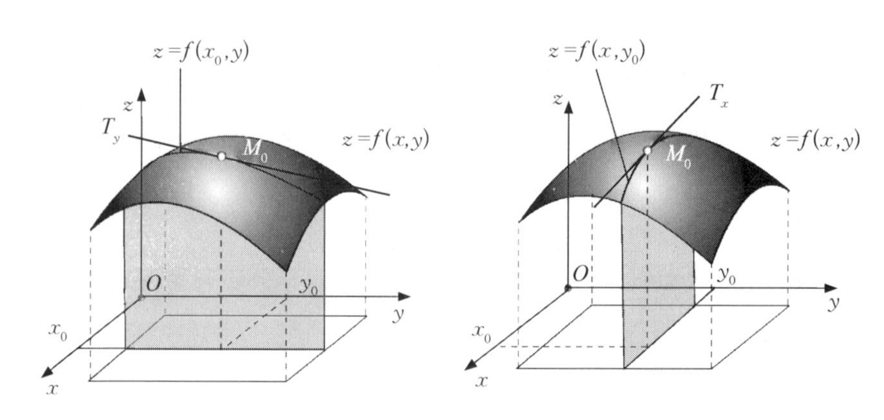

图 6－14

偏导数 $f_y(x_0, y_0)$ 就是曲面被平面 $x=x_0$ 所截得的曲线在点 M_0 处的切线 M_0T_y 对 y 轴正向的斜率.

例 6.26 求曲线 $\begin{cases} z=\dfrac{x^2+y^2}{4} \\ y=4 \end{cases}$ 在点(2，4，5)处的切线与 x 轴正向所成的倾角.

解 $z=f(x, y)$ 的偏导数 $f_x(x_0, y_0)$ 表示空间曲线 $\begin{cases} z=f(x, y) \\ y=y_0 \end{cases}$ 在点 (x_0, y_0, z_0) 处的切线 T_x 关于 x 轴的斜率,因此 $k=\tan\alpha$.

计算得
$$\frac{\partial z}{\partial x}=\frac{2x}{4}=\frac{x}{2},\ \frac{\partial z}{\partial x}\bigg|_{(2,4,5)}=\frac{2}{2}=1=\tan\alpha,$$

得
$$\alpha=\frac{\pi}{4}.$$

2. 偏导数的经济意义

设某产品的需求量 $Q=Q(P, y)$，其中 P 为该产品的价格，y 为消费者收入.

记需求量 Q 对于价格 P 和消费者收入 y 的偏改量分别为

$$\Delta_P Q=Q(P+\Delta P, y)-Q(P, y)$$

和

$$\Delta_y Q = Q(P, y+\Delta y) - Q(P, y).$$

易见，$\dfrac{\Delta_P Q}{\Delta P}$ 表示 Q 对价格 P 由 P 变到 $P+\Delta P$ 的平均变化率. 而

$$\frac{\partial Q}{\partial P} = \lim_{\Delta P \to 0} \frac{\Delta_P Q}{\Delta P}$$

表示当价格为 P，消费者收入为 y 时，Q 对于 P 的变化率，称

$$E_P = -\lim_{\Delta P \to 0} \frac{\Delta_P Q/Q}{\Delta P/P} = -\frac{\partial Q}{\partial P} \cdot \frac{P}{Q}$$

为需求 **Q 对价格 P 的偏弹性.**

同理，$\dfrac{\Delta_y Q}{\Delta P}$ 表示 Q 对收入 y 由 y 变到 $y+\Delta y$ 的平均变化率. 而

$$\frac{\partial Q}{\partial y} = \lim_{\Delta y \to 0} \frac{\Delta_y Q}{\Delta y}$$

表示当价格为 P，消费者收入为 y 时，Q 对于 y 的变化率. 称

$$E_y = \lim_{\Delta y \to 0} \frac{\Delta_y Q/Q}{\Delta y/y} = \frac{\partial Q}{\partial y} \cdot \frac{y}{Q}$$

为需求 **Q 对收入 y 的偏弹性.**

科布-道格拉斯生产函数

在商业与经济中经常考虑的一个生产模型是**科布-道格拉斯生产函数**

$$p(x, y) = cx^a y^{1-a}, \ c > 0 \text{ 且 } 0 < a < 1,$$

式中 p 是由 x 个人力单位和 y 个资本单位生产出的产品数量(资本是机器、场地、生产工具和其他用品的成本)，偏导数

$$\frac{\partial p}{\partial x} \quad \text{和} \quad \frac{\partial p}{\partial y},$$

分别称为**人力的边际生产力**和**资本的边际生产力.**

科布-道格拉斯生产函数与递减报酬规律是一致的，即如果固定一个输入(人力或资本)而另一个无限增加，则产量最终将以一个递减率增加. 借助这些函数可以证明，如果某个最大生产量是可能的，那么，为了这个可以达到的最大输出，更多

的花费(人力或资本)将是不可避免的.

例 6.27 某种产品的总成本 C 万元与产量 q 万件之间的函数关系式为 $C=C(q)=100+4q-0.2q^2+0.01q^3$. 求当生产水平 $q=10$(万件)时的边际成本,并从降低成本角度看,继续提高产量是否合适?

解 $q=10$ 时的总成本为

$$C=C(10)=100+4\times 10-0.2\,(10)^2+0.01\,(10)^3=130,$$

边际成本为 $$C'(q)=4-0.4q+0.03\,q^2,$$

即 $$C''(10)=4-0.4\times 10-0.03\times 10^2=3\text{ 元 / 件}.$$

因此在生产水平为 10 万件时,每增加一个产品总成本增加 3 元. 这远低于当前的单位成本,从降低成本的角度看,应该继续提高产量.

6.3.3 二阶偏导数

如果偏导数 $f'_x(x, y)$,$f'_y(x, y)$ 又有对 x 和对 y 的偏导数

$$\frac{\partial}{\partial x}\left(\frac{\partial z}{\partial x}\right),\ \frac{\partial}{\partial y}\left(\frac{\partial z}{\partial x}\right),\ \frac{\partial}{\partial x}\left(\frac{\partial z}{\partial y}\right),\ \frac{\partial}{\partial y}\left(\frac{\partial z}{\partial y}\right),$$

则称它们为函数 z 的**二阶偏导数**,并记作

$$\frac{\partial^2 z}{\partial x^2}=f''_{xx}(x, y)=\frac{\partial}{\partial x}\left(\frac{\partial z}{\partial x}\right),$$

$$\frac{\partial^2 z}{\partial x\partial y}=f''_{xy}(x, y)=\frac{\partial}{\partial y}\left(\frac{\partial z}{\partial x}\right),$$

$$\frac{\partial^2 z}{\partial y\partial x}=f''_{yx}(x, y)=\frac{\partial}{\partial x}\left(\frac{\partial z}{\partial y}\right),$$

$$\frac{\partial^2 z}{\partial y^2}=f''_{yy}(x, y)=\frac{\partial}{\partial y}\left(\frac{\partial z}{\partial y}\right).$$

以上有 4 个二阶偏导数,其中 2、3 两个为**混合偏导数**.

类似地,可以定义三阶、四阶…以及 n 阶偏导数,通常把二阶及二阶以上的偏导数称为**高阶偏导数**.

求高阶偏导数的方法 只需一次一次地求偏导数.

例 6.28 求 $z=x^3y^2-3xy^3-xy+1$ 的二阶偏导数.

解 $\dfrac{\partial z}{\partial x}=3x^2y^2-3y^3-y$, $\dfrac{\partial z}{\partial y}=2x^3y-9xy^2-x$, $\dfrac{\partial^2 z}{\partial x^2}=6xy^2$,

$$\frac{\partial^2 z}{\partial y^2}=2x^3-18xy,\ \frac{\partial^2 z}{\partial x\partial y}=6x^2y-9y^2-1,\ \frac{\partial^2 z}{\partial y\partial x}=6x^2y-9y^2-1.$$

例 6.29 求 $z=\frac{1}{4}\ln(x^2+y^2)$ 的二阶偏导数及 $\frac{\partial^3 z}{\partial x\partial y\partial x}$.

解
$$\frac{\partial z}{\partial x}=\frac{x}{2(x^2+y^2)},\ \frac{\partial z}{\partial y}=\frac{y}{2(x^2+y^2)},$$

$$\frac{\partial^2 z}{\partial x^2}=\frac{1}{2}\cdot\frac{(x^2+y^2)-2x^2}{(x^2+y^2)^2}=\frac{y^2-x^2}{2(x^2+y^2)^2},$$

$$\frac{\partial^2 z}{\partial x\partial y}=\frac{1}{2}\cdot\frac{-x\cdot 2y}{(x^2+y^2)^2}=-\frac{xy}{(x^2+y^2)^2},$$

$$\frac{\partial^2 z}{\partial y\partial x}=\frac{1}{2}\cdot\frac{-y\cdot 2x}{(x^2+y^2)^2}=-\frac{xy}{(x^2+y^2)^2},$$

$$\frac{\partial^2 z}{\partial y^2}=\frac{1}{2}\cdot\frac{(x^2+y^2)-y\cdot 2y}{(x^2+y^2)^2}=\frac{x^2-y^2}{2(x^2+y^2)^2},$$

$$\frac{\partial^3 z}{\partial x\partial y\partial x}=-\frac{y\cdot(x^2+y^2)^2-xy\cdot 2(x^2+y^2)\cdot 2x}{(x^2+y^2)^4}=\frac{3x^2y-y^3}{(x^2+y^2)^3}.$$

例 6.30 设 $u=\mathrm{e}^{ax}\cos by$，求二阶偏导数.

解
$$\frac{\partial u}{\partial x}=a\mathrm{e}^{ax}\cos by,\ \frac{\partial u}{\partial y}=-b\mathrm{e}^{ax}\sin by,$$

$$\frac{\partial^2 u}{\partial x^2}=a^2\mathrm{e}^{ax}\cos by,\ \frac{\partial^2 u}{\partial y^2}=-b^2\mathrm{e}^{ax}\cos by,$$

$$\frac{\partial^2 u}{\partial x\partial y}=-ab\mathrm{e}^{ax}\sin by,\ \frac{\partial^2 u}{\partial y\partial x}=-ab\mathrm{e}^{ax}\sin by.$$

例 6.31 验证函数 $u(x,y)=\ln\sqrt{x^2+y^2}$ 满足拉普拉斯方程

$$\frac{\partial^2 u}{\partial x^2}+\frac{\partial^2 u}{\partial y^2}=0.$$

解 因为 $\ln\sqrt{x^2+y^2}=\frac{1}{2}\ln(x^2+y^2)$，所以

$$\frac{\partial u}{\partial x}=\frac{x}{x^2+y^2},\ \frac{\partial u}{\partial y}=\frac{y}{x^2+y^2},$$

$$\frac{\partial^2 u}{\partial x^2}=\frac{y^2-x^2}{(x^2+y^2)^2},\ \frac{\partial^2 u}{\partial y^2}=\frac{x^2-y^2}{(x^2+y^2)^2},$$

因此

$$\frac{\partial^2 u}{\partial x^2}+\frac{\partial^2 u}{\partial y^2}=0.$$

混合偏导数相等的条件

从前面多个例题中看到,一个二元函数的两个二阶混合偏导数相等,这个现象并不是偶然的,实际上可以通过证明得出下述定理.

定理 6.4 如果函数 $z=f(x,y)$ 的两个二阶混合偏导数在点 (x,y) 处连续,则在该点有

$$\frac{\partial^2 z}{\partial x\partial y}=\frac{\partial^2 z}{\partial y\partial x}.$$

说明:当函数连续时,二阶混合偏导数与求偏导数的次序无关.

本章所讨论的二元函数一般都满足这个定理的条件.

例 6.32 设 $f(x,y)=\begin{cases}xy\dfrac{x^2-y^2}{x^2+y^2}, & (x,y)\neq(0,0),\\ 0, & (x,y)=(0,0),\end{cases}$ 试求 $f_{xy}(0,0)$ 及 $f_{yx}(0,0)$.

解 因为 $f_x(0,0)=\lim\limits_{x\to 0}\dfrac{f(x,0)-f(0,0)}{x}=\lim\limits_{x\to 0}\dfrac{0-0}{x}=0$,

当 $y\neq 0$ 时,

$$f_x(0,y)=\lim_{x\to 0}\frac{f(x,y)-f(0,y)}{x}=\lim_{x\to 0}\frac{y(x^2-y^2)}{x^2+y^2}=-y,$$

所以

$$f_{xy}(0,0)=\lim_{y\to 0}\frac{f_x(0,y)-f_x(0,0)}{y}=\lim_{y\to 0}\frac{-y-0}{y}=-1.$$

同理得

$$f_y(0,0)=\lim_{x\to 0}\frac{f(0,y)-f(0,0)}{y}=0,$$

当 $x\neq 0$ 时,

$$f_y(x,0)=\lim_{y\to 0}\frac{f(x,y)-f(x,0)}{y}=\lim_{y\to 0}\frac{x(x^2-y^2)}{x^2+y^2}=x,$$

因此 $$f_{yx}(0,0)=\lim_{x\to 0}\frac{f_y(x,0)-f_y(0,0)}{x}=\lim_{x\to 0}\frac{x-0}{x}=1.$$

例 6.33 设 $z=x\ln(xy)$，求 $\dfrac{\partial^3 z}{\partial x^2\partial y}$ 及 $\dfrac{\partial^3 z}{\partial x\partial y^2}$.

解
$$\frac{\partial z}{\partial x}=\ln(xy)+x\cdot\frac{1}{xy}\cdot y=\ln(xy)+1,$$
$$\frac{\partial^2 z}{\partial x^2}=\frac{1}{xy}\cdot y=\frac{1}{x},\text{所以}\frac{\partial^3 z}{\partial x^2\partial y}=0;$$
$$\frac{\partial^2 z}{\partial x\partial y}=\frac{1}{xy}\cdot x=\frac{1}{y},\text{所以}\frac{\partial^3 z}{\partial x\partial y^2}=-\frac{1}{y^2}.$$

习 题 6.3

1. 求下列函数的偏导数：

(1) $z=x^3y-xy^3$；

(2) $z=\dfrac{x^2+y^2}{xy}$；

(3) $z=\dfrac{y}{x^2+y^2}$；

(4) $z=\sin^2(2x-3y)$；

(5) $z=y\sqrt{4x-y^2}$；

(6) $u=x^{\frac{y}{z}}$.

2. 设 $z=\mathrm{e}^{-\left(\frac{1}{x}+\frac{1}{y}\right)}$，证明：$x^2\dfrac{\partial z}{\partial x}+y^2\dfrac{\partial z}{\partial y}=2z$.

3. 计算下列各题：

(1) $f(x,y)=\ln\left(1+\dfrac{y}{2x}\right)$，求 $f'_x(1,2)$，$f'_y(1,2)$；

(2) $u=\dfrac{2x-y^3}{z}$，求 $u'_y(1,1,1)$，$u'_z(1,1,1)$.

4. 求下列函数的二阶偏导数：

(1) $z=x^3+y^3-2xy^2$；

(2) $z=\arctan\dfrac{x}{y}$.

5. 设 $f(x,y,z)=xy^2+yz^2+zx^2$，求 $f_{xx}(0,0,1)$，$f_{xz}(1,0,2)$，$f_{yz}(0,-1,0)$.

6. 设函数 $f(x,y)=\begin{cases}(x^2+y^2)\sin\dfrac{1}{\sqrt{x^2+y^2}}, & x^2+y^2\neq 0,\\ 0, & x^2+y^2=0,\end{cases}$

求 $f'_x(0, 0)$，$f'_y(0, 0)$.

7. 设 $z=\ln(\sqrt{x}+\sqrt{y})$，证明：$x\dfrac{\partial z}{\partial x}+y\dfrac{\partial z}{\partial y}=\dfrac{1}{2}$.

8. 设 $z=x^y\cdot y^x$，证明：$x\dfrac{\partial z}{\partial x}+y\dfrac{\partial z}{\partial y}=z(x+y+\ln z)$.

6.4 全微分

6.4.1 全微分的概念

前面已经学过，二元函数对某个自变量的偏导数表示当其中一个自变量固定时，因变量对另外一个自变量的变化率. 根据一元函数微分学中增量与微分的关系，可得

$$f(x+\Delta x, y)-f(x, y)\approx f_x(x, y)\Delta x,$$
$$f(x, y+\Delta y)-f(x, y)\approx f_y(x, y)\Delta y.$$

上面两式左端分别称为二元函数对 x 和对 y 的**偏增量**，而两式右端分别称为二元函数对 x 和对 y 的**偏微分**.

在实际问题中，有时需要研究多元函数中各个自变量都取得增量时因变量所获得的增量，即所谓全增量的问题.

6.4.2 全增量的概念

如果函数 $z=f(x, y)$ 在点 $P(x, y)$ 的某邻域内有定义，并设 $P'(x+\Delta x, y+\Delta y)$ 为这邻域内的任意一点，则称

$$f(x+\Delta x, y+\Delta x)-f(x, y)$$

为函数在点 $P(x, y)$ 对应于自变量增量 Δx,Δy 的**全增量**或**全改变量**，记为 Δz，即

$$\Delta z=f(x+\Delta x, y+\Delta x)-f(x, y).$$

1. 全微分的定义

定义 6.7 设函数 $z=f(x, y)$ 在点(x, y)及某邻域有定义，若自变量 x 取改变量 Δx，y 取改变量 Δy，则函数相应的变化值

$$\Delta z=f(x+\Delta x, y+\Delta x)-f(x, y),$$

可以表示为

$$\Delta z = A\Delta x + B\Delta y + o(\rho)$$

式中A,B与Δx,Δy无关,而仅与x,y有关,$\rho=\sqrt{(\Delta x)^2+(\Delta y)^2}$,则称函数$z=f(x, y)$在点$(x, y)$**可微**,$A\Delta x+B\Delta y$为函数$z=f(x, y)$在点$(x, y)$的**全微分**,记作

$$dz = A dx + B dy,$$

即

$$dz = \frac{\partial f}{\partial x}dx + \frac{\partial f}{\partial y}dy.$$

函数若在某区域D内各点处处可微分,则称函数在D内可微分,如果函数$z=f(x, y)$在点(x, y)可微分,则函数在该点连续.

事实上,$\Delta z = A\Delta x + B\Delta y + o(\rho)$, $\lim\limits_{\rho\to 0}\Delta z = 0$,

所以 $$\lim_{\substack{\Delta x\to 0\\ \Delta y\to 0}} f(x+\Delta x, y+\Delta y) = \lim_{\substack{\Delta x\to 0\\ \Delta y\to 0}}[f(x, y)+\Delta z] = f(x, y),$$

故函数$z=f(x, y)$在点(x, y)处连续.

2. 可微的必要条件

注意 偏导数存在未必可微.

定理 6.5(必要条件) 若$z=f(x, y)$在点(x, y)可微,则$z=f(x, y)$在点(x, y)可偏导,且$dz = z'_x dx + z'_y dy$.

证明过程略.

3. 可微的充分条件

虽然函数的偏导数存在不能保证函数的可微性,但若对偏导数再增加一些条件,就可以保证函数的可微性. 一般有如下定理.

定理 6.6(充分条件) 如果函数$z=f(x, y)$的偏导数$\dfrac{\partial z}{\partial x}$, $\dfrac{\partial z}{\partial y}$在点$(x, y)$处连续,则函数在该点处可微.

例 6.34 计算函数$z=x^2y+y^2$的全微分.

解 因为$\dfrac{\partial z}{\partial x}=2xy$, $\dfrac{\partial z}{\partial y}=x^2+2y$,所以$dz = 2xy\,dx+(x^2+2y)dy$.

例 6.35 计算函数$z=(x^2+y^2)e^y$在点$(1, 0)$,而$\Delta x=0.03$,$\Delta y=0.02$时的全微分dz.

解 因为$\dfrac{\partial z}{\partial x}=2xe^y$, $\dfrac{\partial z}{\partial y}=2ye^y+(x^2+y^2)e^y=(x^2+y^2+2y)e^y$,

所以 $\left.\dfrac{\partial z}{\partial x}\right|_{\substack{x=1\\y=0}}=2\cdot 1\cdot e^{0}=2$，$\left.\dfrac{\partial z}{\partial y}\right|_{\substack{x=1\\y=0}}=1^{2}\cdot e^{0}=1$，

故 $dz=2\times 0.03+1\times 0.02=0.08$.

例 6.36 计算函数 $z=e^{xy}$ 在点 (2, 1) 处的全微分.

解 因为 $\dfrac{\partial z}{\partial x}=ye^{xy}$，$\dfrac{\partial z}{\partial y}=xe^{xy}$，所以 $\left.\dfrac{\partial z}{\partial x}\right|_{\substack{x=2\\y=1}}=e^{2}$，$\left.\dfrac{\partial z}{\partial y}\right|_{\substack{x=2\\y=1}}=2e^{2}$，

故 $dz=e^{2}dx+2e^{2}dy$.

例 6.37 求函数 $z=\ln(2+x^{2}+y^{2})$ 在 $x=2$，$y=1$ 时的全微分.

解 $\left.\dfrac{\partial z}{\partial x}\right|_{\substack{x=2\\y=1}}=\left.\dfrac{2x}{2+x^{2}+y^{2}}\right|_{\substack{x=2\\y=1}}=\dfrac{4}{7}$，$\left.\dfrac{\partial z}{\partial y}\right|_{\substack{x=2\\y=1}}=\left.\dfrac{2y}{2+x^{2}+y^{2}}\right|_{\substack{x=2\\y=1}}=\dfrac{2}{7}$，

所以 $dz=\dfrac{4}{7}dx+\dfrac{2}{7}dy$.

例 6.38 求函数 $z=\dfrac{y}{x}$ 在 $x=2$，$y=1$，$\Delta x=0.1$，$\Delta y=-0.2$ 时的全增量 Δz 和全微分 dz.

解
$$\Delta z=\frac{y+\Delta y}{x+\Delta x}-\frac{y}{x},\ dz=-\frac{y}{x^{2}}dx+\frac{1}{x}dy,$$

将 $x=2$，$y=1$，$\Delta x=0.1$，$\Delta y=-0.2$ 代入得

$$\text{全增量 } \Delta z=\frac{1+(-0.2)}{2+0.1}-\frac{1}{2}=-0.119,$$

$$\text{全微分 } dz=-\frac{1}{4}dx+\frac{1}{2}dy.$$

多元函数连续、可导、可微的关系如图 6－15 所示.

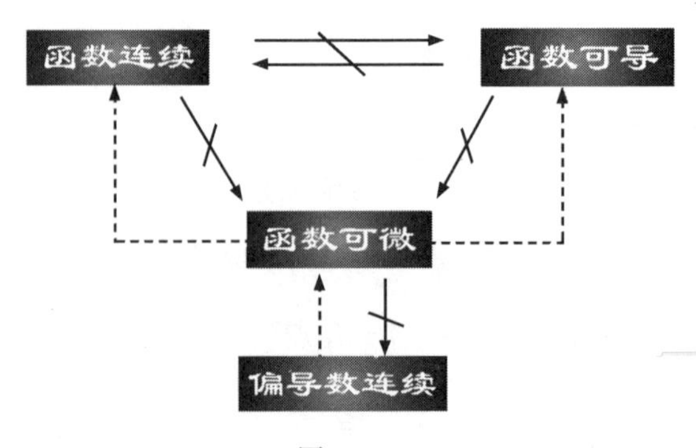

图 6－15

6.4.3 二元函数的线性化近似问题

与一元函数的线性化类似,也可以研究二元函数的线性化近似问题.

从前面的讨论已知,当函数 $z=f(x, y)$ 在点 (x_0, y_0) 处可微,且 $|\Delta x|$, $|\Delta y|$ 都较小时,由全微分的定义得到

$$\Delta z \approx \mathrm{d}z,$$

即

$$\Delta z \approx f_x(x_0, y_0)\Delta x + f_y(x_0, y_0)\Delta y,$$

如果从点 (x_0, y_0) 移动到其邻近点 (x, y) 所产生的增量为 $\Delta x = x - x_0$, $\Delta y = y - y_0$, 则有

$$f(x, y) - f(x_0, y_0) \approx f_x(x_0, y_0)(x - x_0) + f_y(x_0, y_0)(y - y_0),$$

即

$$f(x, y) \approx f(x_0, y_0) + f_x(x_0, y_0)(x - x_0) + f_y(x_0, y_0)(y - y_0).$$

若记上式右端的线性函数为

$$L(x, y) = f(x_0, y_0) + f_x(x_0, y_0)(x - x_0) + f_y(x_0, y_0)(y - y_0),$$

其图形为通过点 (x_0, y_0) 处的一个平面,此即所谓曲面 $z=f(x, y)$ 在点 (x_0, y_0) 的切平面(见图 6-16).

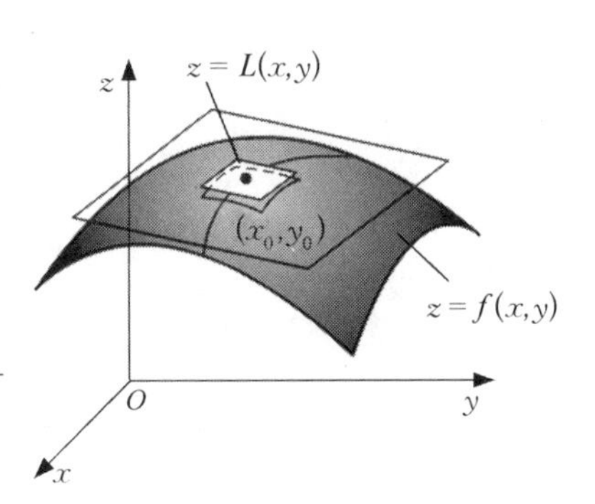

图 6-16

定义 6.8 如果函数 $z=f(x, y)$ 在点 (x_0, y_0) 处可微,那么函数

$$L(x, y) = f(x_0, y_0) + f_x(x_0, y_0)(x - x_0) + f_y(x_0, y_0)(y - y_0)$$

称为函数 $z=f(x, y)$ 在点 (x_0, y_0) 处的线性化,近似式

$$f(x, y) \approx L(x, y)$$

称为函数 $z=f(x, y)$ 在点 (x_0, y_0) 处的**标准线性近似.**

从几何上看,二元函数线性化的实质就是曲面上某点邻近的一小块曲面被相应的一小块切平面近似代替.

6.4.4 全微分在近似计算上的应用

一元函数中，曾用微分来进行近似计算和误差估计，对于二元函数，同样可用微分作近似计算. 事实上，由全微分定义，当二元函数 $z=f(x, y)$ 在点 $P(x, y)$ 的两个偏导数 $f'_x(x, y)$，$f'_y(x, y)$ 连续，且 $|\Delta x|$，$|\Delta y|$ 都较小时，有近似公式：$\Delta z \approx \mathrm{d}z$. 即

$$\Delta z \approx f_x(x, y)\Delta x + f_y(x, y)\Delta y,$$

也可用全微分近似计算函数的近似值，即

$$f(x_0+\Delta x, y_0+\Delta y) \approx f(x, y) + f_x(x, y)\Delta x + f_y(x, y)\Delta y.$$

例 6.39 求 $\sqrt[3]{(2.03)^2+(1.98)^2}$ 的近似值.

解 设 $z=f(x, y)=\sqrt[3]{x^2+y^2}$，由上述公式得

$$\sqrt[3]{(x+\Delta x)^2+(y+\Delta y)^2} \approx \sqrt[3]{x^2+y^2} + \frac{1}{3}(x^2+y^2)^{-\frac{2}{3}} \cdot 2x \cdot \Delta x + \frac{1}{3}(x^2+y^2)^{-\frac{2}{3}} \cdot 2y \cdot \Delta y.$$

令 $x=2, y=2, \Delta x=0.03, \Delta y=-0.02$ 代入上式，得

$$\sqrt[3]{(2.03)^2+(1.98)^2} \approx 2+\frac{1}{3}\times\frac{1}{4}\times 2\times 2\times 0.03+\frac{1}{3}\times\frac{1}{4}\times 2\times 2\times(-0.02) \approx 2.003.$$

例 6.40 计算 $(1.05)^{2.03}$ 的近似值.

解 设函数 $z=f(x, y)=x^y$，
由公式得 $(x+\Delta x)^{y+\Delta y} \approx x^y + yx^{y-1}\Delta x + x^y \ln y \Delta y$，取 $x=1, y=2, \Delta x=0.05, \Delta y=0.03$，

故
$$(1.05)^{2.03} \approx 1+2\times 0.05+0\times 0.03=1.10.$$

例 6.41 讨论函数 $z=\begin{cases}\dfrac{x^2 y}{x^4+y^2}, & x^2+y^2\neq 0\\ 0, & x^2+y^2=0\end{cases}$ 在点 $(0, 0)$ 处函数的全微分是否存在？

解 函数除点 $(0, 0)$ 外，即当 $x^2+y^2\neq 0$ 时是初等函数，故除点 $(0, 0)$ 外函数 z 的全微分为

$$\mathrm{d}z=\frac{\partial z}{\partial x}\mathrm{d}x+\frac{\partial z}{\partial y}\mathrm{d}y=\frac{\partial}{\partial x}\left[\frac{x^2y}{x^4+y^2}\right]\mathrm{d}x+\frac{\partial}{\partial y}\left[\frac{x^2y}{x^4+y^2}\right]\mathrm{d}y$$

$$=\frac{2xy(y^2-x^4)\mathrm{d}x+(x^6-x^2y^2)\mathrm{d}y}{(x^4+y^2)^2},$$

由定义，在点(0, 0)处全微分存在必须

$$\lim_{\rho\to 0}\frac{\Delta z-\mathrm{d}z}{\rho}=0,$$

因为 $\Delta z=f(0+\Delta x,\ 0+\Delta y)-f(0,\ 0)=\dfrac{(\Delta x)^2\Delta y}{(\Delta x)^4+(\Delta y)^2}$,

$\mathrm{d}z=0$, $\rho=\sqrt{(\Delta x)^2+(\Delta y)^2}$, 取 $\Delta x=\Delta y$, 则

$$\lim_{\rho\to 0}\frac{\Delta z-\mathrm{d}z}{\rho}=\lim_{\substack{\Delta x\to 0\\ \Delta y\to 0}}\left[\frac{(\Delta x)^2\Delta y}{(\Delta x)^4+(\Delta y)^2}\cdot\frac{1}{\sqrt{(\Delta x)^2+(\Delta y)^2}}\right]$$

$$=\lim_{\Delta x\to 0}\left[\frac{(\Delta x)^3}{(\Delta x)^4+(\Delta x)^2}\cdot\frac{1}{\sqrt{2}\Delta x}\right]=\frac{1}{\sqrt{2}}\neq 0,$$

所以函数在点(0, 0)处不存在全微分.

例 6.42 设 $f(x,\ y,\ z)=\left(\dfrac{x}{y}\right)^{\frac{1}{z}}$, 求 $\mathrm{d}f(1,\ 1,\ 1)$.

解 因为 $\dfrac{\partial f}{\partial x}=\dfrac{1}{z}\left(\dfrac{x}{y}\right)^{\frac{1}{z}-1}\cdot\dfrac{1}{y}$,

得 $f_x(1,\ 1,\ 1)=1$, $\dfrac{\partial f}{\partial y}=\dfrac{1}{z}\left(\dfrac{x}{y}\right)^{\frac{1}{z}-1}\cdot-\left(\dfrac{x}{y^2}\right)$,

得 $f_y(1,\ 1,\ 1)=-1$, $\dfrac{\partial f}{\partial z}=\left(\dfrac{x}{y}\right)^{\frac{1}{z}}\cdot\ln\left(\dfrac{x}{y}\right)\cdot\left(-\dfrac{1}{z^2}\right)$,

得 $f_z(1,\ 1,\ 1)=0$,

所以 $\mathrm{d}f(1,\ 1,\ 1)=f_x(1,\ 1,\ 1)\mathrm{d}x+f_y(1,\ 1,\ 1)\mathrm{d}x+f_z(1,\ 1,\ 1)\mathrm{d}x=\mathrm{d}x-\mathrm{d}y$.

习　题　6.4

1. 求下列各式全微分：

(1) $u=\sqrt{\dfrac{x}{y}}$ 在点(1, 1)处；　　(2) $u=\ln(5-3x+y^2)$ 在(1, −1)处；

(3) $u=x\sin(x+y)+y\cos(x+y)$； (4) $u=x^2+y^2+z^2$.

2*. 设函数 $u=\varphi(x+\psi(y))$，其中 φ,ψ 是连续可微函数，证明：$\dfrac{\partial u}{\partial x}\dfrac{\partial^2 u}{\partial x\partial y}=\dfrac{\partial u}{\partial y}\dfrac{\partial^2 u}{\partial x^2}$.

3. 设 $z=\dfrac{y}{f(x^2+y^2)}$，其中 f 是可微函数，验证：$\dfrac{1}{x}\dfrac{\partial z}{\partial x}+\dfrac{1}{y}\dfrac{\partial z}{\partial y}=\dfrac{z}{y^2}$.

4. 设 $v=\dfrac{1}{r}g\left(t-\dfrac{r}{c}\right)$，$c$ 为常数，函数 g 二阶可导，$r=\sqrt{x^2+y^2+z^2}$，证明：

$$\frac{\partial^2 v}{\partial x^2}+\frac{\partial^2 v}{\partial y^2}+\frac{\partial^2 v}{\partial z^2}=\frac{1}{c^2}\frac{\partial^2 v}{\partial r^2}.$$

5. 若函数 $f(x,y,z)$ 对任意正实数 t 满足关系：$f(tx,ty,tz)=t^nf(x,y,z)$，则称 $f(x,y,z)$ 为 n 次齐次函数. 设可微，试证明 $f(x,y,z)$ 为 n 次齐次函数的充要条件是

$$x\frac{\partial f}{\partial x}+y\frac{\partial f}{\partial y}+z\frac{\partial f}{\partial z}=nf(x,y,z).$$

6. 设 $z=f(x,y)$ 可微，在极坐标变换 $x=r\cos\theta$，$y=r\sin\theta$ 下，证明：

$$\left(\frac{\partial z}{\partial x}\right)^2+\left(\frac{\partial z}{\partial y}\right)^2=\left(\frac{\partial z}{\partial u}\right)^2+\left(\frac{\partial z}{\partial v}\right)^2.$$

这时可称 $\left(\dfrac{\partial z}{\partial x}\right)^2+\left(\dfrac{\partial z}{\partial y}\right)^2$ 是一个形式不变量.

7. 求下列函数在各点的线性化：

(1) $f(x,y)=x^2+y^2+1$，$(1,1)$；(2) $f(x,y)=e^x\cos y$，$\left(0,\dfrac{\pi}{2}\right)$.

8. 利用全微分计算下列各题的近似值：

(1) $1.02^{2.01}$； (2) $\ln 0.95+\ln 1.01$.

6.5 多元复合函数及隐函数的求导法则

6.5.1 多元复合函数微分法

前面已学过复合函数的求导法则. 若 $y=f(u)$，而 $u=\varphi(x)$，则复合函数 $y=$

$f[\varphi(x)]$ 对 x 的导数为 $\frac{\mathrm{d}y}{\mathrm{d}x}=\frac{\mathrm{d}y}{\mathrm{d}u}\cdot\frac{\mathrm{d}u}{\mathrm{d}x}$，也就是说，欲求复合函数 $y=f[\varphi(x)]$ 的导数 $\frac{\mathrm{d}y}{\mathrm{d}x}$ 时，只需求出 $\frac{\mathrm{d}y}{\mathrm{d}u}$ 和 $\frac{\mathrm{d}u}{\mathrm{d}x}$，然后作乘积即可. 多元复合函数也有类似的求导法则.

在一元函数的复合求导中，有所谓的"链式法则"，这一法则可以推广到多元复合函数的情形.

1. 复合函数的中间变量为一元函数的情形

设函数 $z=f(u, v)$，$u=u(t)$，$v=v(t)$ 构成复合函数 $z=f[u(t), v(t)]$，其变量关系可用如图 6－17 来表达.

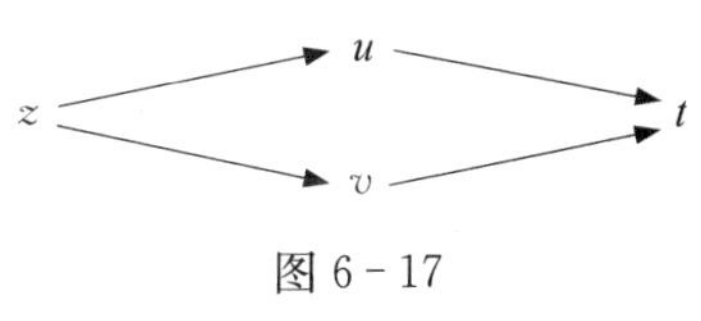

图 6－17

定理 6.7 如果函数 $u=u(t)$ 及 $v=v(t)$ 都在点 t 可导，函数 $z=f(u, v)$ 在对应点 (u, v) 具有连续偏导数，则复合函数 $z=f[u(t), v(t)]$ 在对应点 t 可导，且其导数可用下列公式计算：

$$\frac{\mathrm{d}z}{\mathrm{d}t}=\frac{\partial z}{\partial u}\cdot\frac{\mathrm{d}u}{\mathrm{d}t}+\frac{\partial z}{\partial v}\cdot\frac{\mathrm{d}v}{\mathrm{d}t}.$$

定理 6.7 的结论可推广到中间变量多于两个的情形. 例如设 $z=f(u, v, w)$，$u=u(t)$，$v=v(t)$，$w=w(t)$ 构成复合函数 $z=f[u(t), v(t), w(t)]$. 其变量关系可见图 6－18，则该复合函数在满足与定理 6.7 相类似的条件下，有

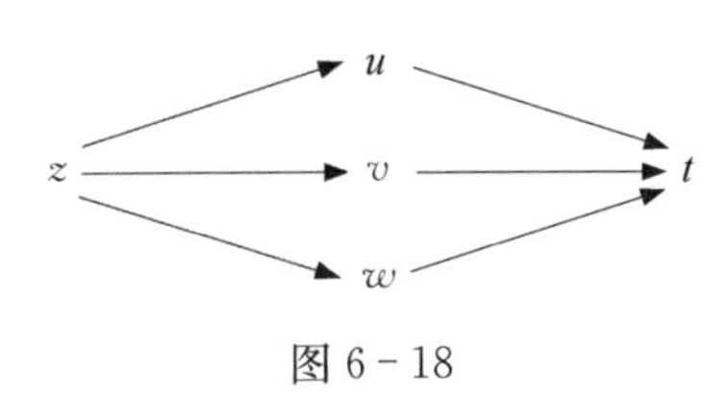

图 6－18

$$\frac{\mathrm{d}z}{\mathrm{d}t}=\frac{\partial z}{\partial u}\frac{\mathrm{d}u}{\mathrm{d}t}+\frac{\partial z}{\partial v}\frac{\mathrm{d}v}{\mathrm{d}t}+\frac{\partial z}{\partial w}\frac{\mathrm{d}w}{\mathrm{d}t},$$

上述两公式中的导数 $\frac{\mathrm{d}z}{\mathrm{d}t}$ 称为**全导数**.

2. 复合函数的中间变量为多元函数的情形

定理 6.7 可推广到中间变量不是一元函数的情形，例如对中间变量为二元函数的情形，设函数 $z=f(u, v)$，$u=u(x, y)$，$v=v(x, y)$，构成复合函数 $z=f[u(x, y), v(x, y)]$，则有下列定理.

定理 6.8 如果函数 $u=u(x, y)$ 及 $v=v(x, y)$ 都在点(x, y)处具有对 x 及对 y 的偏导数，函数 $z=f(u, v)$ 在对应点 (u, v) 处具有连续偏导数，则复合函数 $z=f[u(x, y), v(x, y)]$ 在对应点(x, y)处可导，且其导数可用下列公式计算：

$$\frac{\partial z}{\partial x}=\frac{\partial z}{\partial u}\frac{\partial u}{\partial x}+\frac{\partial z}{\partial v}\frac{\partial v}{\partial x},\ \frac{\partial z}{\partial y}=\frac{\partial z}{\partial u}\frac{\partial u}{\partial y}+\frac{\partial z}{\partial v}\frac{\partial v}{\partial y},$$

定理 6.8 的结论可推广到中间变量多于两的情形.

例如,设 $z=f(u, v, w)$, $u=u(x, y)$, $v=v(x, y)$, $w=w(x, y)$, 构成复合函数

$$z=f[u(x, y), v(x, y), w(x, y)].$$

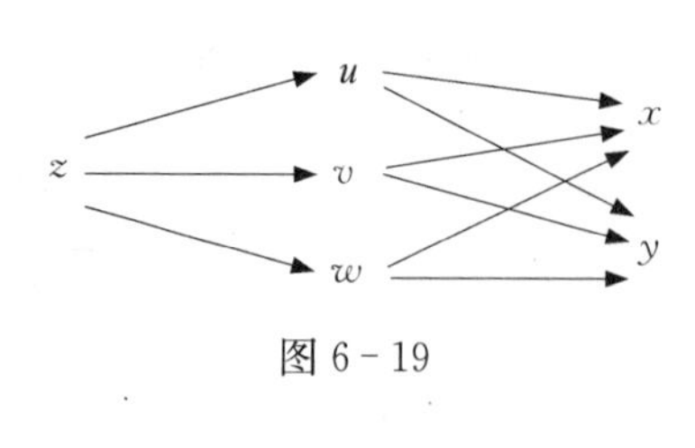

图 6-19

其变量关系可用图 6-19 表示,则该复合函数在满足与定理 6.8 相类似的条件下,有

$$\frac{\partial z}{\partial x}=\frac{\partial z}{\partial u}\frac{\partial u}{\partial x}+\frac{\partial z}{\partial v}\frac{\partial v}{\partial x}+\frac{\partial z}{\partial w}\frac{\partial w}{\partial x},$$

$$\frac{\partial z}{\partial y}=\frac{\partial z}{\partial u}\frac{\partial u}{\partial y}+\frac{\partial z}{\partial v}\frac{\partial v}{\partial y}+\frac{\partial z}{\partial w}\frac{\partial w}{\partial y}.$$

3. 复合函数的中间变量既有一元函数也有多元函数的情形

定理 6.9 如果函数 $u=u(x, y)$ 在点(x, y)处具有对 x 及对 y 的偏导数,函数 $v=v(y)$ 在点 y 可导,函数 $z=f(u, v)$ 在对应点 (u, v) 处具有连续偏导数,则复合函数 $z=f[u(x, y), v(y)]$ 在对应点(x, y)处的两个偏导数存在,且有

$$\frac{\partial z}{\partial x}=\frac{\partial z}{\partial u}\frac{\partial u}{\partial x}, \frac{\partial z}{\partial y}=\frac{\partial z}{\partial u}\frac{\partial u}{\partial y}+\frac{\partial z}{\partial v}\frac{\mathrm{d}v}{\mathrm{d}y}.$$

这类情形实际上是后式的一种特例,即变量 v 与 x 无关,从而 $\frac{\partial v}{\partial x}=0$, 这样因 v 是 y 的一元函数,所以 $\frac{\partial v}{\partial y}$ 换成 $\frac{\mathrm{d}v}{\mathrm{d}y}$, 从而有上述结果.

有一种常见的情况:复合函数的某些中间变量本身又是复合函数的自变量.例如图 6-20 中,设 $z=f(u, x, y)$, $u=u(x, y)$ 构成复合函数 $z=f[u(x, y), x, y]$, 则

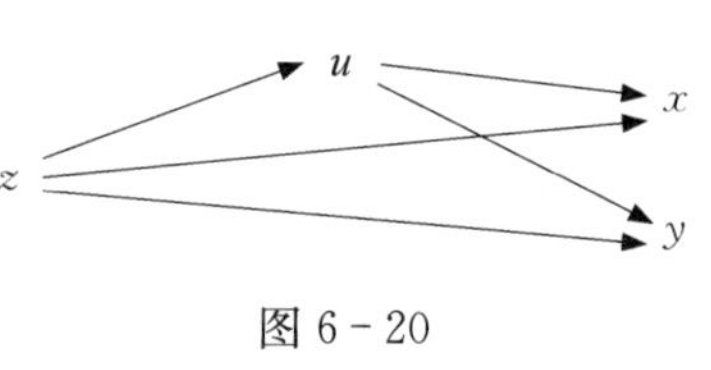

图 6-20

$$\frac{\partial z}{\partial x}=\frac{\partial f}{\partial u}\cdot\frac{\partial u}{\partial x}+\frac{\partial f}{\partial x}, \frac{\partial z}{\partial y}=\frac{\partial f}{\partial u}\cdot\frac{\partial u}{\partial y}+\frac{\partial f}{\partial y},$$

注意 这里 $\frac{\partial z}{\partial x}$ 与 $\frac{\partial f}{\partial x}$ 是不同的, $\frac{\partial z}{\partial x}$ 是把复合函数

$$z=f[u(x, y), x, y]$$

中的 y 看做不变而对 x 的偏导数, $\frac{\partial f}{\partial x}$ 是把函数 $z=f(u, x, y)$ 中的 u 及 y 看做

不变而对 x 的偏导数，$\frac{\partial z}{\partial y}$ 与 $\frac{\partial f}{\partial y}$ 也有类似的区别.

例 6.43 设 $z=\frac{u^2}{v}$，而 $u=2x+y, v=x-2y$，求 $\frac{\partial z}{\partial x}$，$\frac{\partial z}{\partial y}$.

解 先求出

$$\frac{\partial z}{\partial u}=\frac{2u}{v}, \ \frac{\partial z}{\partial v}=-\frac{u^2}{v^2},$$

$$\frac{\partial u}{\partial x}=2,$$

$$\frac{\partial u}{\partial y}=1, \ \frac{\partial v}{\partial x}=1, \ \frac{\partial v}{\partial y}=-2,$$

代入公式，得

$$\begin{aligned}\frac{\partial z}{\partial x}&=\frac{\partial z}{\partial u}\cdot\frac{\partial u}{\partial x}+\frac{\partial z}{\partial v}\cdot\frac{\partial v}{\partial x}=\frac{2u}{v}\cdot 2-\frac{u^2}{v^2}\cdot 1\\&=\frac{4(2x+y)}{x-2y}-\frac{(2x+y)^2}{(x-2y)^2}\\&=\frac{2x+y}{x-2y}\left(4-\frac{2x+y}{x-2y}\right);\end{aligned}$$

$$\begin{aligned}\frac{\partial z}{\partial y}&=\frac{\partial z}{\partial u}\cdot\frac{\partial u}{\partial y}+\frac{\partial z}{\partial v}\cdot\frac{\partial v}{\partial y}=\frac{2u}{v}\cdot 1-\frac{u^2}{v^2}\cdot(-2)\\&=\frac{2(2x+y)}{x-2y}+\frac{2\,(2x+y)^2}{(x-2y)^2}\\&=\frac{4x+2y}{x-2y}\left(1+\frac{2x+y}{x-2y}\right).\end{aligned}$$

例 6.44 求 $z=(3x^2+y^2)^{4x+2y}$ 的偏导数.

解 设 $u=3x^2+y^2, v=4x+2y$，则 $z=u^v$，
可得

$$\frac{\partial z}{\partial u}=vu^{v-1}, \ \frac{\partial z}{\partial v}=u^v\cdot\ln u,$$

$$\frac{\partial u}{\partial x}=6x, \ \frac{\partial u}{\partial y}=2y,$$

$$\frac{\partial v}{\partial x}=4, \ \frac{\partial v}{\partial y}=2,$$

则

$$\begin{aligned}\frac{\partial z}{\partial x}&=\frac{\partial z}{\partial u}\frac{\partial u}{\partial x}+\frac{\partial z}{\partial v}\frac{\partial v}{\partial x}=vu^{v-1}\cdot 6x+u^v\cdot\ln u\cdot 4\\&=6x(4x+2y)\,(3x^2+y^2)^{4x+2y-1}+4\,(3x^2+y^2)^{4x+2y}\ln(3x^2+y^2),\end{aligned}$$

$$\frac{\partial z}{\partial y}=\frac{\partial z}{\partial u}\frac{\partial u}{\partial y}+\frac{\partial z}{\partial v}\frac{\partial v}{\partial y}=vu^{v-1}\cdot 2y+u^{v}\cdot\ln u\cdot 2$$
$$=2y(4x+2y)(3x^2+y^2)^{4x+2y-1}+2(3x^2+y^2)^{4x+2y}\ln(3x^2+y^2).$$

例 6.45 设 $z=uv+\sin t$，而 $u=\mathrm{e}^t$，$v=\cos t$，求导数 $\frac{\mathrm{d}z}{\mathrm{d}t}$.

解 $$\frac{\mathrm{d}z}{\mathrm{d}t}=\frac{\partial z}{\partial u}\cdot\frac{\mathrm{d}u}{\mathrm{d}t}+\frac{\partial z}{\partial v}\cdot\frac{\mathrm{d}v}{\mathrm{d}t}+\frac{\partial z}{\partial t}=v\mathrm{e}^t+u(-\sin t)+\cos t$$
$$=\mathrm{e}^t\cos t-\mathrm{e}^t\sin t+\cos t$$
$$=\mathrm{e}^t(\cos t-\sin t)+\cos t.$$

例 6.46 设 $u=f(x,y,z)=\mathrm{e}^{x^2+y^2+z^2}$，$z=x^2\sin y$，求：$\frac{\partial u}{\partial x}$ 和 $\frac{\partial u}{\partial y}$.

解 $$\frac{\partial u}{\partial x}=\frac{\partial f}{\partial x}+\frac{\partial f}{\partial z}\frac{\partial z}{\partial x}=2x\mathrm{e}^{x^2+y^2+z^2}+2z\mathrm{e}^{x^2+y^2+z^2}\cdot 2x\sin y$$
$$=2x(1+2x^2\sin^2 y)\mathrm{e}^{x^2+y^2+x^4\sin^2 y},$$
$$\frac{\partial u}{\partial y}=\frac{\partial f}{\partial y}+\frac{\partial f}{\partial z}\frac{\partial z}{\partial y}=2y\mathrm{e}^{x^2+y^2+z^2}+2z\mathrm{e}^{x^2+y^2+z^2}\cdot x^2\cos y$$
$$=2(y+x^4\sin y\cos y)\mathrm{e}^{x^2+y^2+x^4\sin^2 y}.$$

例 6.47 设 $z=f(\mathrm{e}^{xy},x^2-y^2)$，其中 $f(u,v)$ 有连续的二阶偏导数，求 $\frac{\partial z}{\partial y}$，$\frac{\partial^2 z}{\partial x\partial y}$.

解 设 $u=\mathrm{e}^{xy}$，$v=x^2-y^2$，则

$$\frac{\partial z}{\partial y}=\frac{\partial f}{\partial u}\cdot\frac{\partial u}{\partial y}+\frac{\partial f}{\partial v}\cdot\frac{\partial v}{\partial y}=x\mathrm{e}^{xy}\frac{\partial f}{\partial u}-2y\frac{\partial f}{\partial v},$$

$$\frac{\partial z}{\partial x}=\frac{\partial f}{\partial u}\cdot\frac{\partial u}{\partial x}+\frac{\partial f}{\partial v}\cdot\frac{\partial v}{\partial x}=y\mathrm{e}^{xy}\frac{\partial f}{\partial u}+2x\frac{\partial f}{\partial v},$$

$$\frac{\partial^2 z}{\partial x\partial y}=\frac{\partial}{\partial y}\left(y\mathrm{e}^{xy}\frac{\partial f}{\partial u}\right)+\frac{\partial}{\partial y}\left(2x\frac{\partial f}{\partial v}\right)$$
$$=\mathrm{e}^{xy}\frac{\partial f}{\partial u}+xy\mathrm{e}^{xy}\frac{\partial f}{\partial u}+xy\mathrm{e}^{2xy}\frac{\partial^2 f}{\partial u^2}-2y^2\mathrm{e}^{xy}\frac{\partial^2 f}{\partial u\partial v}+$$
$$2x^2\mathrm{e}^{xy}\frac{\partial^2 f}{\partial u\partial v}-4xy\frac{\partial^2 f}{\partial v^2}$$
$$=\mathrm{e}^{xy}(1+xy)\frac{\partial f}{\partial u}+xy\mathrm{e}^{2xy}\frac{\partial^2 f}{\partial u^2}+2\mathrm{e}^{xy}(x^2-y^2)\frac{\partial^2 f}{\partial u\partial v}-4xy\frac{\partial^2 f}{\partial v^2}.$$

6.5.2 一阶全微分形式不变性

在一元函数中，无论 u 是自变量还是复合函数的中间变量，函数 $y=f(u)$ 的微分形式总是可以按公式 $\mathrm{d}y=f'(x)\mathrm{d}x$ 的形式来写，即有 $\mathrm{d}y=f'(u)\mathrm{d}u$. 这一性质称为微分形式的不变性.

根据复合函数求导的链式法则，可得到重要的一阶全微分形式不变性.

以二元函数为例，设

$$z=f(u,\ v),u=u(x,\ y),v=v(x,\ y)$$

是可微函数，则由全微分定义和链式法则. 有

$$\begin{aligned}\mathrm{d}z&=\frac{\partial z}{\partial x}\mathrm{d}x+\frac{\partial z}{\partial y}\mathrm{d}y=\left(\frac{\partial z}{\partial u}\cdot\frac{\partial u}{\partial x}+\frac{\partial z}{\partial v}\cdot\frac{\partial v}{\partial x}\right)\mathrm{d}x+\left(\frac{\partial z}{\partial u}\cdot\frac{\partial u}{\partial y}+\frac{\partial z}{\partial v}\cdot\frac{\partial v}{\partial y}\right)\mathrm{d}y\\&=\frac{\partial z}{\partial u}\left(\frac{\partial u}{\partial x}\mathrm{d}x+\frac{\partial u}{\partial y}\mathrm{d}y\right)+\frac{\partial z}{\partial v}\left(\frac{\partial v}{\partial x}\mathrm{d}x+\frac{\partial v}{\partial y}\mathrm{d}y\right)=\frac{\partial z}{\partial u}\mathrm{d}u+\frac{\partial z}{\partial v}\mathrm{d}v.\end{aligned}$$

由此可见，尽管现在的 $u,\ v$ 是中间变量，但全微分 $\mathrm{d}z$ 与 x、y 是自变量时的表达式在形式上完全一致，这个性质称为**全微分形式不变性**.

适当应用这个性质，会收到很好的效果.

例 6.48 求函数 $z=\arctan\dfrac{x+y}{1-xy}$ 的全微分.

解 设 $u=x+y,\ v=1-xy$，则 $z=\arctan\dfrac{u}{v}$，于是

$$\begin{aligned}\mathrm{d}z&=\frac{\partial z}{\partial u}\mathrm{d}u+\frac{\partial z}{\partial v}\mathrm{d}v=\frac{1}{1+\left(\dfrac{u}{v}\right)^2}\cdot\frac{1}{v}\mathrm{d}u+\frac{1}{1+\left(\dfrac{u}{v}\right)^2}\cdot\left(-\frac{u}{v^2}\right)\mathrm{d}v\\&=\frac{1}{u^2+v^2}(v\mathrm{d}u-u\mathrm{d}v),\end{aligned}$$

由 $u=x+y,v=1-xy,\mathrm{d}u=\mathrm{d}x+\mathrm{d}y,\ \mathrm{d}v=-(y\mathrm{d}x+x\mathrm{d}y)$，代入上式得

$$\begin{aligned}\mathrm{d}z&=\frac{1}{(x+y)^2+(1-xy)^2}[(1-xy)(\mathrm{d}x+\mathrm{d}y)+(x+y)(y\mathrm{d}x-x\mathrm{d}y)]\\&=\frac{\mathrm{d}x}{1+x^2}+\frac{\mathrm{d}y}{1+y^2}.\end{aligned}$$

例 6.49 已知 $\mathrm{e}^{-xy}-2z+\mathrm{e}^z=0$，求 $\dfrac{\partial z}{\partial x}$ 和 $\dfrac{\partial z}{\partial y}$.

解 因为 $\mathrm{d}(\mathrm{e}^{-xy}-2z+\mathrm{e}^{z})=0$,所以 $\mathrm{e}^{-xy}\mathrm{d}(-xy)-2\mathrm{d}z+\mathrm{e}^{z}\,\mathrm{d}z=0$,

$$(\mathrm{e}^{z}-2)\mathrm{d}z=\mathrm{e}^{-xy}(x\mathrm{d}y+y\mathrm{d}x),\mathrm{d}z=\frac{y\mathrm{e}^{-xy}}{\mathrm{e}^{z}-2}\mathrm{d}x+\frac{x\mathrm{e}^{-xy}}{\mathrm{e}^{z}-2}\mathrm{d}y,$$

故所求偏导数为 $$\frac{\partial z}{\partial x}=\frac{y\mathrm{e}^{-xy}}{\mathrm{e}^{z}-2},\ \frac{\partial z}{\partial y}=\frac{x\mathrm{e}^{-xy}}{\mathrm{e}^{z}-2}.$$

6.5.3 隐函数微分法

一个方程的情形

1. 方程 $F(x, y)=0$ 隐含函数 $y=f(x)$ 的情形

隐函数存在定理 1(定理 4):

设函数 $f(x, y)$ 在点 $P(x_0, y_0)$ 的某一邻域内具有连续的偏导数,且 $F(x_0, y_0)=0$,$F_y(x_0, y_0)\neq 0$,则方程 $F(x, y)=0$ 在点 $P(x_0, y_0)$ 的某一邻域内恒能唯一确定一个连续且具有连续导数的函数 $y=f(x)$,它满足 $y_0=f(x_0)$,并有

$$\frac{\mathrm{d}y}{\mathrm{d}x}=-\frac{F_x}{F_y}.$$

此式就是**隐函数求导公式.**

证明略,仅给出隐函数求导公式的推导:

将方程 $F(x, y)=0$ 所确定的函数 $y=f(x)$ 代入该方程,得

$$F(x, f(x))=0,$$

利用复合求导法则在两边求导,得

$$F_x+F_y\cdot y'_x\Rightarrow\frac{\mathrm{d}y}{\mathrm{d}x}=-\frac{F_x}{F_y}.$$

将上式两端视为 x 的函数,继续利用复合求导法则在上式两边求导,可求得隐函数的二阶导数为

$$\begin{aligned}\frac{\mathrm{d}^2y}{\mathrm{d}x^2}&=\frac{\partial}{\partial x}\left(-\frac{F_x}{F_y}\right)+\frac{\partial}{\partial y}\left(-\frac{F_x}{F_y}\right)\frac{\mathrm{d}y}{\mathrm{d}x}\\&=-\frac{F_{xx}F_y-F_{yx}F_x}{F_y^2}-\frac{F_{xy}F_y-F_{yy}F_x}{F_y^2}\left(-\frac{F_x}{F_y}\right)\\&=-\frac{F_{xx}F_y^2-2F_{xy}F_xF_y+F_{yy}F_x^2}{F_y^3}.\end{aligned}$$

例 6.50 求由方程 $xy-e^x+e^y=0$ 所确定的隐函数 y 的导数 $\frac{dy}{dx}$, $\left.\frac{dy}{dx}\right|_{x=0}$.

解 1 此题可采用两边求导的方法.

方程两边对 x 求导,得

$$y+x\frac{dy}{dx}-e^x+e^y\frac{dy}{dx}=0, \text{解得} \frac{dy}{dx}=\frac{e^x-y}{x+e^y},$$

由原方程知: $x=0$, $y=0$, 所以 $\left.\frac{dy}{dx}\right|_{x=0}=\left.\frac{e^x-y}{x+e^y}\right|_{\substack{x=0\\y=0}}=1.$

解 2 直接用公式求之.

令 $F=xy-e^x+e^y$, 则 $F_x=y-e^x, F_y=x+e^y$,

所以 $\frac{dy}{dx}=-\frac{F_x}{F_y}=\frac{e^x-y}{x+e^y}$, 由原方程知: $x=0$, $y=0$, 所以 $\left.\frac{dy}{dx}\right|_{x=0}=$ $\left.\frac{e^x-y}{x+e^y}\right|_{\substack{x=0\\y=0}}=1.$

例 6.51 设 $x+2y+z-2\sqrt{xyz}=0$, 求 $\frac{\partial z}{\partial x}$, $\frac{\partial z}{\partial y}$.

解 1 $\left(\text{应用隐函数存在定理公式} \frac{\partial z}{\partial x}=-\frac{F_x}{F_z}, \frac{\partial z}{\partial y}=-\frac{F_y}{F_z}\right)$

设 $F(x, y, z)=x+2y+z-2\sqrt{xyz}$,

$$F_x=1-\frac{yz}{\sqrt{xyz}}, F_y=2-\frac{xz}{\sqrt{xyz}}, F_z=1-\frac{xy}{\sqrt{xyz}};$$

解 2 (在方程两边对自变量求偏导,注意变量 z 为 x, y 的函数)

方程两边同时对自变量 x 求偏导,得

$$1+\frac{\partial z}{\partial x}-\left(\frac{yz}{\sqrt{xyz}}+\frac{xy\frac{\partial z}{\partial x}}{\sqrt{xyz}}\right)=0,$$

整理可得

$$\left(1-\frac{xy}{\sqrt{xyz}}\right)\frac{\partial z}{\partial x}=\frac{yz}{\sqrt{xyz}}-1,$$

故

$$\frac{\partial z}{\partial x}=\frac{1-\frac{yz}{\sqrt{xyz}}}{\frac{xy}{\sqrt{xyz}}-1}=\frac{yz-\sqrt{xyz}}{\sqrt{xyz}-xy},$$

方程两边同时对自变量 y 求偏导,得

$$2+\frac{\partial z}{\partial y}-\left(\frac{xz}{\sqrt{xyz}}+\frac{xy\frac{\partial z}{\partial y}}{\sqrt{xyz}}\right)=0,$$

整理可得

$$\left(1-\frac{xy}{\sqrt{xyz}}\right)\frac{\partial z}{\partial y}=\frac{xz}{\sqrt{xyz}}-2,$$

故
$$\frac{\partial z}{\partial y}=\frac{2-\frac{xz}{\sqrt{xyz}}}{\frac{xy}{\sqrt{xyz}}-1}=\frac{xz-\sqrt{xyz}}{\sqrt{xyz}-xy}.$$

2. 方程 $F(x, y, z)=0$ 隐含函数 $z=f(x, y)$ 的情形

定理 6.10(隐函数存在定理 2) 设函数 $F(x, y, z)$ 在点 $P(x_0, y_0, z_0)$ 的某一邻域内有连续的偏导数,且

$$F(x_0, y_0, z_0)=0,\ F_z(x_0, y_0, z_0)\neq 0,$$

则方程 $F(x, y, z)=0$ 在点 $P(x_0, y_0, z_0)$ 的某一邻域内恒能唯一确定一个连续且具有连续偏导数的函数 $z=f(x, y)$,它满足条件 $z_0=f(x_0, y_0)$
并有

$$\frac{\partial z}{\partial x}=-\frac{F_x}{F_z},\ \frac{\partial z}{\partial y}=-\frac{F_y}{F_z}.$$

证明略,仅给出隐函数求导公式的推导:

将方程 $F(x, y, z)=0$ 所确定的函数代入得

$$F(x, y, f(x, y))=0,$$

利用复合求导法则在两边分别对 x,y 求导得

$$F_x+F_z\cdot z'_x=0, F_y+F_z\cdot z'_y=0,$$

$$\Rightarrow \frac{\partial z}{\partial x}=-\frac{F_x}{F_z},\ \frac{\partial z}{\partial y}=-\frac{F_y}{F_z}.$$

例 6.52 求由方程 $z^3-3xyz=a^3$(a 是常数)所确定的隐函数 $z=f(x, y)$ 的

偏导数 $\dfrac{\partial z}{\partial x}$ 和 $\dfrac{\partial z}{\partial y}$.

解 令 $F(x, y, z) = z^3 - 3xyz - a^3$，则 $F'_x = -3yz, F'_y = -3xz$，$F'_z = 3z^2 - 3xy$，显然都是连续，因此，当 $F'_z = 3z^2 - 3xy \neq 0$ 时，由隐函数存在定理，得

$$\frac{\partial z}{\partial x} = -\frac{F'_x}{F'_z} = -\frac{-3yz}{3z^2 - 3xy} = \frac{yz}{z^2 - xy},\ \frac{\partial z}{\partial y} = -\frac{F'_y}{F'_z} = -\frac{-3xz}{3z^2 - 3xy} = \frac{xz}{z^2 - xy}.$$

例 6.53 设 $z = f(x+y+z, xyz)$，求 $\dfrac{\partial z}{\partial x}, \dfrac{\partial x}{\partial y}, \dfrac{\partial y}{\partial z}$.

解 令 $u = x+y+z, v = xyz$，则 $z = f(u, v)$，把 z 看成 x, y 的函数对 x 求偏导数，得

$$\frac{\partial z}{\partial x} = f_u\left(1 + \frac{\partial z}{\partial x}\right) + f_v\left(yz + xy\frac{\partial z}{\partial x}\right), \Rightarrow \frac{\partial z}{\partial x} = \frac{f_u + yzf_v}{1 - f_u - xyf_v},$$

把 x 看成 y, z 的函数对 y 求偏导数，得

$$0 = f_u\left(\frac{\partial x}{\partial y} + 1\right) + f_v\left(xz + yz\frac{\partial x}{\partial y}\right), \Rightarrow \frac{\partial x}{\partial y} = -\frac{f_u + xzf_v}{f_u + yzf_v},$$

把 y 看成 x, z 的函数对 z 求偏导数，得

$$1 = f_u\left(\frac{\partial y}{\partial z} + 1\right) + f_v\left(xy + xz\frac{\partial y}{\partial z}\right), \Rightarrow \frac{\partial y}{\partial z} = \frac{1 - f_u - xyf_v}{f_u + xzf_v}.$$

例 6.54 设 $\Phi(u, v)$ 是连续偏导数，证明：由方程 $\Phi(cx - az, cy - bz) = 0$ 所确定的隐函数 $z = f(x, y)$ 满足 $a\dfrac{\partial z}{\partial x} + b\dfrac{\partial z}{\partial y} = c$.

证 在方程 $\Phi(cx - az, cy - bz) = 0$ 两边关于 x 求偏导得

$$\Phi'_u\left(c - a\frac{\partial z}{\partial x}\right) + \Phi'_v\left(-b\frac{\partial z}{\partial x}\right) = 0,\ \frac{\partial z}{\partial x} = \frac{c\Phi'_u}{a\Phi'_u + b\Phi'_v};$$

同样地，方程两边关于 y 求偏导得

$$\Phi'_u\left(-a\frac{\partial z}{\partial y}\right) + \Phi'_v\left(c - b\frac{\partial z}{\partial y}\right) = 0,\ \frac{\partial z}{\partial y} = \frac{c\Phi'_v}{a\Phi'_u + b\Phi'_v},$$

所以 $a\dfrac{\partial z}{\partial x} + b\dfrac{\partial z}{\partial y} = \dfrac{ac\Phi'_u}{a\Phi'_u + b\Phi'_v} + \dfrac{bc\Phi'_v}{a\Phi'_u + b\Phi'_v} = \dfrac{c(a\Phi'_u + b\Phi'_v)}{a\Phi'_u + b\Phi'_v} = c$，得证.

习题 6.5

1. 计算下列各函数的导数：

(1) $y=\sqrt{3-2x}\cos x$；

(2) $y=\ln(2x+\sqrt{1+x^2})$；

(3) $y=(2-x^2)^3$；

(4) $y=\ln(\sqrt{x+2x^2}+x)$.

2. 设 $x^2+y^2+z^2=yf\left(\dfrac{z}{y}\right)$，$f$ 有二阶连续偏导数，求 $\dfrac{\partial z}{\partial x}$，$\dfrac{\partial z}{\partial y}$.

3. 求 $2\sin(x+2y-3z)=x+2y-3z$，证明：$\dfrac{\partial z}{\partial x}+\dfrac{\partial z}{\partial y}=1$.

4. 设 $u=x\varphi(x+y)+y\varphi(x+y)$，其中函数具有二阶连续导数，证明：

$$\frac{\partial^2 u}{\partial x^2}-2\frac{\partial^2 u}{\partial x\partial y}+\frac{\partial^2 u}{\partial y^2}=0.$$

5. 设 $u=f\left(\dfrac{y}{x},\dfrac{x}{y}\right)$，求 $\dfrac{\partial u}{\partial x}$，$\dfrac{\partial u}{\partial y}$，$\dfrac{\partial u}{\partial z}$.

6. 设 $z=f(e^x\sin y)$，f 可微，求 dz.

7. 求函数 $z=f(xy^2,x^2y)$ 的二阶偏导数，其中 f 有二阶连续偏导数.

8. 设函数 $w=f(x+y+z,zyz)$ 有二阶连续偏导数，求 $\dfrac{\partial^2 w}{\partial x\partial z}$.

9. 已知 $\ln\sqrt{x^2+y^2}=\arctan\dfrac{y}{x}$，求 $\dfrac{dy}{dx}$.

10. 设 $2\sin(x+2y-3z)=x+2y-3z$，证明：$\dfrac{\partial z}{\partial x}+\dfrac{\partial z}{\partial y}=1$.

11. 设 $z=xy+xF(u)$，其中 $u=\dfrac{y}{x}$，$F(u)$ 可导，证明：$x\dfrac{\partial z}{\partial x}+y\dfrac{\partial z}{\partial x}=z+xy$.

12. 设 $z=e^{x-3y}$，$x=\cos t$，$y=t^4$，求 $\dfrac{dz}{dt}$.

13. 设 $\sin y+e^x+x^2y=0$，求 $\dfrac{dy}{dx}$.

14. 设 $\ln\sqrt[3]{x^2+y^2}=\arctan\dfrac{x}{y}$，求 $\dfrac{dy}{dx}$.

6.6 多元函数的极值

实际问题中,会遇到大量的求多元函数的最大值、最小值问题,它们统称为最值. 通常我们称实际问题中出现的需要求其最值的函数为**目标函数**,该函数的自变量被称为**决策变量**. 相应的问题在数学上被称为**优化问题**.

与一元函数的情形类似,多元函数的最大值、最小值与极大值、极小值有着密切的联系. 函数的极值问题有着重要的实际意义,在一元函数中,曾经用导数求过极值. 现在介绍怎样用偏导数去求多元函数的极值. 以二元函数为例,首先介绍它的极值概念.

6.6.1 二元函数的极值

定义 6.9 设函数 $z=f(x,\ y)$ 在点 $M_0(x_0,\ y_0)$ 及其附近有定义,如果对 M_0 附近异于 M_0 的任一点 $M(x,\ y)$ 都有

$$f(x,\ y)\leqslant f(x_0,\ y_0)(f(x,\ y)\geqslant f(x_0,\ y_0)),$$

则称 $z=f(x,\ y)$ 在点 M_0 有极大(小)值 $f(x_0,\ y_0)$,点 M_0 叫做函数 z 的极值点.

极大值和极小值统称为**极值**,使函数取得极值的点称为**极值点**.

举例说明

(1) 函数 $z=(x-1)^2+(y-2)^2-1$ 在点 $(1,\ 2)$ 有极小值 -1,因为在该点的周围函数值都比 -1 大,所以在点 $(1,\ 2)$ 取得极值为极小值;

(2) 函数 $z=\sqrt{R^2-x^2-y^2}$ 在点$(0,\ 0)$有极大值 R,因为在该点的周围函数值都比 R 要小,所以此函数所表示的上半球面的半径 R 为极大值.

注意 二元函数的极值也是局部性的概念,不可与函数在整个区域上的最大(小)值相混淆,后者是整体性的概念.

1. 极值的必要条件

与导数在一元函数极值研究中的作用一样,偏导数也是研究多元函数极值的主要手段.

若二元函数 $z=f(x,\ y)$ 在点 $M_0(x_0,\ y_0)$ 处取得极值,那么固定 $y=y_0$,一元函数 $z=f(x,\ y_0)$ 在 $x=x_0$ 点必取得相同的极值;同理,固定 $x=x_0$,$z=f(x_0,\ y)$ 在 $y=y_0$ 点也取得相同的极值. 因此,由一元函数极值的必要条件,可以得到二元函数极值的必要条件.

定理 6.11(必要条件) 如果函数 $z=f(x,\ y)$ 在 $M_0(x_0,\ y_0)$ 及其附近有偏导数,且在 M_0 取得极值,则它在该点的偏导数必然为零,即

$$f_x(x_0, y_0) = 0, f_y(x_0, y_0) = 0,$$

使函数 $z = f(x, y)$ 的两个偏导数都等于零的点称为 z 的**驻点**.

类似地,如果三元函数 $u = f(x, y, z)$ 在点 $P(x_0, y_0, z_0)$ 具有偏导数,则它在 $P(x_0, y_0, z_0)$ 有极值的必要条件为

$$f_x(x_0, y_0, z_0) = 0, f_y(x_0, y_0, z_0) = 0,$$

$$f_z(x_0, y_0, z_0) = 0.$$

2. 极值的充分条件

由定理 6.11 可知,具有偏导数的函数的极值点必定是驻点,但是函数的驻点不一定是极值点. 例如点(0, 0)是函数 $z = y^2 - x^2$ 的驻点,但函数在该点无极值.

如何判定一个驻点是否有极值点?

综上所述,极值点必定在驻点和偏导数不存在的点. 因此,寻找极值点就只需找出驻点和偏导数不存在的点,然后逐一加以判别. 判别的方法是依据极值的充分条件.

定理 6.12(充分条件) 设 $z = f(x, y)$ 在点 $M_0(x_0, y_0)$ 及其附近有一阶、二阶连续偏导数,且 (x_0, y_0) 是其驻点(即 $f'_x(x_0, y_0) = 0, f'_y(x_0, y_0) = 0$) 若记作

$A = f_{xx}(x_0, y_0), B = f_{xy}(x_0, y_0), C = f_{yy}(x_0, y_0)$, 则

(1) 当 $AC - B^2 > 0$ 时, z 在 M_0 有极值,且当 $A > 0$ 时是极小值, $A < 0$ 时是极大值;

(2) 当 $AC - B^2 < 0$ 时, z 在 M_0 处无极值;

(3) 当 $AC - B^2 = 0$ 时,不能确定,需另作讨论.

3. 求极值的一般步骤

根据定理可知,具有二阶连续偏导数的函数 $z = f(x, y)$ 的极值求法步骤如下:

(1) 求偏导数 $f'_x, f'_y, f''_{xx}, f''_{xy}, f''_{yy}$;

(2) 解方程组 $\begin{cases} f'_x(x, y) = 0 \\ f'_y(x, y) = 0 \end{cases}$, 求出所有驻点;

(3) 对每一个驻点 (x_0, y_0), 求

$A = f_{xx}(x_0, y_0), B = f_{xy}(x_0, y_0), C = f_{yy}(x_0, y_0)$ 的值及 $AC - B^2$ 的符号,据此判定出极值点,并求出极值.

例 6.55 求函数 $f(x, y) = x^3 - y^3 - 3xy$ 的极值.

解 先解方程组 $f_x(x, y) = 0$, $f_y(x, y) = 0$ 得出函数的驻点,然后求出函数二阶偏导数,确定驻点处 A, B, C 的值,依据 $AC - B^2$ 符号判定是否为极值点.

解方程组
$$\begin{cases} f_x = 3x^2 - 3y = 0, & (6-1) \\ f_y = -3y^2 - 3x = 0, & (6-2) \end{cases}$$

由式(1)得 $y = x^2$，代入式(2)得 $x(x^3+1)=0$，故 $x=0$ 或 $x=-1$，故有两驻点 $(0, 0)$，$(-1, 1)$，

又
$$f_{xx} = 6x,\ f_{xy} = -3,\ f_{yy} = -6y,$$

驻点 $(0, 0)$，$A=0$，$B=-3$，$C=0$，$AC-B^2=-9<0$，故$(0, 0)$不是极值点；

驻点 $(-1, 1)$，$A=-6$，$B=-3$，$C=-6$，$AC-B^2=27>0$，又 $A=-6<0$，所以函数在点$(-1, 1)$处取得极大值 1.

例 6.56 证明函数 $z=(1+e^y)\cos x - ye^y$ 有无穷多个极大值而无一极小值.

证 由$\begin{cases} z'_x = -(1+e^y)\sin x = 0, \\ z'_y = e^y(\cos x - 1 - y) = 0, \end{cases}$ 得$\begin{cases} x = k\pi \\ y = (-1)^k - 1 \end{cases}$ $(k \in \mathbf{Z})$，

又 $A = z''_{xx} = -(1+e^y)\cos x$，$B = z''_{xy} = -e^y \sin x$，$C = z''_{yy} = e^y(\cos x - 2 - y)$，

在点 $(2n\pi, 0)$ $(n \in \mathbf{Z})$ 处，$A=-2$，$B=0$，$C=-1$，$AC-B^2=2>0$；又 $A<0$，所以函数 z 取得极大值.

在点 $((2n+1)\pi, -2)$ $(n \in \mathbf{Z})$ 处，$A=1+e^{-2}$，$B=0$，$C=-e^{-2}$，$AC-B^2=-e^{-2}-e^{-4}<0$，此时函数无极值.

注意 在讨论一元函数极值问题时，函数的极值既可能在驻点处取得也可能在导数不存在的点取得. 同样，多元函数的极值也可能在个别偏导数不存在的点取得. 例如，函数 $z=-\sqrt{x^2+y^2}$ 在点$(0, 0)$处有极大值，但该函数在点$(0, 0)$处不存在偏导数. 因此在考虑函数的极值问题时，除了考虑函数的驻点外，还要考虑那些使偏导数不存在的点.

4. 求最值的一般步骤

与一元函数类似，可以利用函数的极值来求函数的最大值和最小值. 本章已经指出，如果函数 $f(x, y)$ 在有界闭区域 D 上连续，则 $f(x, y)$ 在 D 上必定能取得最大值和最小值，且函数最大值点或最小值点必在函数的极值点或在 D 的边界点上，因此只需求出 $f(x, y)$ 在各驻点和不可导点的函数值及在边界上的最大值和最小值，然后加以比较. 求函数 $f(x, y)$ 的最大值和最小值的一般步骤为：

(1) 求函数 $f(x, y)$ 在 D 内所有驻点处的函数值；

(2) 求 $f(x, y)$ 在 D 的边界上的最大值和最小值；

(3) 将前两步得到的所有函数值进行比较，其中最大者即为最大值，最小者即

为最小值.

注意 在通常遇到的实际问题中,如果根据问题的性质,可以判断出函数 $f(x, y)$ 的最大值(最小值)一定在 D 的内部取得,而函数 $f(x, y)$ 在 D 内只有一个驻点,则可以肯定该驻点处的函数值就是函数 $f(x, y)$ 在 D 上的最大值(最小值).

例 6.57 求函数 $f(x, y) = x^2 - 2xy + 2y$ 在矩形域:$D = \{(x, y) \mid 0 \leqslant x \leqslant 3, 0 \leqslant y \leqslant 2\}$ 上的最大值和最小值.

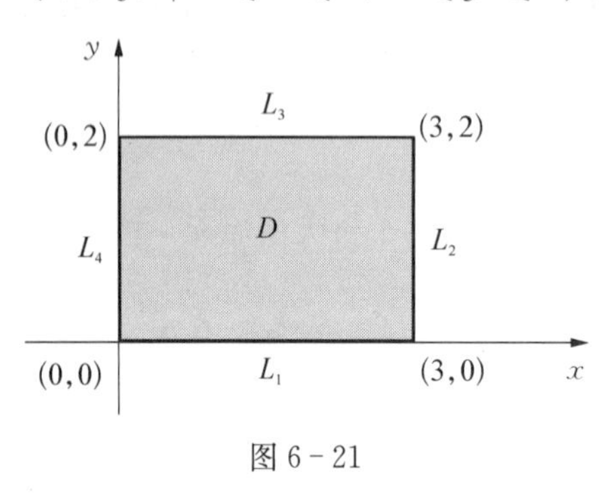

图 6-21

解 先求函数 $f(x, y)$ 在 D 内驻点,由 $f_x = 2x - 2y = 0$, $f_y = -2x + 2 = 0$, 求得 f 在 D 内部的唯一驻点 $(1, 1)$, 且 $f(1, 1) = 1$, 其次求函数 $f(x, y)$ 在 D 的边界上的最大值和最小值,如图 6-21 所示,区域 D 的边界包含四条直线段 L_1, L_2, L_3, L_4. 在 L_1 上 $y = 0$, $f(x, 0) = x^2$, $0 \leqslant x \leqslant 3$ 这是 x 的单调增加函数,故在 L_1 上 f 的最大值为 $f(3, 0) = 9$, 最小值为 $f(0, 0) = 0$.

同样在 L_2 和 L_4 上 f 也是单调的一元函数,易得最大值、最小值分别为 $f(3, 0) = 9$, $f(3, 2) = 1$ (在 L_2 上), $f(0, 2) = 4$, $f(0, 0) = 1$ (在 L_4 上),而在 L_3 上 $y = 2$, $f(x, 2) = x^2 - 4x + 4$, $0 \leqslant x \leqslant 3$, 易求出 f 在 L_3 上的最大值 $f(0, 2) = 4$, 最小值 $f(2, 2) = 0$, 将 f 在驻点上的值 $f(1, 1)$ 与 L_1, L_2, L_3, L_4 上最大值和最小值比较,最后得到 f 在 D 上的最大值为 $f(3, 0) = 9$, 最小值为 $f(0, 0) = f(2, 2) = 0$.

例 6.58 求二元函数 $z = f(x, y) = x^2y(4 - x - y)$ 在直线 $x + y = 6$, x 轴和 y 轴所围成的闭区域 D(见图 6-22)上的最大值与最小值.

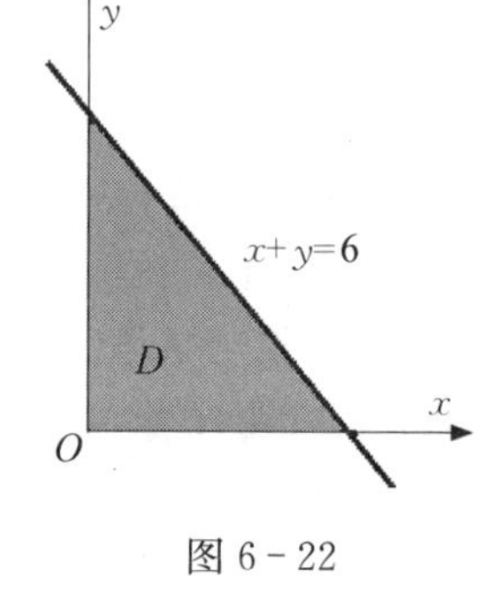

图 6-22

解 先求函数在 D 内的驻点,解方程组

$$\begin{cases} f'_x(x, y) = 2xy(4 - x - y) - x^2y = 0, \\ f'_y(x, y) = x^2(4 - x - y) - x^2y = 0, \end{cases}$$

得唯一驻点 $(2, 1)$ 且 $f(2, 1) = 4$; 再求 $f(x, y)$ 在 D 边界上的最值.

在边界 $x + y = 6$ 上,即 $y = 6 - x$, 于是 $f(x, y) = x^2(6 - x)(-2)$.

由 $f'_x = 4x(x - 6) + 2x^2 = 0$, 得 $x_1 = 0$, $x_2 = 4$,

即 $y = 6 - x\,|_{x=4} = 2$, 而 $f(4, 2) = -64$, 所以 $f(2, 1) = 4$ 为最大值, $f(4, 2) =$

-64 为最小值. 在边界 $y=0$ 上或边界 $x=0$ 上, $f(x, y)=0$.

例 6.59 做一个容积为 32 m^3 的长方体无盖水箱,问它的长、宽、高各取何值时用料最省?

解 设长方体的长、宽、高各为 x、y、z(m),其体积为 V, 则 $V=xyz=32$,
水箱的底和侧面积之和为

$$S=xy+2(xz+yz),$$

由于 $xz=\dfrac{32}{y}$, $yz=\dfrac{32}{x}$, 故 $S=xy+64\left(\dfrac{1}{x}+\dfrac{1}{y}\right)$ $(x>0,\ y>0)$.

问题是要求 $S=S(x, y)$ 的最小值.

因为 $S'_x=y-\dfrac{64}{x^2}$, $S'_y=x-\dfrac{64}{y^2}$, 解方程组 $\begin{cases} y-\dfrac{64}{x^2}=0, \\ x-\dfrac{64}{y^2}=0, \end{cases}$ 即 $x^2y=xy^2=64$,

所以其解为 $x=y=\sqrt[3]{64}=4$, 故唯一的驻点是 $P_0=(4, 4)$.

显然, $S=S(x, y)$ 在其定义域上可微,且没有最大值,因此 S 在 P_0 的值必是最小值,此时

$$z=\frac{32}{xy}=\frac{32}{4\times 4}=2.$$

所以,当 $x=4$ m, $y=4$ m, $z=2$ m 时用料最省.

例 6.60 假设某厂生产一种产品时要使用甲、乙两种原料,已知当用甲种原料 x 单位、乙种原料 y 单位时可生产 Q 单位的产品:

$$Q=Q(x, y)=10xy+20.25x+30.37y-10x^2-5y^2,$$

而甲、乙的价格依次为 25 元/单位、37 元/单位,产品的售价为 100 元/单位. 生产的固定成本为 2 000 元. 问: 当 x、y 为何值时工厂能获得最大利润?

解 总成本函数为

$$C(x, y)=25x+37y+2\,000,$$

总收益函数为

$$R(x, y)=100Q(x, y),$$

所以利润函数为

$$L=L(x, y)=R(x, y)-C(x, y)$$

$$= 100(10xy + 20.25x + 30.37y - 10x^2 - 5y^2) - (25x + 37y + 2\,000)$$
$$= 1\,000xy + 2\,000x + 3\,000y - 1\,000x^2 - 500y^2 - 2\,000,$$

问题是要求 $L(x, y)$ 的最大值：

$$L'_x = 1\,000y + 2\,000 - 2\,000x,\ L'_y = 1\,000x + 3\,000 - 1\,000y.$$

解方程组

$$\begin{cases} L'_x = 0 \\ L'_y = 0 \end{cases}, \text{即} \begin{cases} 2x - y = 2, \\ x - y = -3, \end{cases}$$

其解为 $x = 5$，$y = 8$，所以$(5, 8)$是(x, y)的唯一的驻点，显然，$L(x, y)$ 在其定义域上没有最小值，从而 $L(5, 8) = 15\,000$ 元必是 $L(x, y)$ 的最大值.

所以当用甲种原料 5 单位，乙种原料 8 单位时，工厂能获得最大利润 15 000 元.

6.6.2 条件极值与拉格朗日乘数法

1. 条件极值的概念

前面所讨论的极值问题，对于函数的自变量一般只要求其在定义域内，并无其他限制条件，这类极值称为**无条件极值**. 但在实际问题中，常会遇到对函数的自变量还有附加条件的极值问题.

例如，求表面积为 a^2 而体积最大的长方体的体积问题，设长方体的长、宽、高分别为 x、y、z，则体积 $V = xyz$. 因为长方体的表面积为定值，所以自变量 x、y、z 还需满足附加条件 $2(xy + yz + xz) = a^2$. 像这样对自变量有附加条件的极值称为**条件极值**. 有些情况下，可将条件极值问题转化为无条件极值问题，如在上述问题中，可以从 $2(xy + yz + xz) = a^2$ 解出变量 z 关于变量 x、y 的表达式，并代入体积 $V = xyz$ 的表达式中，即可将上述条件极值问题化为无条件极值问题. 然而，一般地讲，这样做很不方便，下面介绍求解一般条件极值问题的拉格朗日乘数法.

2. 拉格朗日乘数法

问题：求目标函数 $z = f(x, y)$ 在条件 $\varphi(x, y) = 0$ 下的极值.

设 f 和 φ 具有一阶连续偏导数，且 $\varphi_y \neq 0$，由隐函数存在定理，方程 $\varphi(x, y) = 0$ 确定一个隐函数 $y = y(x)$，于是，所求条件极值问题可以化为求函数

$$z = f[x, y(x)]$$

的无条件极值问题，但这样做往往是困难的. 此时就常用下面介绍的拉格朗日乘数法来求解，即构造拉格朗日函数关于独立变量 x，y，λ 的函数

$$L(x, y, \lambda) = f(x, y) + \lambda\varphi(x, y),$$

将条件极值问题化为上述拉格朗日函数的无条件极值问题，再通过求解拉格朗日函数的无条件极值问题求得原问题的解. 这种求条件极值的方法，就是**拉格朗日乘数法**.

设三元函数和 $f(x, y, z)$ 在所考察的区域内有一阶连续偏导数，则求函数 $u=f(x, y, z)$ 在条件 $G(x, y, z)=0$ 下的极值问题，可以转化为求**拉格朗日函数**

$$L(x, y, z, \lambda)=f(x, y, z)+\lambda G(x, y, z)\ (\text{式中}\ \lambda\ \text{为某一常数})$$

的无条件极值问题.

这个方法的证明从略.

于是，利用拉格朗日乘数法求函数 $u=f(x, y, z)$ 在条件 $G(x, y, z)=0$ 下的极值的基本步骤为：

(1) 构造拉格朗日函数

$$L(x, y, z, \lambda)=f(x, y, z)+\lambda G(x, y, z), \text{式中}\ \lambda\ \text{为某一常数};$$

(2) 由方程组

$$\begin{cases} L_x=f_x(x, y, z)+\lambda G_x(x, y, z)=0, \\ L_y=f_y(x, y, z)+\lambda G_y(x, y, z)=0, \\ L_z=f_z(x, y, z)+\lambda G_z(x, y, z)=0, \\ L_\lambda=G(x, y, z)=0, \end{cases}$$

解出 x、y、z、λ，其中 x、y、z 就是所求条件极值的可能极值点.

注意 拉格朗日乘数法只给出函数取极值的必要条件，因此按照这种方法所求的点是否是极值点，还需要讨论. 不过在实际问题中，往往可以根据问题本身的性质来判定所求的点是不是极值点.

例 6.61 求函数 $u=xyz$ 在附加条件

$$\frac{1}{x}+\frac{1}{y}+\frac{1}{z}=\frac{1}{a}\ (x>0, y>0, z>0, a>0) \tag{6-3}$$

下的极值.

解 作拉格朗日函数

$$L(x, y, z, \lambda)=xyz+\lambda\left(\frac{1}{x}+\frac{1}{y}+\frac{1}{z}-\frac{1}{a}\right),$$

由方程组

$$\begin{cases} L_x = yz - \dfrac{\lambda}{x^2} = 0, \\ L_y = xz - \dfrac{\lambda}{y^2} = 0, \\ L_z = xy - \dfrac{\lambda}{z^2} = 0, \end{cases}$$

可得

$$\begin{cases} 3xyz - \lambda\left(\dfrac{1}{x} + \dfrac{1}{y} + \dfrac{1}{z}\right) = 0, \\ xyz = \dfrac{\lambda}{3a}, \\ x = y = z = 3a, \end{cases}$$

故$(3a, 3a, 3a)$是函数 $u = xyz$ 在条件式(6-1)下唯一驻点.

把条件式(6-1)确定的隐函数记作 $z = z(x, y)$，将目标函数看作

$$u = xy \cdot z(x, y) = F(x, y).$$

再应用二元函数极值的充分条件判断，知点$(3a, 3a, 3a)$是函数 $u = xyz$ 在条件式(6-1)下的极小值点，而所求的极值为 $27a^3$.

例 6.62 设某工厂生产两种型号的机床，其产量分别为 x 台和 y 台，成本函数为

$$C(x, y) = x^2 + 2y^2 - xy \text{ 万元}$$

若根据市场调查预测，共需这两种机床 8 台，问应如何安排生产，才能使成本最小?

解 此问题可归结为求成本函数 $C(x, y)$ 在条件 $x + y = 8$ 下的最小值.

构造拉格朗日函数：

$$F(x, y, \lambda) = x^2 + 2y^2 - xy + \lambda(x + y - 8).$$

求 $F(x, y, \lambda)$ 对 x, y, λ 的偏导数，并令其为零，得联立方程组：

$$\begin{cases} F'_x = 2x - y + \lambda = 0, \\ F'_y = 4y - x + \lambda = 0, \\ F'_\lambda = x + y - 8 = 0, \end{cases}$$

解得 $\lambda = -7, x = 5, y = 3$.

因为实际问题的最小值存在，所以点(5, 3)是函数 $C(x, y)$ 的最小值点，即当两种型号的机床分别生产 5 台和 3 台时，总成本最小，且总成本是 $C(5, 3) = 28$ 万元.

习 题 6.6

1. 求函数 $f(x) = \dfrac{1}{2}x + \sin x$ 在区间 $[0, 2\pi]$ 上的最值.

2. 已知 $x > 1$，求证：$x > \ln(x+1)$.

3. 求函数 $z = (6x - x^2)(4y - y^2)(x > 0, y > 0)$ 的极值.

4. 求内接于半径为 R 的半圆且有最大面积的矩形.

5. 求函数 $f(x, y) = 4(x - y) - x^2 - y^2$ 的极值.

6. 当 $x > 0$, $y > 0$, $z > 0$ 时，求函数 $f(x, y, z) = \ln x + 2\ln y + 3\ln z$ 在球面 $x^2 + y^2 + z^2 = 6R^2$ 上的最大值，并由此证明：当为 a, b, c 正实数时，成立不等式

$$ab^2c^3 \leqslant 108\left(\frac{a+b+c}{6}\right)^6.$$

7. 已知函数 $f(x) = x^3 + 2x^2 + x - 4$, $g(x) = ax^2 + x - 8$.

(1) 求函数 $f(x)$ 的极值；

(2) 若对任意 $x \in [0, +\infty)$，都有 $f(x) \geqslant g(x)$，求实数 a 的取值范围.

8. 在平面 xOy 上求一点，使它到 $x = 0$, $y = 0$ 及 $x + 2y - 16 = 0$ 三条直线的距离平方和最小.

9. 求下列函数的极值：

(1) $z = 4(x - y) - x^2 - y^2$；

(2) $z = \mathrm{e}^{2x}(x + y^2 + 2y)$；

(3) $z = x^2 + y^2 - 2\ln x - 2\ln y(x > 0, y > 0)$；

(4) $z = (a - x - y)xy$, $a \neq 0$.

10. 设某企业生产两种不同的产品，其数量为 x, y，总成本函数为 $C(x, y) = 3x^2 + 5y^2 - 2xy + 2$.

(1) 求两种不同产品的边际成本；

(2) 产品限制为 $x + y = 30$，求最小成本.

11. 欲围一个面积为 60 m^2 的矩形场地，正面所用的材料每米造价 10 元，其余三面每米造价 5 元，求场地的长、宽各为多少时，所用材料费最少？

12. 设生产某种产品的数量与所用两种原料 A, B 的数量 x, y 之间有关系式 $P(x, y)=0.05x^2y$，欲用150元购料，已知原料 A, B 的单价分别为1元、2元，问购进两种原料各多少，可使生产的数量最多？

本章小结

多元函数微分学

- 基本概念
  - 空间直角坐标系及两点间的距离
  - 曲面方程的概念
  - 平面方程
  - 柱面
  - 二次曲面
  - 二元函数的概念
  - 二元函数的极限
- 微分方法
  - 偏导数的定义及计算方法
  - 偏导数的几何意义及经济意义
  - 二阶偏导数
  - 全增量的概念及全微分定义
  - 可微的条件
  - 二元函数的线性化近似问题
  - 连续、可导、可微的关系
  - 全微分在近似计算上的应用
  - 多元函数微分法
  - 隐函数求导
  - 二元函数极值的定义
  - 二元函数取得极值的条件
  - 求极值和最值的一般步骤
  - 条件极值与拉格朗日乘数法

习 题 6

1. 下列函数的定义域：

(1) $z=\ln(y^2-2x+10)$；　　(2) $z=\dfrac{1}{\sqrt{x+y}}+\dfrac{1}{\sqrt{x-y}}$.

2. 求下列极限：

(1) $\lim\limits_{\substack{x\to\infty\\ y\to a}}\left(1+\dfrac{1}{x}\right)^{\frac{x^2}{x+y}}$；　　(2) $\lim\limits_{\substack{x\to\infty\\ y\to\infty}}\dfrac{x+y}{x^2-xy+y^2}$.

3. 求极限 $\lim\limits_{(x,\ y)\to(0,\ 0)} \dfrac{e^x + e^y}{\cos x - \sin y}$.

4. 求下列函数的偏导数：

(1) $z = e^{xy} + yx^2$；　　(2) $z = xy + \dfrac{x}{y}$；

(3) $z = e^{x-y}\cos(x+y)$；　　(4) $z = \ln\dfrac{y}{x}$.

5. 设 $r = \sqrt{x^2 + y^2 + z^2}$，证明：$\dfrac{\partial^2 r}{\partial x^2} + \dfrac{\partial^2 r}{\partial y^2} + \dfrac{\partial^2 r}{\partial z^2} = \dfrac{2}{r}$.

6. 求下列函数的全微分：

(1) $z = \ln\sqrt{x^2 + y^2}$；　　(2) $u = \ln(x^2 + y^2 + z^2)$；

7. 设 $f(u)$ 具有二阶连续导数，且 $g(x,\ y) = f\left(\dfrac{y}{x}\right) + yf\left(\dfrac{x}{y}\right)$，求 $x^2 g_{xx} - y^2 g_{yy}$.

8. 设 $z = \arctan(xy)$，$y = e^x$，求 $\dfrac{dz}{dx}$.

9. 设 $u = u(x,\ y)$，$x = r\cos\theta$，$y = r\sin\theta$，求 $\dfrac{\partial u}{\partial r}$，$\dfrac{\partial u}{\partial \theta}$.

10. 设 $z = xy + xF(u)$，且 $u = \dfrac{y}{x}$，$F(u)$ 为可导函数，证明：$x\dfrac{\partial z}{\partial x} + y\dfrac{\partial z}{\partial y} = z + xy$.

11. 设 $z = f(2x - y,\ y\sin x)$，其中 $f(u,\ v)$ 具有二阶连续偏导数，求 $\dfrac{\partial^2 z}{\partial x \partial y}$.

12. 设 $z = f(u,\ x,\ y)$，$u = xe^y$，其中 f 具有二阶连续偏导数，求 $\dfrac{\partial^2 z}{\partial x \partial y}$.

13. 设方程 $F\left(\dfrac{x}{z},\ \dfrac{y}{z}\right) = 0$ 确定了函数 $z = z(x,\ y)$，求 $\dfrac{\partial z}{\partial x}$ 和 $\dfrac{\partial z}{\partial y}$.

14. 设 $f(u,\ v)$ 具有二阶连续偏导数，且满足 $f_{uu} + f_{vv} = 1$，$g(x,\ y) = f\left[xy,\ \dfrac{1}{2}(x^2 - y^2)\right]$，求 $g_{xx} + g_{yy}$.

15. 设 $z^3 - 3xyz = a^3$，求 $\dfrac{\partial^2 z}{\partial x \partial y}$.

16. 求函数 $f(x, y)=\ln(1+x^2+y^2)+1-\dfrac{x^3}{15}-\dfrac{y^3}{4}$ 的极值.

17. 将正数 a 分成三个正数 x, y, z，使 $f=x^m y^n z^p$ 最大，其中 m, n, p 均为已知数.

18. 设 $z=f(x^2+y^2)$，求证：$y\dfrac{\partial z}{\partial x}=x\dfrac{\partial z}{\partial y}$.

19. 方程 $f\left(\dfrac{y}{z}, \dfrac{z}{x}\right)=0$，确定 z 是 x, y 的函数，$f'_v(u, v)\neq 0$，求证：$x\dfrac{\partial z}{\partial x}+y\dfrac{\partial z}{\partial y}=z$.

20. 求函数 $u=x^2+y^2+z^2$ 在约束条件 $z=x^2+y^2$ 和 $x+y+z=4$ 下的最大值和最小值.

21. 求函数 $z=\sqrt{4-x^2-y^2}$ 在圆域 $x^2+y^2\leqslant 1$ 内的最大值.

22. 有一宽为 24 cm 的长方形铁板，把它两边折起来做成一个断面为等腰梯形的水槽，问怎样的折法能使断面的面积最大?

7 重 积 分

由一元函数积分学到多元函数积分学，体现为函数自变量个数上面的变化，已经知道一元函数定积分的几何意义是函数图像与坐标轴围成的图形的面积. 类似推导，对于多元函数的定积分，其积分的几何含义就是函数图像与坐标轴围成的“体积”.

7.1 二重积分的概念与性质

本节将把一元函数定积分的概念推广到二元函数的二重积分，从求曲顶柱体的体积这个具体问题出发，讨论二元函数的积分学.

7.1.1 二重积分的概念

引例：求曲顶柱体的体积.

平顶柱体(见图 7－1 上左、上右)：柱体体积＝底面积×高，特点：平顶.

曲顶柱体(见图 7－1 下)：体积＝？　特点：曲顶.

采用微元法求之，其步骤为：分割、求和、取极限.

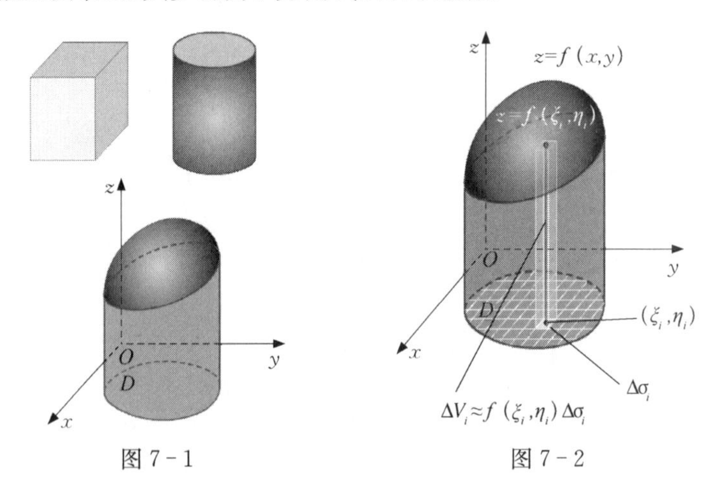

图 7－1　　图 7－2

步骤

先分割曲顶柱体的底，并取典型小区域进行分析，再用若干个小平顶柱体体积之和近似表示曲顶柱体的体积，最后取极限得到所求曲顶柱体的体积(见图 7-2).

(1) 分割 $\Delta V_i \approx f(\xi_i, \eta_i)\Delta\sigma_i$;

(2) 求和 $v = \sum_{i=1}^{n}\Delta v_i \approx \sum_{i=1}^{n} f(\xi_i, \eta_i)\Delta\sigma_i$;

(3) 取极限 $v = \lim_{\lambda\to 0}\sum_{i=1}^{n} f(\xi_i, \eta_i)\Delta\sigma_i$.

定义 7.1 设 $f(x, y)$是有界闭区域 D 上的有界函数，将闭区域 D 任意分成 n 个小闭区域 $\Delta\sigma_1, \Delta\sigma_2, \cdots, \Delta\sigma_n$，其中 $\Delta\sigma_i$ 表示第 i 个小闭区域，也表示它的面积，在每个 $\Delta\sigma_i$ 上任取一点(ξ_i, η_i)，作乘积

$$f(\xi_i, \eta_i)\Delta\sigma_i (i = 1, 2, \cdots, n),$$

并作和

$$\sum_{i=1}^{n} f(\xi_i, \eta_i)\Delta\sigma_i.$$

当各小闭区域的直径中的最大值 λ 趋近于零时，如果该和式的极限存在，则称此极限为函数 $f(x, y)$在闭区域 D 上的**二重积分**，记为

$$\iint_D f(x, y)\mathrm{d}\sigma, \text{即} \iint_D f(x, y)\mathrm{d}\sigma = \lim_{\lambda\to 0}\sum_{i=1}^{n} f(\xi_i, \eta_i)\Delta\sigma_i,$$

上式具体说明可见图 7-3 所示.

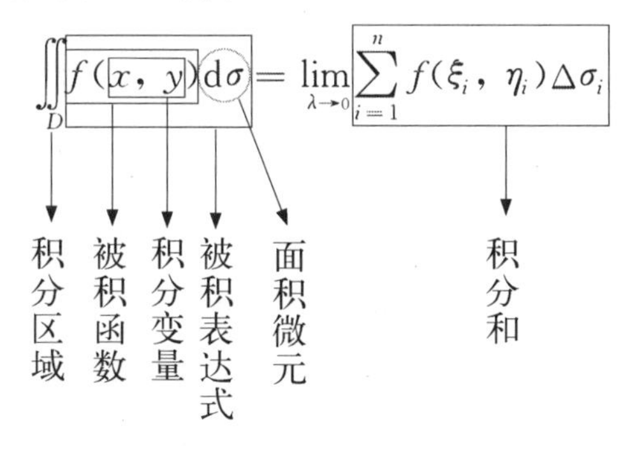

图 7-3

对二重积分定义的说明

(1) 在二重积分的定义中，对闭区域的划分及对(ξ_i, η_i)的选取均是任意的；

(2) 当 $f(x, y)$在闭区域上连续时，即二重积分必存在.

二重积分的几何意义

当被积函数大于零时，二重积分在几何上表示曲顶柱体的体积，在直角坐标系

下用平行于坐标轴的直线网来划分区域 D,则面积微元为

$$d\sigma = dxdy,$$

故二重积分可写为

$$\iint_D f(x, y)d\sigma = \iint_D f(x, y)dxdy.$$

7.1.2 二重积分的性质

二重积分也有与一元函数定积分相类似的性质,下面介绍的函数均假定在 D 上可积.

性质 7.1 设 α,β 为常数,则

$$\iint_D [\alpha f(x, y) \pm \beta g(x, y)]d\sigma = \alpha\iint_D f(x, y)d\sigma \pm \beta\iint_D g(x, y)d\sigma.$$

注意 这里包含两层内容:一是常数因子可提到积分号外面;二是函数代数和的积分等于各函数积分的代数和.

此性质表明**二重积分满足线性运算**.

性质 7.2 如果闭区域 D 可被曲线分为两个没有公共内点的闭子区域 D_1 和 D_2,则

$$\iint_D f(x, y)d\sigma = \iint_{D_1} f(x, y)d\sigma + \iint_{D_2} f(x, y)d\sigma,$$

此性质表明**二重积分对积分区域具有可加性.**

性质 7.3 如果在闭区域 D 上, $f(x, y) = 1$, σ 为 D 的面积,则

$$\iint_D 1 \cdot d\sigma = \iint_D d\sigma = \sigma,$$

此性质的几何意义是:以 D 为底、高为 1 的平顶柱体的体积在数值上等于柱体的底面积.

性质 7.4 如果在闭区域 D 上,有 $f(x, y) \leqslant g(x, y)$, 则

$$\iint_D f(x, y)d\sigma \leqslant \iint_D g(x, y)d\sigma,$$

特别地,有

$$\left|\iint_D f(x, y)\mathrm{d}\sigma\right| \leqslant \iint_D |f(x, y)| \mathrm{d}\sigma.$$

性质 7.5 设 M、m 分别是 $f(x, y)$ 在闭区域 D 上的最大值和最小值，σ 为 D 的面积，则

$$m\sigma \leqslant \iint_D f(x, y)\mathrm{d}\sigma \leqslant M\sigma,$$

这个不等式称为**二重积分的估值不等式**.

性质 7.6 设函数 $f(x, y)$ 在闭区域 D 上连续，σ 为 D 的面积，则在 D 上至少存在一点 (ξ, η) 使得

$$\iint_D f(x, y)\mathrm{d}\sigma = f(\xi, \eta) \cdot \sigma,$$

此性质称为**二重积分的中值定理**.

几何意义

在区域 D 上以曲面 $f(x, y)$ 为顶的曲顶柱体的体积，等于以区域 D 内某一点 (ξ, η) 的函数值 $f(\xi, \eta)$ 为高的平顶柱体的体积(见图 7-4).

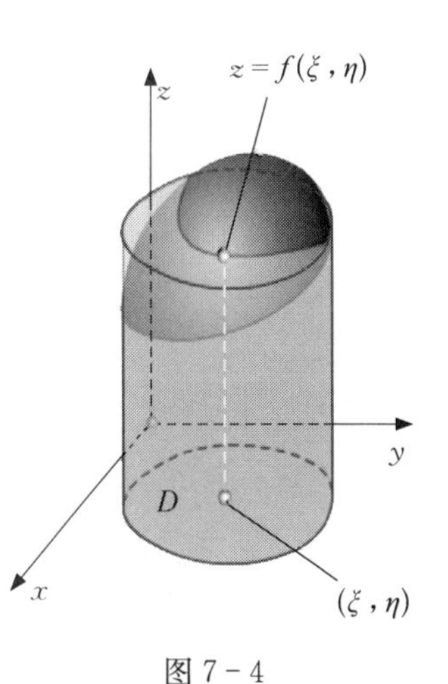

图 7-4

注意 由性质 7.6 可得

$$\frac{1}{\sigma}\iint_D f(x, y)\mathrm{d}\sigma = f(\xi, \eta),$$

通常称 $\frac{1}{\sigma}\iint_D f(x, y)\mathrm{d}\sigma$ 为函数 $f(x, y)$ 在 D 上的**平均值**.

例 7.1 不作计算，估计 $I = \iint_D \mathrm{e}^{x^2+y^2}\mathrm{d}\sigma$ 的值，其中 D 是椭圆闭区域：$\frac{x^2}{a^2} + \frac{y^2}{b^2} \leqslant 1\ (0 < b < a)$.

解 区域 D 的面积 $\sigma = ab\pi$，在 D 上，

因为 $0 \leqslant x^2 + y^2 \leqslant a^2$，所以 $1 = \mathrm{e}^0 \leqslant \mathrm{e}^{x^2+y^2} \leqslant e^{a^2}$，

由性质 7.6 知，

$$\sigma \leqslant \iint_D \mathrm{e}^{x^2+y^2}\mathrm{d}\sigma \leqslant \sigma \cdot \mathrm{e}^{a^2}，即\ ab\pi \leqslant \iint_D \mathrm{e}^{x^2+y^2}\mathrm{d}\sigma \leqslant ab\pi\mathrm{e}^{a^2}.$$

例 7.2 判断 $\iint\limits_{r\leqslant|x|+|y|\leqslant 1}\ln(x^2+y^2)\mathrm{d}x\mathrm{d}y\ (r<1)$ 的符号.

解 当 $r\leqslant|x|+|y|\leqslant 1$ 时，$0<x^2+y^2\leqslant(|x|+|y|)^2\leqslant 1$，

故 $\ln(x^2+y^2)\leqslant 0$，又当 $|x|+|y|<1$ 时，$\ln(x^2+y^2)<0$，

于是
$$\iint\limits_{r\leqslant|x|+|y|\leqslant 1}\ln(x^2+y^2)\mathrm{d}x\mathrm{d}y<0.$$

例 7.3 积分 $\iint\limits_{D}\sqrt[3]{1-x^2-y^2}\mathrm{d}x\mathrm{d}y$ 有怎样的符号，其中 D: $x^2+y^2\leqslant 4$.

解
$$\begin{aligned}&\iint\limits_{D}\sqrt[3]{1-x^2-y^2}\mathrm{d}x\mathrm{d}y\\&=\iint\limits_{x^2+y^2\leqslant 1}\sqrt[3]{1-x^2-y^2}\mathrm{d}x\mathrm{d}y+\iint\limits_{1\leqslant x^2+y^2\leqslant 3}\sqrt[3]{1-x^2-y^2}\mathrm{d}x\mathrm{d}y+\\&\quad\iint\limits_{3\leqslant x^2+y^2\leqslant 4}\sqrt[3]{1-x^2-y^2}\mathrm{d}x\mathrm{d}y\\&\leqslant\iint\limits_{x^2+y^2\leqslant 1}\sqrt[3]{1-0}\mathrm{d}x\mathrm{d}y+\iint\limits_{1\leqslant x^2+y^2\leqslant 3}\sqrt[3]{1-1}\mathrm{d}x\mathrm{d}y+\iint\limits_{3\leqslant x^2+y^2\leqslant 4}\sqrt[3]{1-3}\mathrm{d}x\mathrm{d}y\\&=\pi+(-\sqrt[3]{2})(4\pi-3\pi)<0.\end{aligned}$$

例 7.4 判断下列积分值的大小：$I_1=\iint\limits_{D}\ln^3(x+y)\mathrm{d}x\mathrm{d}y$，$I_2=\iint\limits_{D}(x+y)^3\mathrm{d}x\mathrm{d}y$，$I_3=\iint\limits_{D}[\sin(x+y)]^3\mathrm{d}x\mathrm{d}y$，其中 D 由 $x=0$，$y=0$，$x+y=\frac{1}{2}$，$x+y=1$ 围成，求 I_1，I_2，I_3 之间的大小顺序.

解 因为被比较积分的积分区域相同，故可从被积函数来判断，在区域 D 上，$1/2\leqslant x+y\leqslant 1$，当 $1/2\leqslant t\leqslant 1$ 时，$\ln t\leqslant\sin t\leqslant t$，从而当 $(x,y)\in D$ 时，
$$\ln^3(x+y)\leqslant\sin^3(x+y)\leqslant(x+y)^3,$$
其中的"="只有在边界处才可能取到，所以 $\iint\ln^3(x+y)\mathrm{d}x\mathrm{d}y<\iint\sin^3(x+y)\mathrm{d}x\mathrm{d}y<\iint(x+y)^3\mathrm{d}x\mathrm{d}y$，故 $I_1<I_3<I_2$.

例 7.5 利用定义证明 $\iint\mathrm{d}\sigma=\sigma$（$\sigma$ 为区域 D 的面积）.

证明 被积函数 $f(x,y)\equiv 1$，由二重积分的定义，对任意分割和取点法，有
$$\iint\limits_{D}1\cdot\mathrm{d}\sigma=\lim_{\lambda\to 0}\sum_{i=1}^{n}f(\xi_i,\eta_i)\Delta\sigma_i=\lim_{\lambda\to 0}\sum_{i=1}^{n}1\cdot\Delta\sigma_i=\lim_{\lambda\to 0}\sum_{i=1}^{n}\Delta\sigma_i=\lim_{\lambda\to 0}\sigma=\sigma,$$

所以$\iint\limits_{D} \mathrm{d}\sigma = \sigma$，其中 λ 是各 $\Delta\sigma_i$ 中的最大直径.

习题 7.1

1. 按定义计算二重积分$\iint_D xy\,\mathrm{d}x\mathrm{d}y$，其中 $D=[0,1]\times[0,1]$.

2. 根据二重积分的性质，比较下列积分的大小：

(1) $\iint_D (x+y)^2\mathrm{d}x\mathrm{d}y$ 与$\iint_D (x+y)^3\mathrm{d}x\mathrm{d}y$，其中 D 为 x 轴，y 轴与直线 $x+y=1$ 所围的区域；

(2) $\iint_D \ln(x+y)\mathrm{d}x\mathrm{d}y$ 与$\iint_D [\ln(x+y)]^2\mathrm{d}x\mathrm{d}y$，其中 $D=[3,5]\times[0,1]$.

3. 利用重积分的性质估计下列重积分的值：

(1) $I=\iint_D xy(x+y)\mathrm{d}x\mathrm{d}y$，其中 $D=\{(x,y)\mid 0\leqslant x\leqslant 1,\ 0\leqslant y\leqslant 1\}$；

(2) $I=\iint_D \dfrac{1}{100+\cos^2 x+\cos^2 y}\mathrm{d}x\mathrm{d}y$，其中 $D=\{(x,y)\mid |x|+|y|\leqslant 10\}$；

(3) $I=\iint_D \sqrt{xy+4}\,\mathrm{d}x\mathrm{d}y$，其中 $D=\{(x,y)\mid 0\leqslant x\leqslant 2,\ 0\leqslant y\leqslant 2\}$；

(4) $I=\iint_D (y-x)\mathrm{d}x\mathrm{d}y$，其中 $D=\{(x,y)\mid x^2+y^2\leqslant 1\}$；

(5) $I=\iint_D (2x^2+y^2+1)\mathrm{d}x\mathrm{d}y$，其中 D 是两坐标轴与直线 $x+y=1$ 围成的闭区域.

4. 在下列积分中改变累次积分的次序：

(1) $\int_0^1 \mathrm{d}y\int_0^y f(x,y)\mathrm{d}x$；

(2) $\int_1^{\mathrm{e}} \mathrm{d}x\int_0^{\ln x} f(x,y)\mathrm{d}y$；

(3) $\int_{-1}^0 \mathrm{d}x\int_{x+1}^{\sqrt{1-x^2}} f(x,y)\mathrm{d}y$；

(4) $\int_0^1 \mathrm{d}x\int_0^x f(x,y)\mathrm{d}y+\int_1^2 \mathrm{d}x\int_0^{2-x} f(x,y)\mathrm{d}y$.

5. 计算圆柱面 $x^2+y^2=ay$ 被平面 $z=0$ 和抛物面 $z=x^2+y^2$ 所截得立体的体积.

6. 计算$\iint_D \ln(1+x^2+y^2)\mathrm{d}x\mathrm{d}y$，其中 $D=\{(x,y)\mid x^2+y^2\leqslant 1,\ x\geqslant 0,$

$y \geqslant 0\}$.

7. 计算$\iint_D (x+y)\mathrm{d}x\mathrm{d}y$,其中$D=\{(x, y) \mid x^2+y^2 \leqslant 2Rx\}$.

8. 设$f(x)$在R上连续,a, b为常数,证明:

$$\int_a^b \mathrm{d}x \int_a^x f(x)\mathrm{d}y = \int_a^b f(x)(b-y)\mathrm{d}y.$$

9. 设D是(x, y)面上的有界闭区域,函数$f(x, y)$在D上连续且不变号,有$\iint\limits_D f(x, y)\mathrm{d}\sigma = 0$,证明在区域$D$上$f(x, y)=0$.

7.2 二重积分在直角坐标系下的计算

7.2.1 二重积分在直角坐标系下的计算

本节和下一节要讨论二重积分的计算方法,其基本思想是将二重积分化为二次定积分来计算,转化后的这种二次定积分常称为二次积分或累次积分.

计算二重积分$\iint\limits_D f(x, y)\mathrm{d}\sigma$, $f(x, y) \geqslant 0$.

1. X型区域

若积分区域为:$a \leqslant x \leqslant b$, $\varphi_1(x) \leqslant y \leqslant \varphi_2(x)$,其中函数$\varphi_1(x)$、$\varphi_2(x)$在区间$[a, b]$是连续的(见图7-5).

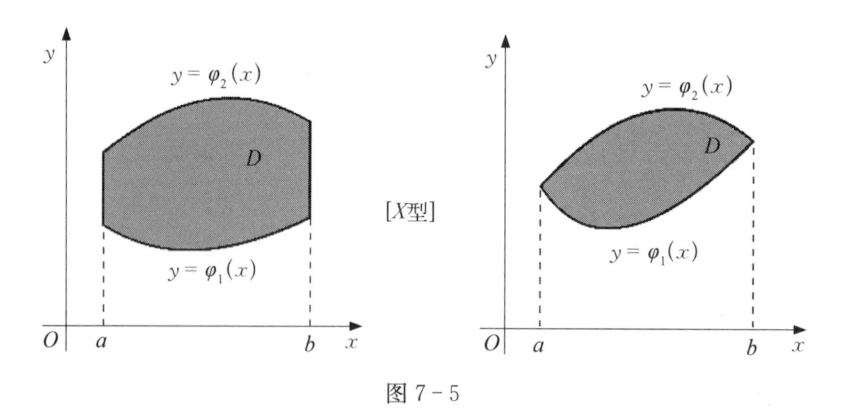

图7-5

特点

穿过区域且平行于y轴的直线与区域边界相交不多于两个交点.

几何上,上述二重积分的值等于以D为底,以曲面$z=f(x, y)$为顶的曲顶柱

体的体积,如图 7-6 所示. 应用求"平行截面面积已知的立体的体积"的方法,得截面面积为

$$A(x)=\int_{\varphi_1(x)}^{\varphi_2(x)} f(x, y)\mathrm{d}y,$$

于是,曲顶柱体的体积为

$$\iint_D f(x, y)\mathrm{d}\sigma=\int_a^b\left[\int_{\varphi_1(x)}^{\varphi_2(x)} f(x, y)\mathrm{d}y\right]\mathrm{d}x$$

$$=\int_a^b \mathrm{d}x\int_{\varphi_1(x)}^{\varphi_2(x)} f(x, y)\mathrm{d}y.$$

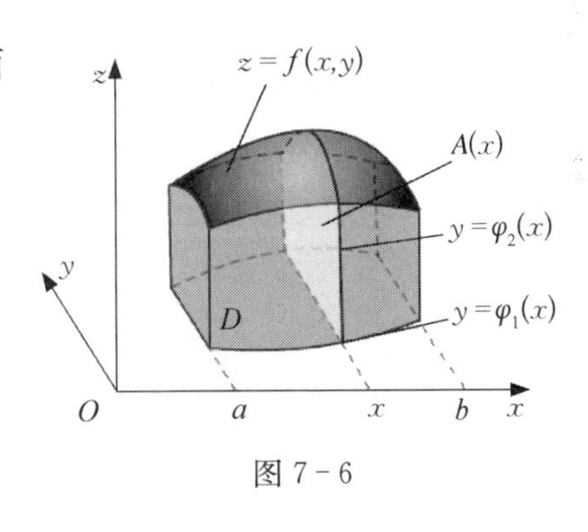

图 7-6

上式右端的积分称为先对 y 后对 x 的二次积分.

注意 虽然在讨论中假定了 $f(x, y)\geqslant 0$, 这只是为几何上说明方便而引入的条件,实际上,上面公式的成立不受条件限制.

2. Y 型区域

若积分区域为: $c\leqslant y\leqslant d$, $\psi_1(y)\leqslant x\leqslant \psi_2(y)$, 其中函数 $\psi_1(y)$、$\psi_2(y)$ 在区间 $[c, d]$ 是连续的(见图 7-7).

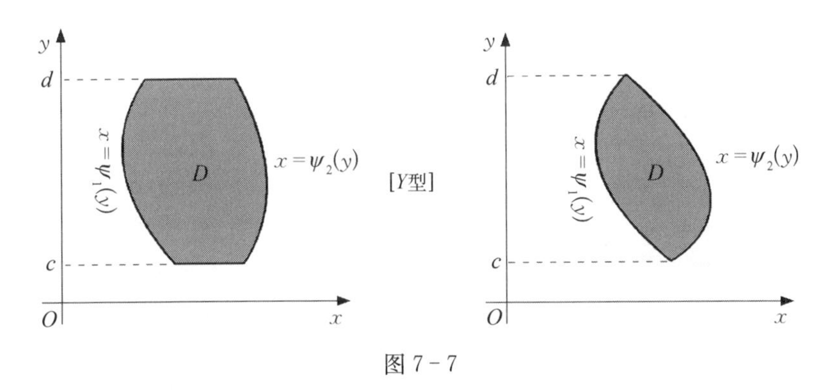

图 7-7

特点

穿过区域且平行于 x 轴的直线与区域边界相交不多于两个交点.

于是,曲顶柱体的体积为

$$\iint_D f(x, y)\mathrm{d}\sigma=\int_c^d \mathrm{d}y\int_{\psi_1(y)}^{\psi_2(y)} f(x, y)\mathrm{d}x.$$

上式右端的积分称为先对 x 后对 y 的二次积分.

3. X 型和 Y 型区域

若积分区域既是 X 型又是 Y 型的(见图 7-8(a)),则

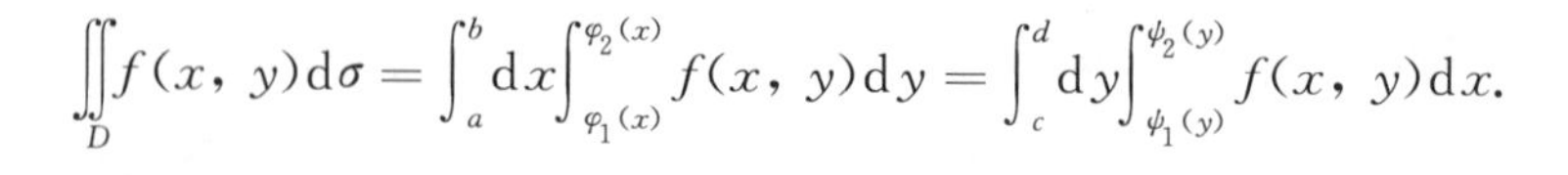

$$\iint_D f(x, y)\mathrm{d}\sigma = \int_a^b \mathrm{d}x \int_{\varphi_1(x)}^{\varphi_2(x)} f(x, y)\mathrm{d}y = \int_c^d \mathrm{d}y \int_{\psi_1(y)}^{\psi_2(y)} f(x, y)\mathrm{d}x.$$

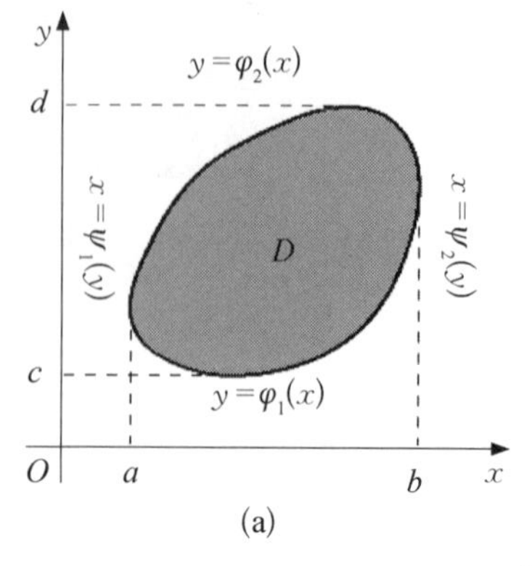

(a)

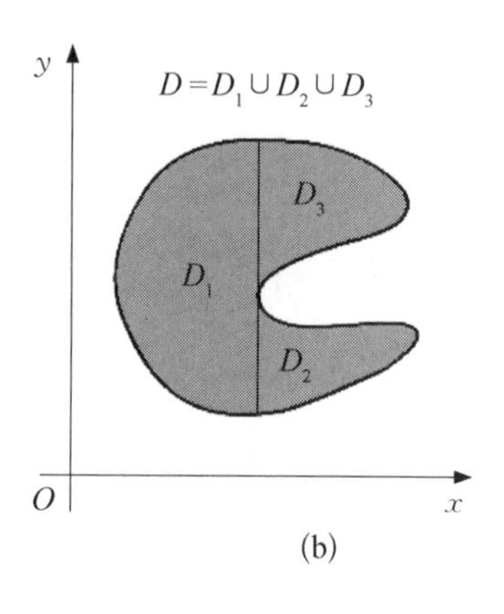

(b)

图 7 - 8

若区域如图 7 - 8(b)，则必须分割，在分割后的三个区域上分别使用积分公式：

$$\iint_D = \iint_{D_1} + \iint_{D_2} + \iint_{D_3}.$$

关于积分限的确定

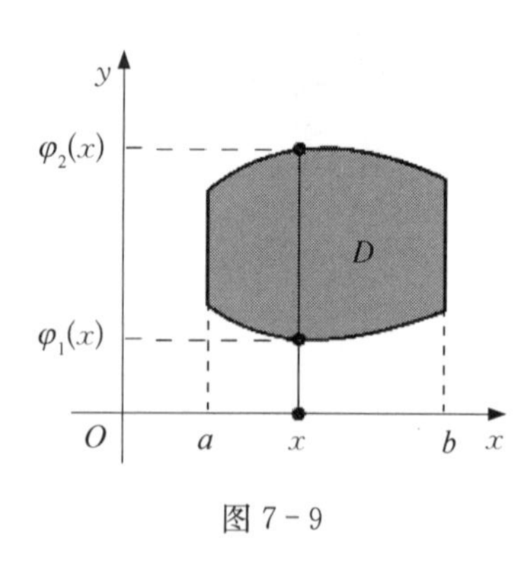

图 7 - 9

将二重积分化为二次积分的关键是确定积分限，即表示积分区域的一组不等式，而积分限是根据积分区域的形状来确定的. 因此，先画出积分区域的草图对于确定二次积分的积分限是方便的. 假如积分区域 D 如图 7 - 9 所示，则可按如下方法确定表示区域 D 的不等式：

$$a \leqslant x \leqslant b, \ \varphi_1(x) \leqslant y \leqslant \varphi_2(x).$$

所求积分为

$$\iint_D f(x, y)\mathrm{d}\sigma = \int_a^b \mathrm{d}x \int_{\varphi_1(x)}^{\varphi_2(x)} f(x, y)\mathrm{d}y.$$

特别地，当区域 D 为矩形区域 $\{(x, y) \mid a \leqslant x \leqslant b, c \leqslant y \leqslant d\}$ 时，有

$$\iint_D f(x, y)\mathrm{d}\sigma = \int_a^b \mathrm{d}x \int_c^d f(x, y)\mathrm{d}y = \int_c^d \mathrm{d}y \int_a^b f(x, y)\mathrm{d}x.$$

例 7.6 计算$\iint\limits_D y\sqrt{1+x^2-y^2}\,\mathrm{d}\sigma$,其中$D$是由直线$y=x$,$x=-1$和$y=1$所围成的闭区域.

解 如图 7-10 所示,D 既是 X 型又是 Y 型的,若视为 X 型,则原积分为

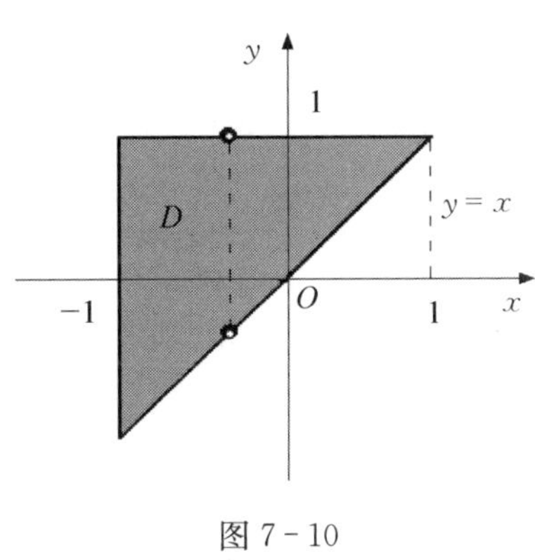

图 7-10

$$\begin{aligned}&\int_{-1}^{1}\mathrm{d}x\int_{x}^{1}y\sqrt{1+x^2-y^2}\,\mathrm{d}y\\=&-\frac{1}{3}\int_{-1}^{1}\left[(1+x^2-y^2)^{\frac{3}{2}}\right]\Big|_{x}^{1}\mathrm{d}x\\=&-\frac{1}{3}\int_{-1}^{1}(|x|^3-1)\,\mathrm{d}x\\=&-\frac{2}{3}\int_{0}^{1}(x^3-1)\,\mathrm{d}x=\frac{1}{2}.\end{aligned}$$

若视为 Y 型,则

$$\iint\limits_D y\sqrt{1+x^2-y^2}\,\mathrm{d}\sigma=\int_{-1}^{1}y\,\mathrm{d}y\int_{-1}^{y}\sqrt{1+x^2-y^2}\,\mathrm{d}x,$$

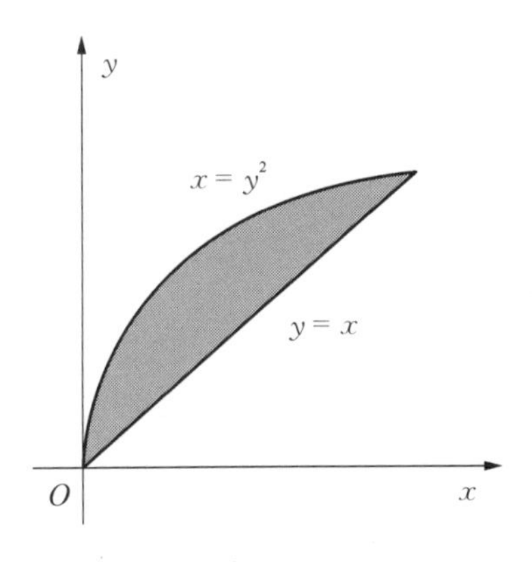

图 7-11

其中关于 x 的积分计算比较麻烦,故合理选择积分次序对重积分的计算非常重要.

例 7.7 计算$\iint\limits_D \frac{\sin y}{y}\,\mathrm{d}x\,\mathrm{d}y$,其中$D$是由$y=x$与$x=y^2$所围成的区域.

解 如图 7-11 所示,既是 x 型区域又是 y 型区域. 若先对 y 后对 x 求积分.

$$\iint\limits_D \frac{\sin y}{y}\,\mathrm{d}x\,\mathrm{d}y=\int_0^1\mathrm{d}x\int_x^{\sqrt{x}}\frac{\sin y}{y}\,\mathrm{d}y.$$

在初等函数范围内不可积. 若先对 x 后对 y 求积分

$$\begin{aligned}\iint\limits_D \frac{\sin y}{y}\,\mathrm{d}x\,\mathrm{d}y&=\int_0^1\mathrm{d}y\int_{y^2}^{y}\frac{\sin y}{y}\,\mathrm{d}x=\int_0^1\frac{\sin y}{y}\cdot x\Big|_{y^2}^{y}\mathrm{d}y\\&=\int_0^1(\sin y-y\sin y)\,\mathrm{d}y=-\cos y\,\Big|_0^1+\int_0^1 y\,\mathrm{d}(\cos y)\\&=1-\cos 1+(y\cos y-\sin y)\,\Big|_0^1\\&=1-\sin 1.\end{aligned}$$

例 7.8 $\iint\limits_D \sin^2 x\sin^2 y\,\mathrm{d}\sigma$，其中 D：$0\leqslant x\leqslant \pi,\ 0\leqslant y\leqslant \pi$.

解 $\iint\limits_D \sin^2 x\sin^2 y\,\mathrm{d}\sigma=\int_0^{\pi}\sin^2 y\,\mathrm{d}y\int_0^{\pi}\sin^2 x\,\mathrm{d}x=\left(\int_0^{\pi}\sin^2 x\,\mathrm{d}x\right)^2$，

而 $\int_0^{\pi}\sin^2 x\,\mathrm{d}x=\frac{1}{2}\int_0^{\pi}(1-\cos 2x)\mathrm{d}x=\frac{1}{2}\left[x-\frac{1}{2}\sin 2x\right]_0^{\pi}=\frac{\pi}{2}$，故原式 $=\frac{\pi^2}{4}$.

例 7.9 $\iint\limits_D (x^3+3x^2y+y^3)\mathrm{d}\sigma$，其中 D：$0\leqslant x\leqslant 1,\ 0\leqslant y\leqslant 1$.

解 $\iint\limits_D (x^3+3x^2y+y^3)\mathrm{d}\sigma$

$$=\int_0^1\mathrm{d}x\int_0^1(x^3+3x^2y+y^3)\mathrm{d}y=\int_0^1\left[x^3y+\frac{3}{2}x^2y^2+\frac{y^4}{4}\right]_0^1\mathrm{d}x$$

$$=\int_0^1\left(x^3+\frac{3}{2}x^2+\frac{1}{4}\right)\mathrm{d}x=\left[\frac{x^4}{4}+\frac{1}{2}x^3+\frac{1}{4}x\right]_0^1=1.$$

例 7.10 $\iint\limits_D \mathrm{e}^{x+y}\mathrm{d}\sigma$，其中 D：$|x|+|y|\leqslant 1$.

解 所求 $=\int_{-1}^0\mathrm{e}^x\mathrm{d}x\int_{-x-1}^{x+1}\mathrm{e}^y\mathrm{d}y+\int_0^1\mathrm{e}^x\mathrm{d}x\int_{x-1}^{-x+1}\mathrm{e}^y\mathrm{d}y$

$$=\int_{-1}^0\mathrm{e}^x[\mathrm{e}^y]_{-x+1}^{x+1}\mathrm{d}x+\int_0^1\mathrm{e}^x[\mathrm{e}^y]_{x-1}^{-x+1}\mathrm{d}x$$

$$=\int_{-1}^0[\mathrm{e}^{2x+1}-\mathrm{e}^{-1}]\mathrm{d}x+\int_0^1[\mathrm{e}-\mathrm{e}^{2x-1}]\mathrm{d}x$$

$$=\left[\frac{1}{2}\mathrm{e}^{2x+1}-\frac{x}{\mathrm{e}}\right]_{-1}^0+\left[\mathrm{e}x-\frac{1}{2}\mathrm{e}^{2x-1}\right]_0^1=\mathrm{e}-\frac{1}{\mathrm{e}}.$$

7.2.2 二次积分次序的交换

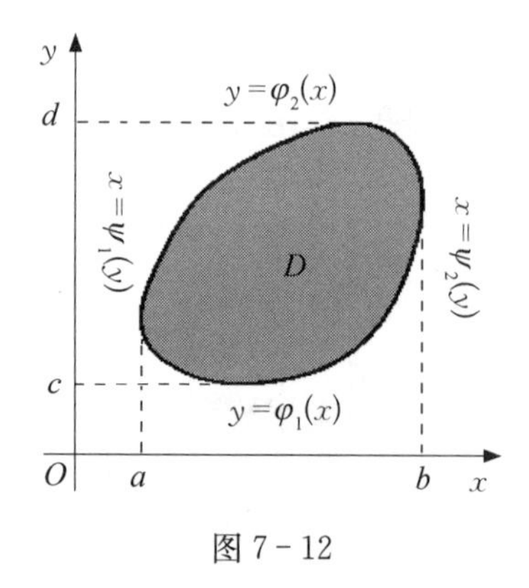

图 7-12

二重积分的计算思路是将二重积分转换成相应的二次积分，但有时转化成的二次积分还是无法计算，此时则需要将其变换积分次序才行.

交换二次积分次序的一般步骤如下（见图 7-12）：

(1) 由所给积分的上、下限写出表示积分域 D 的不等式组；

(2) 依据不等式组画出积分域的草图；

(3) 写出新的积分域，注意 x 的范围从左到右，

y 的范围从下到上.

例 7.11 交换二次积分 $\int_0^1 \mathrm{d}x\int_0^{1-x} f(x, y)\mathrm{d}y$ 的积分次序.

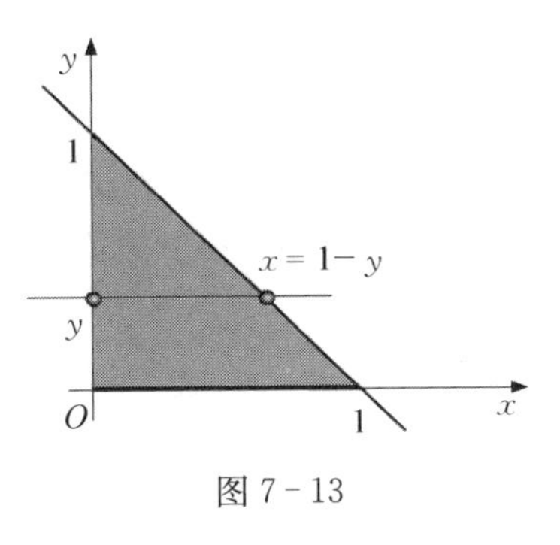

图 7-13

解 如图 7-13 所示,题设二次积分的积分限:
$0\leqslant x\leqslant 1,\ 0\leqslant y\leqslant 1-x,$
可改写为 $0\leqslant y\leqslant 1,\ 0\leqslant x\leqslant 1-y,$
所以 $\int_0^1 \mathrm{d}x\int_0^{1-x} f(x, y)\mathrm{d}y=\int_0^1 \mathrm{d}y\int_0^{1-y} f(x, y)\mathrm{d}x.$

例 7.12 交换二次积分 $\int_0^{2a} \mathrm{d}x\int_{\sqrt{2ax-x^2}}^{\sqrt{2ax}} f(x, y)\mathrm{d}y\ (a>0)$ 的积分次序.

解 题设积分限为 $0\leqslant x\leqslant 2a, \sqrt{2ax-x^2}\leqslant y\leqslant\sqrt{2ax}$,

由 $y=\sqrt{2ax}$,得 $x=\dfrac{y^2}{2a}$, $y=\sqrt{2ax-x^2}$,

合并两式得
$$x=a\pm\sqrt{a^2-y^2},$$

所以
$$\int_0^{2a} \mathrm{d}x\int_{\sqrt{2ax-x^2}}^{\sqrt{2ax}} f(x, y)\mathrm{d}y$$
$$=\int_0^a \mathrm{d}y\int_{\frac{y^2}{2a}}^{a-\sqrt{a^2-y^2}} f(x, y)\mathrm{d}x+\int_0^a \mathrm{d}y\int_{a-\sqrt{a^2-y^2}}^{2a} f(x, y)\mathrm{d}x+\int_a^{2a} \mathrm{d}y\int_{\frac{y^2}{2a}}^{2a} f(x, y)\mathrm{d}x.$$

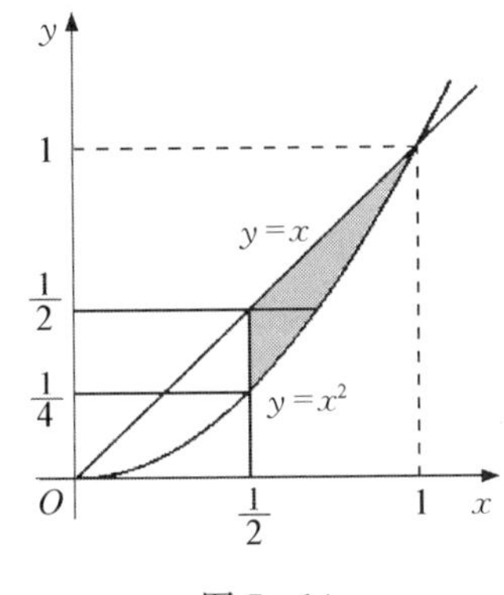

图 7-14

例 7.13 计算积分 $I=\int_{\frac{1}{4}}^{\frac{1}{2}} \mathrm{d}y\int_{\frac{1}{2}}^{\sqrt{y}} \mathrm{e}^{\frac{y}{x}}\mathrm{d}x+\int_{\frac{1}{2}}^{1} \mathrm{d}y\int_{y}^{\sqrt{y}} \mathrm{e}^{\frac{y}{x}}\mathrm{d}x.$

解 如图 7-14 所示,因为 $\int \mathrm{e}^{\frac{y}{x}}\mathrm{d}x$ 不能用初等函数表示,所以先改变积分次序.

题设的积分限为 $\dfrac{1}{4}\leqslant y\leqslant\dfrac{1}{2},\ \dfrac{1}{2}\leqslant x\leqslant\sqrt{y},$

$\dfrac{1}{2}\leqslant y\leqslant 1,\ y\leqslant x\leqslant\sqrt{y},$

可改写为
$$\frac{1}{2}\leqslant x\leqslant 1,\ x^2\leqslant y\leqslant x,$$

所以 $$I=\int_{\frac{1}{2}}^{1}\mathrm{d}x\int_{x^2}^{x}\mathrm{e}^{\frac{y}{x}}\mathrm{d}y=\int_{\frac{1}{2}}^{1}x(\mathrm{e}-\mathrm{e}^{x})\mathrm{d}x=\frac{3}{8}\mathrm{e}-\frac{1}{2}\sqrt{\mathrm{e}}.$$

例 7.14 改变积分 $\int_{1}^{\mathrm{e}}\mathrm{d}x\int_{0}^{\ln x}f(x,y)\mathrm{d}y$ 的次序.

解 由二次积分的积分限有 $1\leqslant x\leqslant \mathrm{e}$, $0\leqslant y\leqslant \ln x$,
改变积分次序后积分限为 $0\leqslant y\leqslant 1$, $\mathrm{e}^{y}\leqslant x\leqslant \mathrm{e}$,
所以,原式 $=\int_{0}^{1}\mathrm{d}y\int_{\mathrm{e}^{y}}^{\mathrm{e}}f(x,y)\mathrm{d}x$.

例 7.15 计算积分 $\int_{0}^{1}\mathrm{d}x\int_{0}^{x}f(x,y)\mathrm{d}y+\int_{1}^{2}\mathrm{d}x\int_{0}^{2-x}f(x,y)\mathrm{d}y$.

解 由二次积分的积分限画出积分区域知,原式 $=\int_{0}^{1}\mathrm{d}y\int_{y}^{2-y}f(x,y)\mathrm{d}x$.

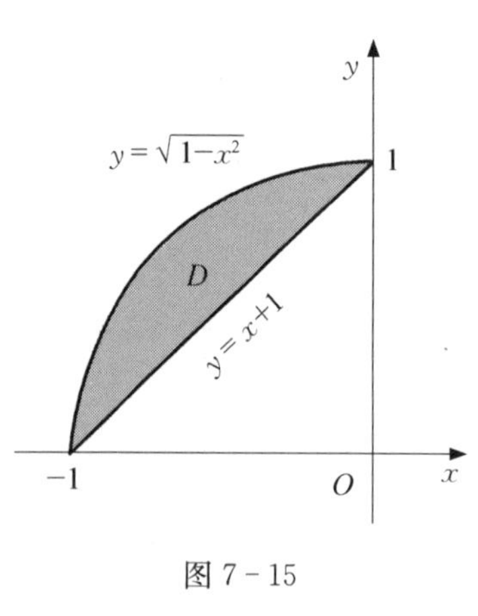

图 7-15

例 7.16 变换下列二次积分的次序:
$\int_{-1}^{0}\mathrm{d}x\int_{x+1}^{\sqrt{1-x^2}}f(x,y)\mathrm{d}y$.

解 如图 7-15 所示,积分区域 D:

$$\begin{cases}x+1\leqslant y\leqslant\sqrt{1-x^2},\\-1\leqslant x\leqslant 0,\end{cases}$$

可改写为 $\begin{cases}-\sqrt{1-y^2}\leqslant x\leqslant y-1,\\0\leqslant y\leqslant 1,\end{cases}$ 则有

$$\int_{-1}^{0}\mathrm{d}x\int_{x+1}^{\sqrt{1-x^2}}f(x,y)\mathrm{d}y=\int_{0}^{1}\mathrm{d}y\int_{-\sqrt{1-y^2}}^{y-1}f(x,y)\mathrm{d}x.$$

7.2.3 对称性和奇偶性在二重积分中的应用

利用被积函数的奇偶性及积分区域 D 的对称性,常常使二重积分的计算简化许多,避免出现烦琐的计算.但在使用该方法时,要同时兼顾被积函数 $f(x,y)$ 的奇偶性和积分区域 D 的对称性两方面,常用结论如下:

(1) 如果区域 D 关于 y 轴对称,则有

① 当 $f(-x,y)=-f(x,y)$ 时($(x,y)\in D$),

$$\iint\limits_{D}f(x,y)\mathrm{d}x\mathrm{d}y=0;$$

② 当 $f(-x,y)=f(x,y)$ 时($(x,y)\in D$),

$$\iint\limits_{D}f(x,y)\mathrm{d}x\mathrm{d}y=2\iint\limits_{D_1}f(x,y)\mathrm{d}x\mathrm{d}y,$$

其中 $D_1=\{(x,y)\mid(x,y)\in D,x\geqslant 0\}$;

(2) 如果区域 D 关于 x 轴对称,则有

① 当 $f(x,-y)=-f(x,y)$ 时($(x,y)\in D$),

$$\iint_D f(x,y)\mathrm{d}x\mathrm{d}y=0;$$

② 当 $f(x,-y)=f(x,y)$ 时($(x,y)\in D$),

$$\iint_D f(x,y)\mathrm{d}x\mathrm{d}y=2\iint_{D_2} f(x,y)\mathrm{d}x\mathrm{d}y,$$

其中 $D_2=\{(x,y)\mid(x,y)\in D,y\geqslant 0\}$;

(3) 如果区域 D 关于原点对称,则有

① 当 $f(x,-y)=-f(x,y)$ 时($(x,y)\in D$),

$$\iint_D f(x,y)\mathrm{d}x\mathrm{d}y=0;$$

② 当 $f(x,-y)=f(x,y)$ 时($(x,y)\in D$),

$$\iint_D f(x,y)\mathrm{d}x\mathrm{d}y=2\iint_{D_3} f(x,y)\mathrm{d}x\mathrm{d}y,$$

其中 D_3 是 D 被过原点的直线切割的一半;

(4) 如果区域 D 关于 $y=x$ 对称,则有

$$\iint_D f(x,y)\mathrm{d}x\mathrm{d}y=\iint_D f(y,x)\mathrm{d}x\mathrm{d}y.$$

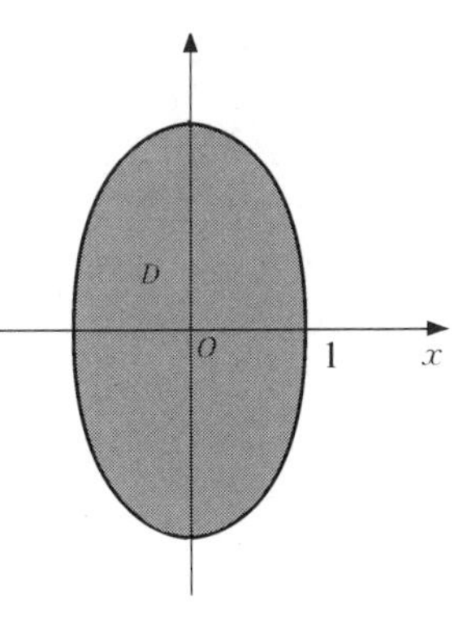

图 7 - 16

例 7.17 计算 $I=\iint_D(xy+1)\mathrm{d}x\mathrm{d}y$,其中 D: $4x^2+y^2\leqslant 4$.

解 1 如图 7 - 16 所示,先对 y 积分,积分区域 D:

$$\begin{cases}-1\leqslant x\leqslant 1,\\ -2\sqrt{1-x^2}\leqslant y\leqslant 2\sqrt{1-x^2},\end{cases}$$

故 $I=\int_{-1}^{1}\mathrm{d}x\int_{-2\sqrt{1-x^2}}^{2\sqrt{1-x^2}}(xy+1)\mathrm{d}y=\int_{-1}^{1}\mathrm{d}x\left(\frac{1}{2}xy^2\right)\Big|_{-2\sqrt{1-x^2}}^{2\sqrt{1-x^2}}+\int_{-1}^{1}4\sqrt{1-x^2}\mathrm{d}x$

$=-\frac{2}{3}(1-x^2)^{\frac{3}{2}}\Big|_{-1}^{1}+4\cdot\frac{\pi}{2}=2\pi.$

解 2 先对 x 积分，积分区域 D：$\begin{cases}-2\leqslant y\leqslant 2,\\ -\dfrac{1}{2}\sqrt{4-y^2}\leqslant x\leqslant\dfrac{1}{2}\sqrt{4-y^2},\end{cases}$

故 $I=\int_{-2}^{2}\mathrm{d}y\int_{-\frac{1}{2}\sqrt{4-y^2}}^{\frac{1}{2}\sqrt{4-y^2}}(xy+1)\mathrm{d}x=2\pi$.

解 3 利用对称性：

$$I=\iint_D(xy+1)\mathrm{d}x\mathrm{d}y=\iint_D xy\,\mathrm{d}x\mathrm{d}y+\iint_D\mathrm{d}x\mathrm{d}y.$$

因为积分区域 D 关于 x 轴对称，且函数 $f(x,y)=xy$ 关于 x 是奇函数，所以

$$\iint_D xy\,\mathrm{d}x\mathrm{d}y=0,$$

又
$$\iint_D\mathrm{d}x\mathrm{d}y=2\pi,$$

故
$$I=2\pi.$$

例 7.18 证明不等式 $1\leqslant\iint_D(\cos y^2+\sin x^2)\mathrm{d}x\mathrm{d}y\leqslant\sqrt{2}$，其中 D：$0\leqslant x\leqslant 1$，$0\leqslant y\leqslant 1$.

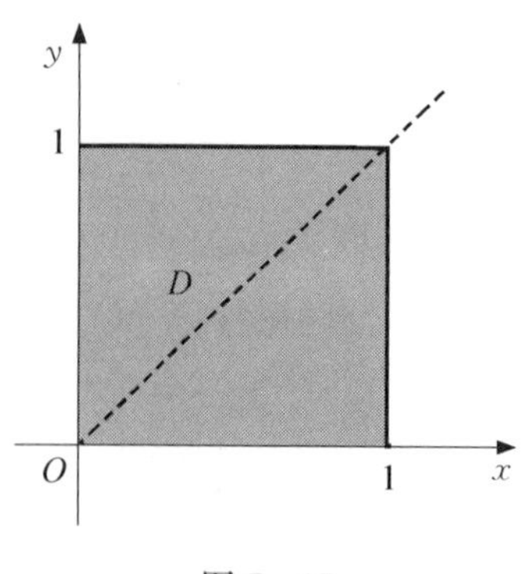

图 7-17

证 如图 7-17 所示，因为 D 关于 $x=y$ 对称，所以

$$\iint_D\cos x^2\mathrm{d}x\mathrm{d}y=\iint_D\cos y^2\mathrm{d}x\mathrm{d}y,$$

故

$$\iint_D(\cos y^2+\sin x^2)\mathrm{d}x\mathrm{d}y=\iint_D(\cos x^2+\sin x^2)\mathrm{d}x\mathrm{d}y,$$

又由于 $\cos x^2+\sin x^2=\sqrt{2}\sin\left(x^2+\dfrac{\pi}{4}\right)$ 及 $0\leqslant x^2\leqslant 1$，则有

$$1\leqslant\cos x^2+\sin x^2\leqslant\sqrt{2},$$

而 D 的面积为 1，由二重积分性质，得

$$1\leqslant\iint_D(\cos y^2+\sin x^2)\mathrm{d}x\mathrm{d}y\leqslant\sqrt{2}.$$

例 7.19 设 D 是由不等式 $|x|+|y|\leqslant 1$ 所确定的有界闭区域，求二重积分 $\iint\limits_D(|x|+y)\mathrm{d}x\mathrm{d}y$.

解 由对称性 $\iint\limits_D y\,\mathrm{d}x\mathrm{d}y=0$，

$$\iint\limits_D |x|\,\mathrm{d}x\mathrm{d}y=\int_{-1}^{0}(-x)\mathrm{d}x\int_{-1-x}^{1+x}\mathrm{d}y+\int_0^1 x\,\mathrm{d}x\int_{x-1}^{1-x}\mathrm{d}y$$

$$=-2\int_{-1}^{0}(x^2+x)\mathrm{d}x+2\int_0^1(-x^2+x)\mathrm{d}x=\frac{2}{3}$$

所以
$$\iint\limits_D(|x|+y)\mathrm{d}x\mathrm{d}y=\frac{2}{3}.$$

例 7.20 求 $\iint\limits_D x^2\mathrm{e}^{-y^2}\mathrm{d}x\mathrm{d}y$，其中 D 是以(0, 0)，(1, 1)，(0, 1)为顶点的三角形闭区域.

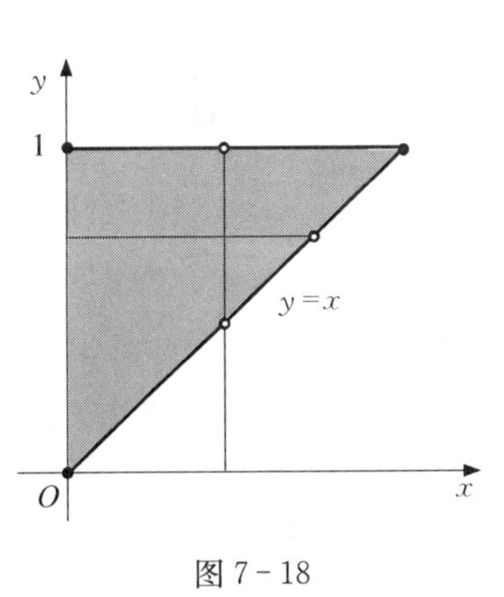

图 7－18

解 因为 $\int \mathrm{e}^{-y^2}\mathrm{d}y$ 无法用初等函数表示，所以积分时必须考虑次序，如图 7－18 所示.

$$\iint\limits_D x^2\mathrm{e}^{-y^2}\mathrm{d}x\mathrm{d}y=\int_0^1\mathrm{d}y\int_0^y x^2\mathrm{e}^{-y^2}\mathrm{d}x=\int_0^1\mathrm{e}^{-y^2}\cdot\frac{y^3}{3}\mathrm{d}y$$

$$=-\frac{1}{6}\int_0^1 y^2\mathrm{d}(\mathrm{e}^{-y^2})$$

$$=-\frac{1}{6}\left[(y^2\mathrm{e}^{-y^2})\Big|_0^1-\int_0^1\mathrm{e}^{-y^2}\mathrm{d}(y^2)\right]$$

$$=\frac{1}{6}\left(1-\frac{2}{\mathrm{e}}\right).$$

习 题 7.2

1. 在直角坐标系下计算下述二重积分：

(1) $\iint_D x\cos(x+y)\mathrm{d}x\mathrm{d}y$，其中 D 是顶点分别为(0, 0)，(π, 0)，(π, π)的三角形闭区域；

(2) $\iint_D(x+2y-1)\mathrm{d}x\mathrm{d}y$，其中 $D=\{(x, y)\mid 0\leqslant x\leqslant 2y^2,\ 0\leqslant y\leqslant 1\}$；

(3) $\iint_D x\sqrt{y}\,\mathrm{d}x\,\mathrm{d}y$,其中 D 是由两条抛物线 $y=x^2$, $y=\sqrt{x}$ 所围成的闭区域;

(4) $\iint_D \dfrac{\sin x}{x}\,\mathrm{d}x\,\mathrm{d}y$,其中 D 是 $x=y$, $x=2y$, $x=2$ 所围成的闭区域.

2. 计算 $\iint_D (x^2-y^2)\,\mathrm{d}x\,\mathrm{d}y$,其中 D 由直线 $x=y$, $y=2x$ 及 $y=2$ 所围成的区域.

3. 计算 $\iint_D \mathrm{e}^{x+y}\,\mathrm{d}x\,\mathrm{d}y$,其中 $D=\{(x, y)\,\|\,|x|+|y|\leqslant 1\}$.

4. 计算 $\iint_D x^2+y^2\,\mathrm{d}x\,\mathrm{d}y$,其中 D 为由 $y=x$, $y=3x$, $x=1$ 所围的区域.

5. 计算 $\iint_D \dfrac{x^2}{y^2}\,\mathrm{d}x\,\mathrm{d}y$,其中 D 为由 $xy=1$, $y=x$, $y=2$ 所围的区域.

6. 设一元函数 $f(u)$ 在 $[-1, 1]$ 上连续,证明:

$$\iiint_\Omega f(z)\,\mathrm{d}x\,\mathrm{d}y\,\mathrm{d}z=\pi\int_{-1}^{1} f(u)(1-u^2)\,\mathrm{d}u,$$

其中 Ω 为单位球 $x^2+y^2+z^2\leqslant 1$.

7. 求曲线 $(x-y)^2+x^2=a^2(a>0)$ 所围成的平面图形的面积.

8. 计算由四个平面 $x=0$, $y=0$, $x=1$, $y=1$ 所围成的柱体被平面 $z=0$ 及 $2x+3y+z=6$ 截得的立体的体积.

9. 求由曲面 $z=x^2+2y^2$, $z=6-2x^2-y^2$ 所围立体的体积.

7.3 二重积分在极坐标系下的计算

研究 $\iint_D f(x, x)\,\mathrm{d}\sigma$ 在极坐标系中的形式,首先考察典型微元,如图 7-19 所示.

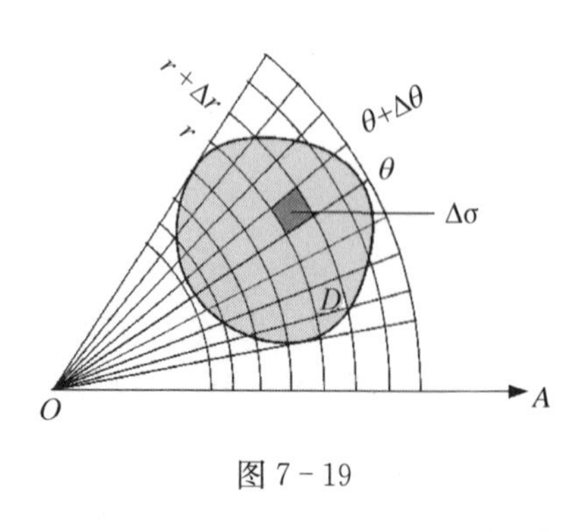

图 7-19

$$\begin{aligned}\Delta\sigma&=\frac{1}{2}(r+\Delta r)^2\cdot\Delta\theta-\frac{1}{2}r^2\cdot\Delta\theta\\&=\frac{1}{2}(2r+\Delta r)\Delta r\cdot\Delta\theta\\&=\frac{r+(r+\Delta r)}{2}\Delta r\cdot\Delta\theta\approx r\Delta r\cdot\Delta\theta,\end{aligned}$$

于是,得到极坐标系下的**面积微元** $\mathrm{d}\sigma=r\,\mathrm{d}r\,\mathrm{d}\theta$,

注意到直角坐标与极坐标之间的转换关系：

$$x = r\cos\theta,\ y = r\sin\theta, \text{故}$$

$$\iint_D f(x,\ y)\mathrm{d}\sigma = \iint_D f(r\cos\theta,\ r\sin\theta)r\mathrm{d}r\mathrm{d}\theta = \iint_D f(x,\ y)\mathrm{d}x\mathrm{d}y.$$

极坐标系中的二重积分，同样可化为二次积分来计算，现分几种情况来讨论. 下面的讨论假定所给函数在指定的区间上均为连续的.

(1) 如果极点在积分区域 D 的外面. 特征如图 7-20 所示：

$$\alpha \leqslant \theta \leqslant \beta,\ \varphi_1(\theta) \leqslant r \leqslant \varphi_2(\theta),$$

$$\iint_D f(r\cos\theta,\ r\sin\theta)r\mathrm{d}r\mathrm{d}\theta = \int_\alpha^\beta \mathrm{d}\theta \int_{\varphi_1(\theta)}^{\varphi_2(\theta)} f(r\cos\theta,\ r\sin\theta)r\mathrm{d}r.$$

具体计算时，内层积分的上、下限可按如下方式确定：从极点出发在区间(α,β)上任意作一条极角为 θ 的射线穿透区域 D（见图 7-20），则进入点与穿出点的极径 $\varphi_1(\theta)$，$\varphi_2(\theta)$就分别为内层积分的下限与上限；

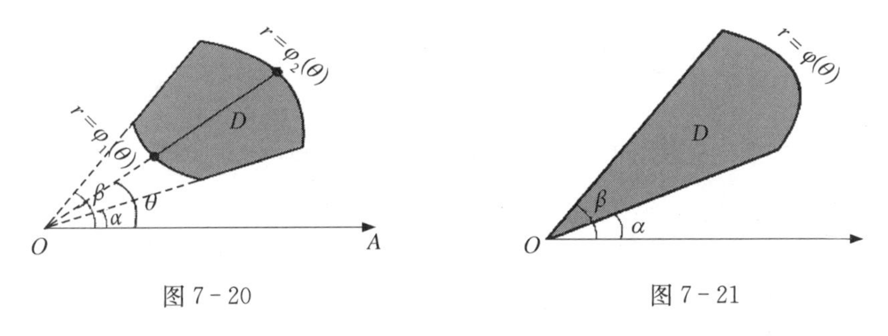

图 7-20　　图 7-21

(2) 如果极点在积分区域 D 的边界上. 特征如图 7-21 所示：

$$\alpha \leqslant \theta \leqslant \beta,\ 0 \leqslant r \leqslant \varphi(\theta),$$

$$\iint_D f(r\cos\theta,\ r\sin\theta)r\mathrm{d}r\mathrm{d}\theta = \int_\alpha^\beta \mathrm{d}\theta \int_0^{\varphi(\theta)} f(r\cos\theta,\ r\sin\theta)r\mathrm{d}r;$$

(3) 如果极点在积分区域 D 的内部. 特征如图 7-22 所示：

$$0 \leqslant \theta \leqslant 2\pi,\ 0 \leqslant r \leqslant \varphi(\theta),$$

$$\iint_D f(r\cos\theta,\ r\sin\theta)r\mathrm{d}r\mathrm{d}\theta = \int_0^{2\pi} \mathrm{d}\theta \int_0^{\varphi(\theta)} f(r\cos\theta,\ r\sin\theta)r\mathrm{d}r.$$

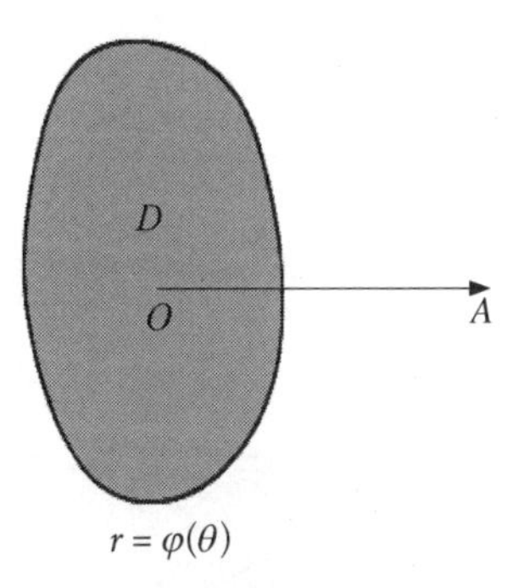

图 7-22

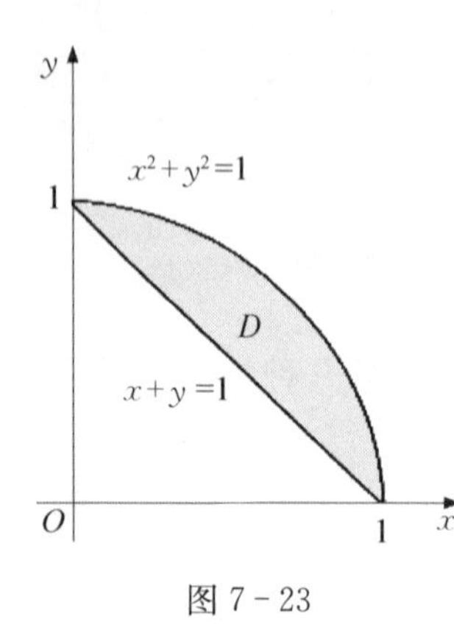

图 7-23

例 7.21 写出积分 $\iint\limits_D f(x,y)\mathrm{d}x\mathrm{d}y$ 的极坐标二次积分形式,其中积分区域:

$$D=\{(x,y)\mid 1-x\leqslant y\leqslant\sqrt{1-x^2},\ 0\leqslant x\leqslant 1\}.$$

解 如图 7-23 所示,利用极坐标变换: $x=r\cos\theta,\ y=r\sin\theta$,
易见直线方程 $x+y=1$ 的极坐标形式为

$$r=\frac{1}{\sin\theta+\cos\theta},$$

故积分区域 D 的积分限为

$$0\leqslant\theta\leqslant\frac{\pi}{2},\ \frac{1}{\sin\theta+\cos\theta}\leqslant r\leqslant 1,$$

所以

$$\iint\limits_D f(x,y)\mathrm{d}x\mathrm{d}y=\int_0^{\frac{\pi}{2}}\mathrm{d}\theta\int_{\frac{1}{\sin\theta+\cos\theta}}^{1}f(r\cos\theta,r\sin\theta)r\mathrm{d}r.$$

例 7.22 计算 $\iint\limits_D(x^2+y^2)\mathrm{d}x\mathrm{d}y$,其中 D 为由圆 $x^2+y^2=2y$,$x^2+y^2=4y$ 及直线 $x-\sqrt{3}y=0$, $y-\sqrt{3}x=0$ 所围成的平面闭区域.

解 由 $y-\sqrt{3}x=0$,得 $\theta=\frac{\pi}{3}$,

由 $x^2+y^2=4y$ 得 $r=4\sin\theta$,由 $x-\sqrt{3}y=0$ 得 $\theta=\frac{\pi}{6}$,

由 $x^2+y^2=2y$ 得 $r=2\sin\theta$, 所以

$$\iint\limits_D(x^2+y^2)\mathrm{d}x\mathrm{d}y=\int_{\frac{\pi}{6}}^{\frac{\pi}{3}}\mathrm{d}\theta\int_{2\sin\theta}^{4\sin\theta}r^2\cdot r\mathrm{d}r=60\int_{\frac{\pi}{6}}^{\frac{\pi}{3}}\sin^4\theta\mathrm{d}\theta=15\left(\frac{\pi}{4}-\frac{\sqrt{3}}{8}\right).$$

例 7.23 将二重积分 $\iint\limits_D f(x,y)\mathrm{d}\sigma$ 化为极坐标的二次积分,其中 D 是曲线 $x^2+y^2=a^2$, $\left(x-\frac{a}{2}\right)^2+y^2=\frac{a^2}{4}$ 及直线 $x+y=0$ 所围成的上半平面区域.

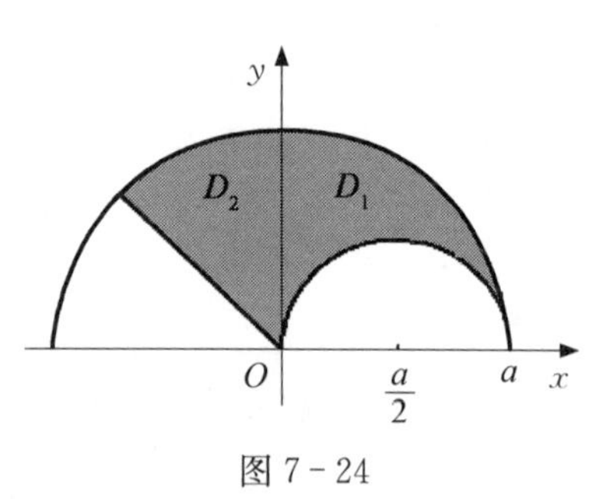

图 7-24

解 如图 7-24 所示,令 $x=r\cos\theta,\ y=r$

$\sin\theta$, 则 D 的边界的极坐标方程分别变为

$$r=a,\ r=a\cos\theta \text{ 及 } \theta=\frac{3\pi}{4},$$

$$D_1:\ 0\leqslant\theta\leqslant\frac{\pi}{2},\ a\cos\theta\leqslant r\leqslant a,$$

$$D_2:\ \frac{\pi}{2}\leqslant\theta\leqslant\frac{3\pi}{4},\ 0\leqslant r\leqslant a,$$

$$\begin{aligned}\iint_D f(x,\ x)\mathrm{d}\sigma&=\iint_{D_1} f(x,\ x)\mathrm{d}\sigma+\iint_{D_2} f(x,\ x)\mathrm{d}\sigma\\&=\int_0^{\frac{\pi}{2}}\mathrm{d}\theta\int_{a\cos\theta}^{a} f(r\cos\theta,\ r\sin\theta)r\,\mathrm{d}r+\int_{\frac{\pi}{2}}^{\frac{3\pi}{4}}\mathrm{d}\theta\int_0^a f(r\cos\theta,\ r\sin\theta)r\,\mathrm{d}r.\end{aligned}$$

例 7.24 计算 $\iint_D \mathrm{e}^{-x^2-y^2}\mathrm{d}x\mathrm{d}y$, 其中 D 是由中心在原点,半径为 a 的圆周所围成的闭区域.

解 如图 7-25 所示,在极坐标下, D: $0\leqslant r\leqslant a$, $0\leqslant\theta\leqslant 2\pi$,

$$\iint_D \mathrm{e}^{-x^2-y^2}\mathrm{d}x\mathrm{d}y=\int_0^{2\pi}\mathrm{d}\theta\int_0^a \mathrm{e}^{-r^2}r\,\mathrm{d}r=\pi(1-\mathrm{e}^{-a^2}).$$

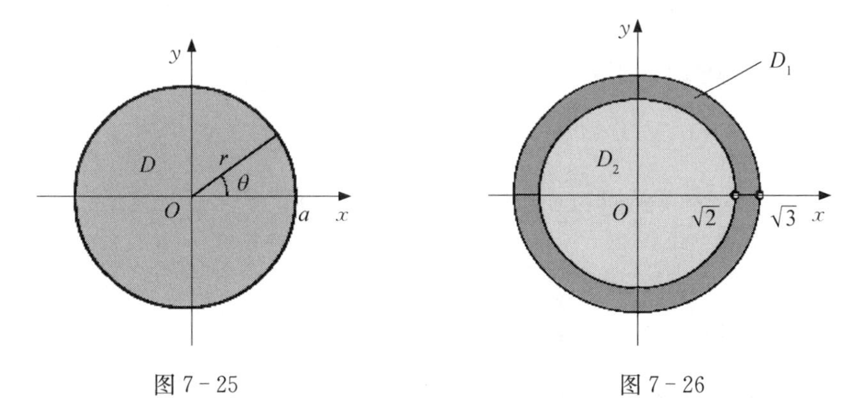

图 7-25　　图 7-26

例 7.25 计算 $\iint_D |x^2+y^2-2|\mathrm{d}\sigma$,其中 D: $x^2+y^2\leqslant 3$.

解 如图 7-26 所示:

$$\iint_D |x^2+y^2-2|\mathrm{d}\sigma=\left(\iint_{D_1}+\iint_{D_2}\right)|x^2+y^2-2|\mathrm{d}\sigma$$

$$= \iint\limits_{D_1} (x^2+y^2-2)\mathrm{d}\sigma - \iint\limits_{D_2} (x^2+y^2-2)\mathrm{d}\sigma$$

$$= \int_0^{2\pi} \mathrm{d}\theta \int_{\sqrt{2}}^{\sqrt{3}} (r^2-2) r \mathrm{d}r - \int_0^{2\pi} \mathrm{d}\theta \int_0^{\sqrt{2}} (r^2-2) r \mathrm{d}r$$

$$= 2\pi \cdot \frac{(r^2-2)^2}{4} \Bigg|_{\sqrt{2}}^{\sqrt{3}} - 2\pi \cdot \frac{(r^2-2)^2}{4} \Bigg|_0^{\sqrt{2}} = \frac{5\pi}{2}.$$

习 题 7.3

1. 在极坐标系下计算下述二重积分：

(1) $\iint_D \sin(\sqrt{x^2+y^2})\mathrm{d}x\mathrm{d}y$,其中 D 是由 $x^2+y^2=\pi^2$, $x^2+y^2=4\pi^2$, $y=x$, $y=2x$ 所围成的在第一象限内的闭区域；

(2) $\iint_D \ln(1+x^2+y^2)\mathrm{d}x\mathrm{d}y$,其中 D 是由圆 $x^2+y^2=4$ 及坐标轴所围成的在第一象限内的闭区域；

(3) $\iint_D \frac{1}{\sqrt{x^2+y^2}}\mathrm{d}x\mathrm{d}y$,其中 D 是由 $y=x, y=x^2$ 所围成的闭区域；

(4) $\iint_D \mathrm{e}^{x^2+y^2}\mathrm{d}x\mathrm{d}y$,其中 D 是由 $x^2+y^2=9$ 围成的闭区域.

2. 利用对称性计算下列二重积分：

(1) $\iint_D x^3\cos(x^2+y)\mathrm{d}x\mathrm{d}y$,其中 $D=\{(x, y) \mid x^2+y^2 \leqslant y\}$；

(2) $\iint_D [5xy^2+3x^2y]\mathrm{d}x\mathrm{d}y$,其中 $D=\{(x, y) \mid x^2+y^2 \leqslant 1, x \geqslant 0\}$；

(3) $\iint_D (|x|+|y|)\mathrm{d}x\mathrm{d}y$,其中 $D=\{(x, y) \mid |x|+|y| \leqslant 1\}$.

3. 通过交换积分次序计算下列二重积分：

(1) $\int_0^1 \mathrm{d}y \int_{\sqrt{y}}^1 \mathrm{e}^{\frac{y}{x}}\mathrm{d}x$； (2) $\int_0^{\sqrt{\pi}} x\mathrm{d}x \int_{x^2}^{\pi} \frac{\sin y}{y}\mathrm{d}y$.

4. 选取适当的坐标变换计算下列二重积分：

(1) $\iint\limits_D \sqrt{x^2+y^2}\mathrm{d}x\mathrm{d}y$,其中 $D=\{(x, y) \mid x^2+y^2 \leqslant 9\}$；

(2) $\iint\limits_D \sin(x^2+y^2)\mathrm{d}x\mathrm{d}y$,其中 $D=\{(x, y) \mid \pi^2 \leqslant x^2+y^2 \leqslant 4\pi^2\}$；

(3) $\iint\limits_D \arctan\frac{y}{x}\mathrm{d}x\mathrm{d}y$,其中 D 是由圆周 $x^2+y^2=4$, $x^2+y^2=1$ 及直线 $y=x$, $y=1$ 所围成的在第一象限内的闭区域;

(4) $\iint_D |x^2+y^2-1|\mathrm{d}x\mathrm{d}y$,其中 $D=\{(x, y) \mid x^2+y^2\leqslant 2\}$;

(5) $\iint\limits_D \sqrt{R^2-x^2-y^2}\mathrm{d}x\mathrm{d}y$,其中 $D=\{(x, y) \mid x^2+y^2\leqslant Rx\}$;

(6) $\iint\limits_D |\cos(x+y)|\mathrm{d}x\mathrm{d}y$,其中 D 是由直线 $y=x$, $y=0$, $x=\frac{\pi}{2}$ 所围成的闭区域.

5. 计算 $\iint\limits_D x[1+yf(x^2+y^2)]\mathrm{d}x\mathrm{d}y$,其中 D 是由 $y=x^3$, $y=1$, $x=-1$ 围成的闭区域,$f(x)$ 为连续函数.

6. 求由平面 $y=0$, $y=kx$ $(k>0)$, $z=0$ 及球心在原点,半径为 R 的上半球面所围成的在第一卦限内的立体体积.

7. 求球体 $x^2+y^2+z^2\leqslant R^2$ 与 $x^2+y^2+z^2\leqslant 2Rz$ 所围公共部分的体积.

8. 求曲面 $z=2-x^2-y^2$ 与 $z=x^2+y^2$ 所围的立体体积.

9. 计算由平面 $x=0$, $y=0$, $x=1$, $y=1$ 所围成的柱体被平面 $z=0$ 与 $2x+3y+z=6$ 截得的立体的体积.

7.4 三重积分的概念

7.4.1 三重积分的概念

背景:求某非均匀密度的曲顶柱体的质量时,通过"分割、近似,求和、取极限"的步骤,利用求柱体的质量方法来得到结果(见图 7-27).一类大量的"非均匀"问题都采用类似的方法,从而归结出下面一类积分的定义.

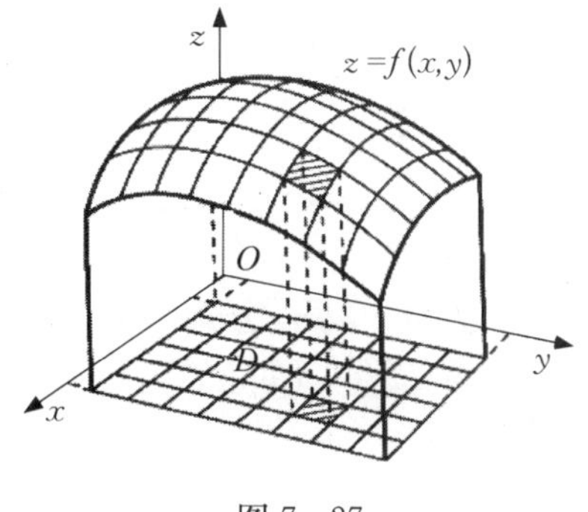

图 7-27

定义 7.2 设 $f(x, y, z)$ 是定义在三维空间可求体积的有界闭区域 V 上的函数,J 是一个确定的数,若对任给的正数 ε,总存在某个正数 δ,使对于 V 的任何分割 T,当它的细度 $\|T\|<\delta$ 时,属于 T 的所有积分和都有

$$\left|\sum_{i=1}^{n} f(\xi_i, \eta_i, \xi_i)\Delta\sigma_i - J\right| < \varepsilon$$

则称 $f(x, y, z)$在 V 上可积,数 J 称为函数 $f(x, y, z)$在 V 上的三重积分,记作

$$J = \iiint_V f(x, y, z)\mathrm{d}V$$

或

$$J = \iiint_V f(x, y, z)\mathrm{d}x\mathrm{d}y\mathrm{d}z,$$

其中 $f(x, y, z)$称为三重积分的被积函数,x,y,z 称为积分变量,V 称为积分区域.

可积函数类

函数可积的充分条件:

(1) 有界闭区域 V 上的连续函数必可积;

(2) 有界闭区域 V 上的有界函数 $f(x, y, z)$的间断点集中在有限多个零体积的曲面上,则 $f(x, y, z)$必在 V 上可积.

7.4.2 化三重积分为累次积分

1. 长方体区域上的三重积分

定理 7.1 若函数 $f(x, y, z)$在长方体 $V=[a, b]\times[c, d]\times[e, f]$ 上的三重积分存在,且对任何 $x\in[a, b]$,二重积分 $I(x)=\iint_D f(x, y, z)\mathrm{d}y\mathrm{d}z$ 存在,其中 $D=[c, d]\times[e, f]$,则积分 $\int_a^b \mathrm{d}x\iint_D f(x, y, z)\mathrm{d}y\mathrm{d}z$ 也存在,且 $\iiint_V f(x, y, z)\mathrm{d}x\mathrm{d}y\mathrm{d}z=$

$$\int_a^b \mathrm{d}x\iint_D f(x, y, z)\mathrm{d}y\mathrm{d}z. \tag{7-1}$$

证 用平行于坐标轴的平面网 T 作分割,它把 V 分成有限个小长方体

$$v_{ijk}=[x_{i-1}, x_i]\times[y_{j-1}, y_j]\times[z_{k-1}, z_k].$$

设 M_{ijk}, m_{ijk}分别为 $f(x, y, z)$在 v_{ijk}上的上、下确界. 对于$[x_{i-1}, x_i]$上任一点 ξ_i,在 $D_{jk}=[y_{j-1}, y_j]\times[z_{k-1}, z_k]$ 上有

$$m_{ijk}\Delta y_j\Delta z_k \leqslant \iint_{D_{jk}} f(\xi_i, y, z)\mathrm{d}y\mathrm{d}z \leqslant M_{ijk}\Delta y_i\Delta z_k.$$

现按下标 j, k 相加，则有

$$\sum_{jk}\iint_{D_{jk}} f(\xi_i,\ y,\ z)\mathrm{d}y\mathrm{d}z = \iint_{D} f(\xi_i,\ y,\ z)\mathrm{d}y\mathrm{d}z = I(\xi_i)$$

及

$$\sum_{i,\ j,\ k} m_{ijk}\Delta y_j \Delta z_k \leqslant \sum_i I(\xi_i)\Delta x_i \leqslant \sum_{i,\ j,\ k} M_{ijk}\Delta y_j \Delta z_k. \qquad (7-2)$$

上述不等式两边是分割 T 的上和与下和. 由于 $f(x,\ y,\ z)$ 在 V 上可积，当 $\|T\| \to 0$ 时，下和与上和具有相同的极限，所以由式(7－2)得 $I(x)$ 在$[a,\ b]$上可积且

$$\int_a^b I(x)\mathrm{d}x = \iiint_V f(x,\ y,\ z)\mathrm{d}x\mathrm{d}y\mathrm{d}z,$$

而式(7－1)右端中的二重积分 $\iint_D f(x,\ y,\ z)\mathrm{d}y\mathrm{d}z$ 可化为累次积分计算，于是把式(7－1)左边的三重积分化为三次积分来计算. 如化为先对 z，然后对 y，最后对 x 来求积分，则为

$$\iiint_V f(x,\ y,\ z)\mathrm{d}x\mathrm{d}y\mathrm{d}z = \int_a^b \mathrm{d}x\int_c^d \mathrm{d}y\int_e^f f(x,\ y,\ z)\mathrm{d}z.$$

为了方便有时也可采用其他的计算顺序.

2. 简单区域 V 上的三重积分

若简单区域 V 由集合

$$V = \{(x,\ y,\ z) \mid z_1(x,\ y) \leqslant z \leqslant z_2(x,\ y),\ y_1(x) \leqslant y \leqslant y_2(x),\ a \leqslant x \leqslant b\}$$

所确定，V 在 xy 平面上的投影区域为

$$D = \{(x,\ y) \mid y_1(x) \leqslant y \leqslant y_2(x),\ a \leqslant x \leqslant b\}$$

是一个 x 型区域，设 $f(x,\ y,\ z)$ 在上连续，$z_1(x,\ y)$，$z_2(x,\ y)$ 在 D 上连续，$y_1(x)$，$y_2(x)$ 在$[a,\ b]$上连续，则

$$\iiint_V f(x,\ y,\ z)\mathrm{d}x\mathrm{d}y\mathrm{d}z = \iint_D \mathrm{d}x\mathrm{d}y\int_{z_1(x,\ y)}^{z_2(x,\ y)} f(x,\ y,\ z)\mathrm{d}z = \int_a^b \mathrm{d}x\int_{y_1(x)}^{y_2(x)} \mathrm{d}y\int_{z_1(x,\ y)}^{z_2(x,\ y)} f(x,\ y,\ z)\mathrm{d}z,$$

其他简单区域类似.

对一般区域 V 上的三重积分，常将区域分解为有限个简单区域上的积分的和

来计算.

例 7.26 计算三重积分$\iiint\limits_{\Omega} x\,\mathrm{d}V$，其中$\Omega$是由三个坐标面和平面$x+y+z=1$所围的立体区域.

解 积分区域如图 7-28 所示，可以用不等式表示为

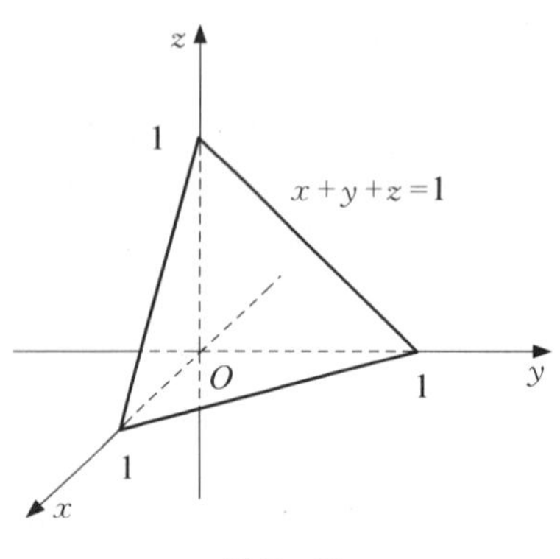

图 7-28

$$0\leqslant x\leqslant 1,\ 0\leqslant y\leqslant 1-x,\ 0\leqslant z\leqslant 1-x-y,$$

所以积分可以化为

$$\begin{aligned}\iiint\limits_{\Omega} x\,\mathrm{d}V &= \int_0^1 \mathrm{d}x\int_0^{1-x}\mathrm{d}y\int_0^{1-x-y} x\,\mathrm{d}z\\ &= \int_0^1 \mathrm{d}x\int_0^{1-x} x(1-x-y)\,\mathrm{d}y\\ &= \int_0^1 \frac{1}{2}x(1-x)^2\,\mathrm{d}x\\ &= \frac{1}{8}x^4-\frac{1}{3}x^3+\frac{1}{4}x^2\Big|_0^1=\frac{1}{24}\end{aligned}$$

例 7.27 计算$\iiint\limits_{V}\frac{1}{x^2+y^2}\mathrm{d}x\mathrm{d}y\mathrm{d}z$，其中$V$为由平面$x=1$，$x=2$，$z=0$，$y=x$与$z=y$所围的区域(见图 7-29).

解

$$\begin{aligned}&\iiint\limits_{V}\frac{1}{x^2+y^2}\mathrm{d}x\mathrm{d}y\mathrm{d}z\\ &= \int_1^2 \mathrm{d}x\int_0^x \mathrm{d}y\int_0^y \frac{1}{x^2+y^2}\mathrm{d}z\\ &= \int_1^2 \mathrm{d}x\int_0^x \frac{y}{x^2+y^2}\mathrm{d}y\\ &= \int_1^2 \frac{1}{2}\ln 2\,\mathrm{d}x=\frac{1}{2}\ln 2.\end{aligned}$$

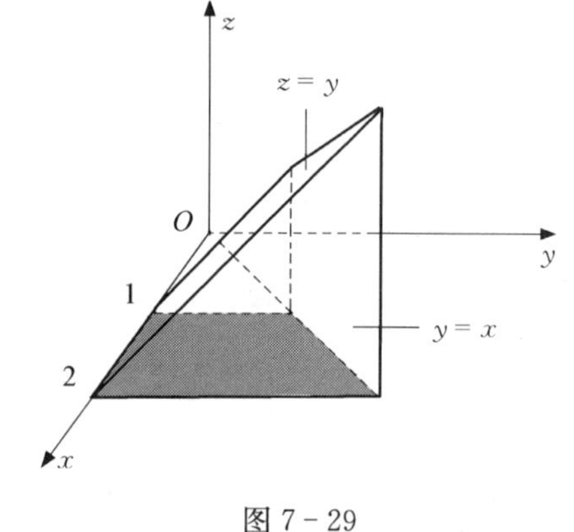

图 7-29

7.4.3 三重积分的性质

三重积分具有类似于二重积分的相关性质：

性质 7.7 若$f(x, y, z)$在区域Ω上可积，k为常数，则$kf(x, y, z)$在Ω上也可积，且

$$\iiint\limits_{\Omega} kf(x, y, z)\mathrm{d}V=k\iiint\limits_{\Omega} f(x, y, z)\mathrm{d}V.$$

性质 7.8 若$f(x, y, z)$,$g(x, y, z)$在区域Ω上可积,则$f(x, y, z)\pm g(x, y, z)$在Ω上也可积,且

$$\iiint_{\Omega}[f(x, y, z)\pm g(x, y, z)]\mathrm{d}V=\iiint_{\Omega}f(x, y, z)\mathrm{d}V\pm\iiint_{\Omega}g(x, y, z)\mathrm{d}V.$$

性质 7.9 若$f(x, y, z)$在Ω_1和Ω_2上都可积,且Ω_1和Ω_2无公共内点,则$f(x, y, z)$在$\Omega_1\cup\Omega_2$上也可积,且

$$\iiint_{\Omega_1\cup\Omega_2}f(x, y, z)\mathrm{d}V=\iiint_{\Omega_1}f(x, y, z)\mathrm{d}V+\iiint_{\Omega_2}f(x, y, z)\mathrm{d}V.$$

性质 7.10 若$f(x, y, z)$,$g(x, y, z)$在区域Ω上可积,且$f(x, y, z)\leqslant g(x, y, z)$, $(x, y, z)\in\Omega$,则

$$\iiint_{\Omega}f(x, y, z)\mathrm{d}V\leqslant\iiint_{\Omega}g(x, y, z)\mathrm{d}V.$$

性质 7.11 若$f(x, y, z)$在区域Ω上可积,则$|f(x, y, z)|$在Ω上也可积且

$$\left|\iiint_{\Omega}f(x, y, z)\mathrm{d}V\right|\leqslant\iiint_{\Omega}|f(x, y, z)|\mathrm{d}V.$$

性质 7.12 若$f(x, y, z)$在区域Ω上可积,且$m\leqslant f(x, y, z)\leqslant M$, $(x, y, z)\in\Omega$,则$mV_{\Omega}\leqslant\iiint_{\Omega}f(x, y, z)\mathrm{d}V\leqslant MV_{\Omega}$,这里$V_{\Omega}$是积分区域$\Omega$的体积.

性质 7.13(中值定理) 若$f(x, y, z)$在有界区域Ω上连续,则存在$(\xi, \eta, \zeta)\in\Omega$,使得$\iiint_{\Omega}f(x, y, z)\mathrm{d}V=f(\xi, \eta, \zeta)V_{\Omega}$,这里$V_{\Omega}$是积分区域$\Omega$的体积.

例 7.28 化三重积分$\iiint_{\Omega}f(x, y, z)\mathrm{d}x\mathrm{d}y\mathrm{d}z$为三次积分,其中积分区域$\Omega$是由$z=xy$, $x+y=2$, $z=0$所围成的闭区域.

解 想象Ω的形状,可把Ω表示为$0\leqslant x\leqslant 1$, $0\leqslant y\leqslant 2-x$, $0\leqslant z\leqslant xy$,

所以,$\iiint_{\Omega}f(x, y, z)\mathrm{d}x\mathrm{d}y\mathrm{d}z=\int_0^1\mathrm{d}x\int_0^{2-x}\mathrm{d}y\int_0^{xy}f(x, y, z)\mathrm{d}z$.

例 7.29 设有一物体,占有空间闭区域Ω: $0\leqslant x\leqslant 1$, $0\leqslant y\leqslant 2$, $0\leqslant z\leqslant 3$,在点(x, y, z)处的密度为$\rho(x, y, z)=x+y+z$,计算该物体的质量.

解 该物体的质量

$$M=\iiint_{\Omega}\rho(x, y, z)\mathrm{d}x\mathrm{d}y\mathrm{d}z=\iiint_{\Omega}(x+y+z)\mathrm{d}x\mathrm{d}y\mathrm{d}z=\int_0^1\mathrm{d}x\int_0^2\mathrm{d}y\int_0^3(x+y+z)\mathrm{d}z$$

$$=\int_0^1 dx\int_0^2\left[xz+yz+\frac{z^2}{2}\right]_0^3 dy=\int_0^1 dx\int_0^2\left(3x+3y+\frac{9}{2}\right)dy$$

$$=\int_0^1\left(3xy+\frac{3y^2}{2}+\frac{9}{2}y\right)_0^2 dx$$

$$=\int_0^1(6x+6+9)dx=[3x^2+15x]_0^1=18.$$

例 7.30 计算 $\iiint\limits_{\Omega} xy^2z^3 dv$,其中 Ω 是由曲面 $z=xy$, $y=x$, $x=1$, $z=0$ 所围成的区域.

解 根据题意,积分区域可表示为 Ω: $0\leqslant z\leqslant xy$, $0\leqslant y\leqslant x$, $0\leqslant x\leqslant 1$,所以

$$\iiint\limits_{\Omega} xy^2z^3 dv=\int_0^1 x dx\int_0^x y^2 dy\int_0^{xy} z^3 dz=\frac{1}{4}\int_0^1 x^5 dx\int_0^x y^6 dy=\frac{1}{28}\int_0^1 x^{12} dx=\frac{1}{364}.$$

习 题 7.4

1. 已知 Ω 是由 $x=0$, $y=0$, $z=0$, $x+2y+z=1$ 所围成的闭区域,按先 z 后 y 再 x 的积分次序将 $I=\iiint\limits_{\Omega} x dxdydz$ 化为累次积分.

2. 设 Ω 是球面 $z=\sqrt{2-x^2-y^2}$ 与锥面 $z=\sqrt{x^2+y^2}$ 的围面,求三重积分 $I=\iiint\limits_{\Omega} f(x^2+y^2+z^2)dxdydz$ 在球面坐标系下的三次积分表达式.

3. 求平面 $y=0$, $y=kx$ $(k>0)$, $z=0$,以及球心在原点、半径为 R 的上半球面所围成的在第一卦限内的立体的体积(见图 7-30).

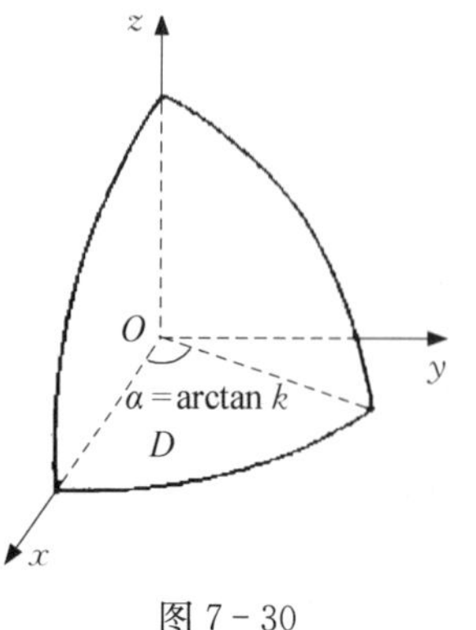

图 7-30

4. 计算由四个平面 $x=0$, $y=0$, $x=1$, $y=1$ 所围成的柱体被平面 $z=0$ 及 $2x+3y+z=0$ 截得的立体的体积.

5. 求由平面 $x=0$, $y=0$, $x+y=1$ 所围成的柱体被平面 $z=0$ 及抛物面 $x^2+y^2=6-z$ 截得的立体的体积.

6. 计算以 xOy 面上的圆周 $x^2+y^2=ax$ 围成的闭区域为底,而以曲面 $z=x^2+y^2$ 为顶的曲顶柱体的体积.

7. 化三重积分 $I=\iiint\limits_{\Omega} f(x, y, z)dxdydz$ 为三次积

分,其中积分区域 Ω 分别是:

(1) 由双曲抛物面 $xy=z$ 及平面 $x+y-1=0$, $z=0$ 所围成的闭区域;

(2) 由曲面 $z=x^2+2y^2$ 及 $z=2-x^2$ 所围成的闭区域.

8. 计算 $\iiint\limits_{\Omega} xyz\,\mathrm{d}x\mathrm{d}y\mathrm{d}z$,其中 Ω 为球面 $x^2+y^2+z^2=1$ 及三个坐标面所围成的在第一卦限内的闭区域.

9. 计算 $\iiint\limits_{\Omega} z\,\mathrm{d}x\mathrm{d}y\mathrm{d}z$,其中 Ω 是由锥面 $z=\dfrac{h}{R}\sqrt{x^2+y^2}$ 与平面 $z=h$ $(R>0$, $h>0)$ 所围成的闭区域.

10. 计算 $\iiint\limits_{\Omega} \dfrac{\mathrm{d}x\mathrm{d}y\mathrm{d}z}{(1+x+y+z)^3}$,其中 Ω 为平面 $x=0$, $y=0$, $z=0$, $x+y+z=1$ 所围成的四面体.

7.5 三重积分在柱面和球面坐标系下的计算

三重积分换元法

设变换 T: $x=x(u, v, w)$, $y=y(u, v, w)$, $z=z(u, v, w)$ 把 uvw 空间中的区域 V' 一对一地映成 xyz 空间中的区域 V,并设函数 $x=x(u, v, w)$, $y=y(u, v, w)$, $z=z(u, v, w)$ 及它的偏导数在区域 V' 内连续且行列式

$$J(u, v, w)=\begin{vmatrix} \dfrac{\partial x}{\partial u} & \dfrac{\partial x}{\partial v} & \dfrac{\partial x}{\partial w} \\ \dfrac{\partial y}{\partial u} & \dfrac{\partial y}{\partial v} & \dfrac{\partial y}{\partial w} \\ \dfrac{\partial z}{\partial u} & \dfrac{\partial z}{\partial v} & \dfrac{\partial z}{\partial w} \end{vmatrix} \neq 0,\ (u, v, w)\in V',$$

则
$$\begin{aligned} &\iiint\limits_{V} f(x, y, z)\mathrm{d}x\mathrm{d}y\mathrm{d}z \\ =&\iiint\limits_{V'} f(x(u, v, w), y(u, v, w), z(u, v, w))\,|J(u, v, w)|\,\mathrm{d}u\mathrm{d}v\mathrm{d}w, \end{aligned}$$

其中 $f(x, y, z)$ 在 V 上可积.

7.5.1 柱面坐标变换

柱面坐标的变换如图 7-31 所示,

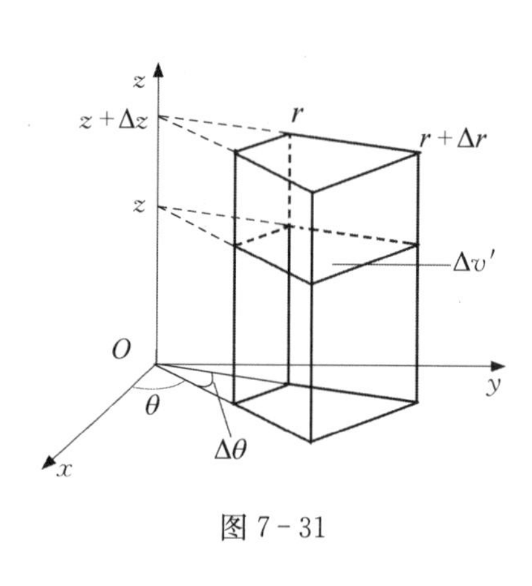

图 7-31

变换 T：$\begin{cases} x = r\cos\theta, & 0 \leqslant r < +\infty, \\ y = r\sin\theta, & 0 \leqslant \theta \leqslant 2\pi, \\ z = z, & -\infty < z < +\infty, \end{cases}$

$$J(r, \theta, z) = \begin{vmatrix} \cos\theta & -r\sin\theta & 0 \\ \sin\theta & r\cos\theta & 0 \\ 0 & 0 & 1 \end{vmatrix} = r,$$

则有 $\iiint\limits_{V} f(x, y, z)\mathrm{d}x\mathrm{d}y\mathrm{d}z = \iiint\limits_{V'} f(r\cos\theta, r\sin\theta, z) r\mathrm{d}r\mathrm{d}\theta\mathrm{d}z$.

这里 V' 为 V 在柱面坐标变换下的原象.

在柱面坐标中：

r=常数，是以 z 轴为中心轴的圆柱面；

θ=常数，是过 z 轴的半平面；

z=常数，是垂直于 z 轴的平面.

若 V 在平面上的投影区域 D，

即 $V = \{(x, y, z) \mid z_1(x, y) \leqslant z \leqslant z_2(x, y), (x, y) \in D\}$ 时，

$$\iiint\limits_{V} f(x, y, z)\mathrm{d}x\mathrm{d}y\mathrm{d}z = \iint\limits_{D} \mathrm{d}x\mathrm{d}y \int_{z_1(x, y)}^{z_2(x, y)} f(x, y, z)\mathrm{d}z,$$

其中二重积分部分应用极坐标计算.

例 7.31 计算 $\iiint\limits_{V} (x^2 + y^2)\mathrm{d}x\mathrm{d}y\mathrm{d}z$，其中 V 是由曲面 $2(x^2 + y^2) = z$ 与 $z = 4$ 为界面的区域.

解 如图 7-23 所示，V 在平面上的投影区域 D 为 $x^2 + y^2 \leqslant 2$

$$\iiint\limits_{V} (x^2 + y^2)\mathrm{d}x\mathrm{d}y\mathrm{d}z = \iiint\limits_{V'} r^3 \mathrm{d}r\mathrm{d}\theta\mathrm{d}z$$

$$= \int_0^{2\pi} \mathrm{d}\theta \int_0^{\sqrt{2}} \mathrm{d}r \int_{2r^2}^{4} r^3 \mathrm{d}z = \frac{8\pi}{3}$$

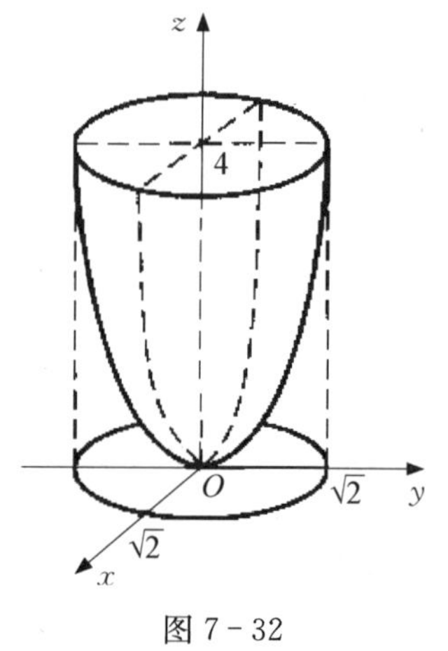

图 7-32

例 7.32 利用柱面坐标计算三重积分 $\iiint\limits_{\Omega} z\,\mathrm{d}V$，其中积分区域 Ω 由曲面 $x^2 + y^2 + z^2 = 4$ 及 $3z = x^2 + y^2$ 所围成(在抛物面内的那一部分).

解 画出积分区域图(见图 7-33),经柱面坐标变换,上曲面方程为 $r^2+z^2=4$,即 $z=\sqrt{4-r^2}$,下曲面方程为 $3z=r^2$,即 $z=\frac{r^2}{3}$. 故 Ω: $0\leqslant\theta\leqslant 2\pi$, $0\leqslant r\leqslant\sqrt{3}$, $\frac{r^2}{3}\leqslant z\leqslant\sqrt{4-r^2}$.

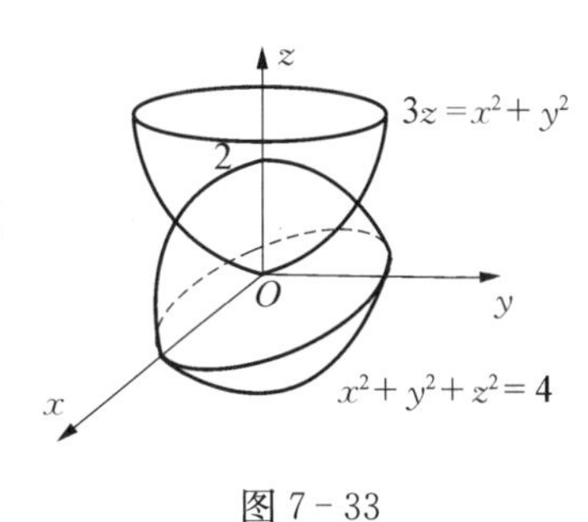

图 7-33

$$\begin{aligned}\iiint_{\Omega} z\,\mathrm{d}v &= \int_0^{2\pi}\mathrm{d}\theta\int_0^{\sqrt{3}} r\,\mathrm{d}r\int_{\frac{r^2}{3}}^{\sqrt{4-r^2}} z\,\mathrm{d}z \\ &= \frac{1}{2}\int_0^{2\pi}\mathrm{d}\theta\int_0^{\sqrt{3}} r\left(4-r^2-\frac{r^4}{9}\right)\mathrm{d}r \\ &= \pi\int_0^{\sqrt{3}}\left(4r-r^3-\frac{r^5}{9}\right)\mathrm{d}r=\frac{13\pi}{4}.\end{aligned}$$

例 7.33 计算 $\iiint_{\Omega} xy\,\mathrm{d}v$, 其中 Ω 是由柱面 $x^2+y^2=1$ 及平面 $z=1$, $z=0$, $x=0$, $y=0$ 所围成的在第一卦限内的闭区域.

解 采用柱面坐标计算,Ω 在 xOy 面上的投影为位于第一卦限的 $\frac{1}{4}$ 个单位圆,于是

$$0\leqslant\theta\leqslant\frac{\pi}{2},\ 0\leqslant r\leqslant 1,$$

$$\begin{aligned}\text{所求} &= \iiint_{\Omega} r\cos\theta\cdot r\sin\theta\cdot r\,\mathrm{d}r\,\mathrm{d}\theta\,\mathrm{d}z=\int_0^{\frac{\pi}{2}}\sin\theta\cos\theta\,\mathrm{d}\theta\int_0^1 r^3\,\mathrm{d}r\int_0^1\mathrm{d}z \\ &= \frac{1}{4}\int_0^{\frac{\pi}{2}}\sin\theta\,\mathrm{d}\sin\theta=\frac{1}{4}\left.\frac{\sin^2\theta}{2}\right|_0^{\frac{\pi}{2}}=\frac{1}{8}.\end{aligned}$$

例 7.34 计算 $\iiint_{\Omega}\sqrt{x^2+y^2}\,\mathrm{d}v$,其中 Ω 由平面 $y+z=4$,$x+y+z=1$ 与圆柱面 $x^2+y^2=1$ 所围成的闭区域.

解 Ω 在 xOy 面上的投影为 D: $x^2+y^2\leqslant 1$,而当 $(x,y)\in D$ 时,易证 $1-x-y\leqslant 4-y$,所以平面 $z=4-y$ 位于平面 $z=1-x-y$ 的上方. 采用柱坐标,有

$$\begin{aligned}\iiint_{\Omega}\sqrt{x^2+y^2}\,\mathrm{d}v &= \int_0^{2\pi}\mathrm{d}\theta\int_r^1 r\,\mathrm{d}r\int_{1-r\cos\theta-r\sin\theta}^{4-r\sin\theta} r\,\mathrm{d}z=\int_0^{2\pi}\mathrm{d}\theta\int_0^1(3+r\cos\theta)r^2\,\mathrm{d}r \\ &= \int_0^{2\pi}\left[r^3+\frac{r^4}{4}\cos\theta\right]_0^1\mathrm{d}\theta=\int_0^{2\pi}\left(1+\frac{1}{4}\cos\theta\right)\mathrm{d}\theta\end{aligned}$$

$$= \left[\theta + \frac{1}{4}\sin\theta\right]_0^{2\pi} = 2\pi.$$

例 7.35　计算 $\iiint\limits_{\Omega} z^2 \mathrm{d}x\mathrm{d}y\mathrm{d}z$，其中 Ω 是两个球 $x^2+y^2+z^2 \leqslant R^2$，$x^2+y^2+z^2 \leqslant 2Rz\ (R>0)$ 所围成的闭区域.

解　利用柱坐标，

$$\begin{aligned}\iiint\limits_{\Omega} z^2\mathrm{d}x\mathrm{d}y\mathrm{d}z &= \int_0^{2\pi}\mathrm{d}\theta\int_0^{\frac{\sqrt{3}}{2}R}\mathrm{d}r\int_{R-\sqrt{R^2-r^2}}^{\sqrt{R^2-r^2}} z^2 r\,\mathrm{d}z \\ &= \frac{2\pi}{3}\int_0^{\frac{\sqrt{3}}{2}R}\left[(R^2-r^2)^{\frac{3}{2}} - (R-\sqrt{R^2-r^2})^3\right]r\,\mathrm{d}r \\ &= \frac{2\pi}{3}\int_0^{\frac{\sqrt{3}}{2}R}\left[2(R^2-r^2)^{\frac{3}{2}} - 4R^3 + 3R^2\sqrt{R^2-r^2} + 3Rr^2\right]r\,\mathrm{d}r \\ &= \frac{2\pi}{3}\left[\frac{31}{80}R^5 - \frac{3}{2}R^5 + \frac{7}{8}R^5 + \frac{27}{64}R^5\right] = \frac{59}{480}\pi R^5.\end{aligned}$$

7.5.2　球坐标变换

球坐标的变换如图 7－34 所示，

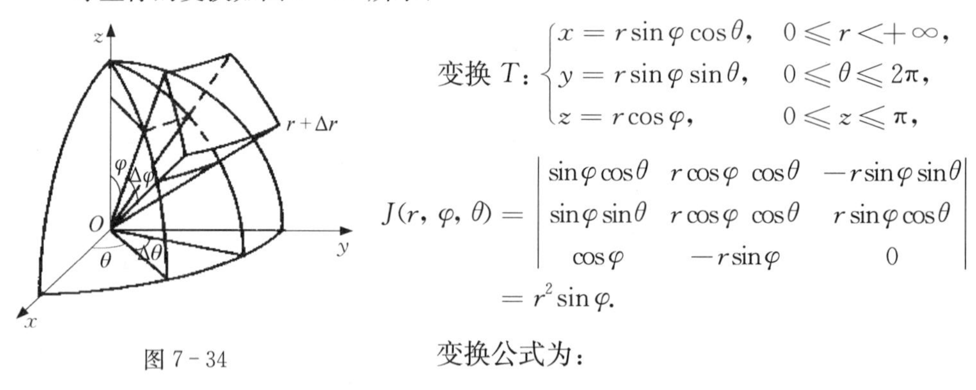

图 7－34

$$\text{变换 } T:\begin{cases} x = r\sin\varphi\cos\theta, & 0\leqslant r < +\infty, \\ y = r\sin\varphi\sin\theta, & 0\leqslant\theta\leqslant 2\pi, \\ z = r\cos\varphi, & 0\leqslant z\leqslant\pi, \end{cases}$$

$$J(r,\varphi,\theta) = \begin{vmatrix} \sin\varphi\cos\theta & r\cos\varphi\cos\theta & -r\sin\varphi\sin\theta \\ \sin\varphi\sin\theta & r\cos\varphi\cos\theta & r\sin\varphi\cos\theta \\ \cos\varphi & -r\sin\varphi & 0 \end{vmatrix} = r^2\sin\varphi.$$

变换公式为：

$$\iiint\limits_{V} f(x,y,z)\mathrm{d}x\mathrm{d}y\mathrm{d}z = \iiint\limits_{V} f(r\sin\varphi\cos\theta,\ r\sin\varphi\sin\theta,\ r\cos\varphi)r^2\sin\varphi\mathrm{d}r\mathrm{d}\theta\mathrm{d}\varphi.$$

在球面坐标中：

r＝常数，是以原点为中心的球面；

θ＝常数，是过 z 轴的半平面；

φ＝常数，是以原点为顶点，以 z 轴为中心轴的圆锥面.

当 $V'=\{(r,\varphi,\theta)\mid r_1(\varphi,\theta)\leqslant r\leqslant r_2(\varphi,\theta),\ \varphi_1(\theta)\leqslant\varphi\leqslant\varphi_2(\theta),\ \theta_1\leqslant\theta\leqslant\theta_2\}$ 时，

$$\iiint_V f(x,y,z)\mathrm{d}x\mathrm{d}y\mathrm{d}z=\int_{\theta_1}^{\theta_2}\mathrm{d}\theta\int_{\varphi_1(\theta)}^{\varphi_2(\theta)}\mathrm{d}\varphi\int_{r_1(\varphi,\theta)}^{r_2(\varphi,\theta)}f(r\sin\varphi\cos\theta,\ r\sin\varphi\sin\theta,\ r\cos\varphi)r^2\sin\varphi\mathrm{d}r.$$

例 7.36 计算三重积分 $\iiint_\Omega(x^2+y^2)\mathrm{d}V$,其中 Ω 是右半球面 $x^2+y^2+z^2\leqslant a^2$. $y\geqslant 0$ 所围成的区域.

解 在球面坐标下,积分区域可以表示为

$$\Omega=\{0\leqslant r\leqslant a,\ 0\leqslant\theta\leqslant\pi,\ 0\leqslant\varphi\leqslant\pi\},$$

所以

$$\begin{aligned}\iiint_\Omega(x^2+y^2)\mathrm{d}V&=\iiint_\Omega r^2\sin^2\varphi r^2\sin\varphi\mathrm{d}r\mathrm{d}\theta\mathrm{d}\varphi\\&=\int_0^\pi\mathrm{d}\theta\int_0^\pi\mathrm{d}\varphi\int_0^a r^4\sin^3\varphi\mathrm{d}r\\&=\int_0^\pi\mathrm{d}\theta\int_0^\pi\sin^3\varphi\left[\frac{1}{5}r^5\right]_0^a\mathrm{d}\varphi\\&=-\frac{\pi}{5}a^5\left[\cos\varphi-\frac{1}{3}\cos^3\varphi\right]_0^\pi=\frac{4}{15}\pi a^5.\end{aligned}$$

例 7.37 求 $I=\iiint_V z\,\mathrm{d}x\mathrm{d}y\mathrm{d}z$,其中 V 为由 $\frac{x^2}{a^2}+\frac{y^2}{b^2}+\frac{z^2}{c^2}\leqslant 1$ 与 $z\geqslant 0$ 所围区域.

解 作广义球坐标变换

$$T:\begin{cases}x=ar\sin\varphi\cos\theta,\\y=br\sin\varphi\sin\theta,\\z=cr\cos\varphi,\end{cases}$$

于是 $J=abcr^2\sin\varphi$. 在上述广义球坐标变换下,V 的原象为

$$V'=\left\{(r,\varphi,\theta)\,\middle|\,0\leqslant r\leqslant 1,\ 0\leqslant\varphi\leqslant\frac{\pi}{2},\ 0\leqslant\theta\leqslant 2\pi\right\}.$$

则有

$$\iiint_V z\,\mathrm{d}x\mathrm{d}y\mathrm{d}z=\iiint_V abc^3r^3\sin\varphi\cos\varphi\mathrm{d}r\mathrm{d}\varphi\mathrm{d}\theta$$

$$
\begin{aligned}
&= \int_0^{2\pi} \mathrm{d}\theta \int_0^{\frac{\pi}{2}} \mathrm{d}\varphi \int_0^1 abc^2 r^3 \sin\varphi \cos\varphi \mathrm{d}r \\
&= \frac{\pi abc^2}{2} \int_0^{\frac{\pi}{2}} \sin\varphi \cos\varphi \mathrm{d}\varphi \\
&= \frac{\pi abc^2}{4}.
\end{aligned}
$$

例 7.38 求由圆锥体 $z \geqslant \sqrt{x^2+y^2}\cot\beta$ 和球体 $x^2+y^2+(z-a)^2 \leqslant a^2$ 所确定的立体体积,其中 $\beta \in \left(0, \frac{\pi}{2}\right)$ 和 $a > 0$ 为常数(见图 7-35).

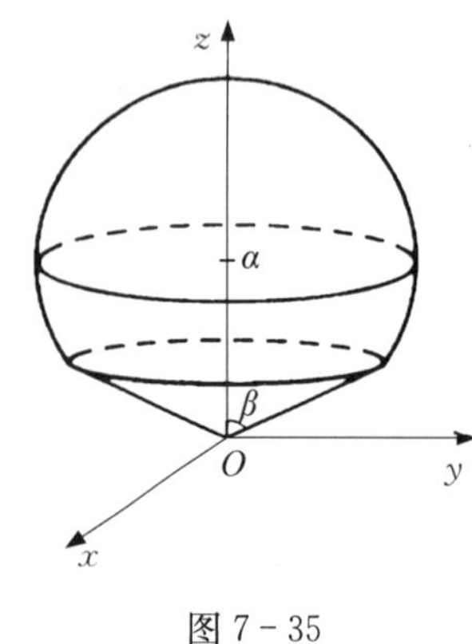

图 7-35

解 球面方程 $x^2+y^2+(z-a)^2 = a^2$ 在球坐标系下表示为 $r = 2a\cos\varphi$, 圆锥面 $z = \sqrt{x^2+y^2}\cot\beta$ 在球坐标系下表示为 $\varphi = \beta$, 因此

$$V' = \{(r, \varphi, \theta) \mid 0 \leqslant r \leqslant 2a\cos\varphi, 0 \leqslant \varphi \leqslant \beta, 0 \leqslant \theta \leqslant 2\pi\},$$

$$
\begin{aligned}
\iiint_V \mathrm{d}V &= \int_0^{2\pi} \mathrm{d}\theta \int_0^{\beta} \mathrm{d}\varphi \int_0^{2a\cos\varphi} r^2 \sin\varphi \mathrm{d}r \\
&= \frac{4}{3}\pi a^3 (1 - \cos^4\beta).
\end{aligned}
$$

例 7.39 $\iiint_\Omega \sqrt{x^2+y^2+z^2}\mathrm{d}v$,其中 Ω 是由 $x^2+y^2+z^2 = z$ 所围成的闭区域.

解 利用球面坐标,题设球面方程可化为 $x^2+y^2+\left(z-\frac{1}{2}\right)^2 = \frac{1}{4}$,它位于 xOy 面的上方,且与 xOy 面相切,故

$$0 \leqslant r \leqslant \cos\varphi, 0 \leqslant \varphi \leqslant \frac{\pi}{2}, 0 \leqslant \theta \leqslant 2\pi,$$

$$
\begin{aligned}
\text{所求} &= \iiint_\Omega r \cdot r^2 \sin\varphi \mathrm{d}r \mathrm{d}\theta \mathrm{d}\varphi = \int_0^{2\pi} \mathrm{d}\theta \int_0^{\frac{\pi}{2}} \sin\varphi \mathrm{d}\varphi \int_0^{\cos\varphi} r^3 \mathrm{d}r = -\frac{1}{4}\int_0^{2\pi} \mathrm{d}\theta \int_0^{\frac{\pi}{2}} \cos^4\varphi \mathrm{d}\cos\varphi \\
&= -\frac{1}{4}\int_0^{2\pi} \left[\frac{\cos^5\varphi}{5}\right]_0^{\frac{\pi}{2}} \mathrm{d}\theta = \frac{1}{20}\int_0^{2\pi} \mathrm{d}\theta = \frac{\pi}{10}.
\end{aligned}
$$

例 7.40 计算积分 $I = \iiint_V (y-z)\arctan z \mathrm{d}x\mathrm{d}y\mathrm{d}z$,其中 V 是由曲面 x^2+

$\frac{1}{2}(y-z)^2=R^2, z=0$,及 $z=h$ 所围成的立体.

解 令 $x=u,\ y-z=\sqrt{2}v,\ z=w$. 即

$$x=u,\ y=\sqrt{2}v+w,\ z=w.$$

于是

$$J=\begin{vmatrix}1 & 0 & 0\\ 0 & \sqrt{2} & 1\\ 0 & 0 & 1\end{vmatrix}=\sqrt{2},$$

$$V=\{(u,\ v,\ w)\mid 0\leqslant w\leqslant h,\ u^2+v^2\leqslant R^2\},$$

从而

$$\begin{aligned}I&=\int_0^h \mathrm{d}w\iint\limits_{u^2+v^2\leqslant R^2}\sqrt{2}v\arctan w\cdot\sqrt{2}\mathrm{d}u\mathrm{d}v\\&=2\int_0^h\arctan w\mathrm{d}w\iint\limits_{u^2+v^2\leqslant R^2}v\mathrm{d}u\mathrm{d}v=0,\end{aligned}$$

由对称性,可以直接看出 $\iint\limits_{u^2+v^2\leqslant R^2}v\mathrm{d}u\mathrm{d}v=0$.

7.5.3 利用对称性计算重积分

设 $u=f(x,\ y,\ z)=f(M)$ 是定义在以平面 π 为对称平面的三维区域 Ω 上的三元函数, M、$M'\in\Omega$ (M 与 M' 关于 π 互为对称点). 则

当 $f(x,\ y,\ z)$ 为 Ω 上的奇函数时, $f(x',\ y',\ z')=-f(x,\ y,\ z)$,因此

$$\begin{aligned}\iiint\limits_{\Omega_1}f(x',\ y',\ z')\mathrm{d}x'\mathrm{d}y'\mathrm{d}z'&=\iiint\limits_{\Omega_1}-f(x,\ y,\ z)\mid J\mid\mathrm{d}x\mathrm{d}y\mathrm{d}z\\&=-\iiint\limits_{\Omega_1}f(x,\ y,\ z)\mathrm{d}x\mathrm{d}y\mathrm{d}z.\end{aligned}$$

当 $f(x,\ y,\ z)$ 为 Ω 上的偶函数时, $f(x',\ y',\ z')=f(x,\ y,\ z)$,因此

$$\iiint\limits_{\Omega_1}f(x',\ y',\ z')\mathrm{d}x'\mathrm{d}y'\mathrm{d}z'=\iiint\limits_{\Omega_1}f(x,\ y,\ z)\mid J\mid\mathrm{d}x\mathrm{d}y\mathrm{d}z=\iiint\limits_{\Omega_1}f(x,\ y,\ z)\mathrm{d}x\mathrm{d}y\mathrm{d}z.$$

故有

$$\iiint\limits_{\Omega} f(x, y, z)\mathrm{d}V = \begin{cases} 0, & f(x, y, z) \text{ 为 } \Omega \text{ 上的连续奇函数}, \\ 2\iiint\limits_{\Omega_1} f(x, y, z)\mathrm{d}V, & f(x, y, z) \text{ 为 } \Omega \text{ 上的连续偶函数}, \end{cases}$$

其中 Ω_1 为 Ω 被对称平面分开的其中一部分.

当 π 取坐标平面 xOy, yOz 或 xOz 时,有类似的结论.

积分区域关于积分变量为轮换对称的情形

若当 $M(x, y, z) \in \Omega$ 时,有 $M'(y, z, x) \in \Omega$、$M(z, x, y) \in \Omega$,就称空间区域 Ω 关于变量 x、y、z 具有轮换对称性.

若三重积分的积分区域 Ω 具有轮换对称性. 同时被积函数 $f(x, y, z)$ 关于变量 x、y、z 也具有轮换对称性,即 $f(x, y, z) = f(y, z, x) = f(z, x, y)$. 则有

$$\iiint\limits_{\Omega} f(x, y, z)\mathrm{d}V = \iiint\limits_{\Omega} f(y, z, x)\mathrm{d}V = \iiint\limits_{\Omega} f(z, x, y)\mathrm{d}V, \text{则}$$

$$\iiint\limits_{\Omega} f(x, y, z)\mathrm{d}V + \iiint\limits_{\Omega} f(y, z, x)\mathrm{d}V + \iiint\limits_{\Omega} f(z, x, y)\mathrm{d}V = 3\iiint\limits_{\Omega} f(x, y, z)\mathrm{d}V.$$

例 7.41 计算 $\iiint\limits_{\Omega} \dfrac{z\ln(x^2+y^2+z^2+1)}{x^2+y^2+z^2+1}\mathrm{d}v$,其中 Ω 是由球面 $x^2+y^2+z^2=1$ 所围成的闭区域.

解 积分区域 Ω 关于 xOy 平面对称,而被积函数 $\dfrac{z\ln(x^2+y^2+z^2+1)}{x^2+y^2+z^2+1}$ 是关于 z 的奇函数,即 $\dfrac{(-z)\ln[x^2+y^2+(-z)^2+1]}{x^2+y^2+(-z)^2+1} = -\dfrac{z\ln(x^2+y^2+z^2+1)}{x^2+y^2+z^2+1}$,故所求积分等于 0.

例 7.42 计算 $\iiint\limits_{\Omega} xz\,\mathrm{d}x\mathrm{d}y\mathrm{d}z$,其中 Ω 是由平面 $z=0$, $z=y$, $y=1$ 以及抛物面 $y=x^2$ 所围成的区域.

解 积分区域 Ω 关于 yOz 平面对称,而被积函数 xz 是关于 x 的奇函数,即 $(-x)z=-xz$,故所求积分为 0.

例 7.43 计算 $\iiint\limits_{\Omega} (x+y+z)\mathrm{d}x\mathrm{d}y\mathrm{d}z$,其中 Ω 为三个坐标平面及平面 $x+y+z=1$ 所围成的闭区域.

解 由于被积函数和积分区域都满足对 x、y、z 的轮换性,因此 $\iiint\limits_{\Omega} (x+y+z)$

$\mathrm{d}x\mathrm{d}y\mathrm{d}z = 3\iiint\limits_{\Omega} x\mathrm{d}x\mathrm{d}y\mathrm{d}z = 3\iiint\limits_{\Omega} y\,\mathrm{d}x\mathrm{d}y\mathrm{d}z = 3\iiint\limits_{\Omega} z\,\mathrm{d}x\mathrm{d}y\mathrm{d}z$,

$$\begin{aligned}\iiint\limits_{\Omega} x\,\mathrm{d}x\mathrm{d}y\mathrm{d}z &= \iint\limits_{D_{xy}} x\,\mathrm{d}x\mathrm{d}y\int_0^{1-x-y}\mathrm{d}z = \int_0^1 x\mathrm{d}x\int_0^{1-x}\mathrm{d}y\int_0^{1-x-y}\mathrm{d}z\\ &= \int_0^1 x\mathrm{d}x\int_0^{1-x}(1-x-y)\mathrm{d}y\\ &= \frac{1}{2}\int_0^1 x(1-x)^2\mathrm{d}x = \frac{1}{24},\end{aligned}$$

得
$$\iiint\limits_{\Omega}(x+y+z)\mathrm{d}x\mathrm{d}y\mathrm{d}z = \frac{1}{8}.$$

例 7.44 计算 $\iiint\limits_{\Omega}(4z-y)\mathrm{d}v$,其中 Ω 为三个坐标平面及平面 $x=1$, $y=1$, $z=1$ 所围成的立方体.

解 利用被积函数和积分区域关于积分变量的对称性,可知 $\iiint\limits_{\Omega} z\,\mathrm{d}v = \iiint\limits_{\Omega} y\,\mathrm{d}v$.

因此

$$\iiint\limits_{\Omega}(4z-y)\mathrm{d}v = 4\iiint\limits_{\Omega} z\,\mathrm{d}v - \iiint\limits_{\Omega} y\,\mathrm{d}v = 3\iiint\limits_{\Omega} z\,\mathrm{d}v = 3\int_0^1\mathrm{d}x\int_0^1\mathrm{d}y\int_0^1 z\mathrm{d}z = \frac{3}{2}.$$

7.5.4 三重积分的计算方法总结

对三重积分,采用“投影法”还是“截面法”,要视积分域 Ω 及被积函数 $f(x, y, z)$的情况选取.

投影法(先一后二):较直观易掌握;

截面法(先二后一):D_z 是 Ω 在 z 处的截面,其边界曲线方程易写错,故较难一些;

特别地,对 D_z 积分时,$f(x, y, z)$与 x, y 无关,可直接计算 S_{D_z}. 因而 Ω 中只要 $z \in [a, b]$,且 $f(x, y, z)$仅含 z 时,选取“截面法”更佳.

对坐标系的选取,当 Ω 为柱体、锥体,或由柱面、锥面、旋转抛物面与其他曲面所围成的形体;被积函数为仅含 z 或 $zf(x^2+y^2)$时,可考虑用柱面坐标计算.

例 7.45 计算三重积分 $I = \iiint\limits_{\Omega} z\,\mathrm{d}x\mathrm{d}y\mathrm{d}z$,其中 Ω 为平面 $x+y+z=1$ 与三个坐标面 $x=0$, $y=0$, $z=0$ 围成的闭区域.

解 1 “投影法”首先画出 Ω 及在 xOy 面投影域 D(见图 7-36). 其次,“穿线”

$0\leqslant z\leqslant 1-x-y$,

X 型 D: $\begin{cases}0\leqslant x\leqslant 1,\\0\leqslant y\leqslant 1-x,\end{cases}$

所以 Ω: $\begin{cases}0\leqslant x\leqslant 1,\\0\leqslant y\leqslant 1-x,\\0\leqslant z\leqslant 1-x-y.\end{cases}$

然后计算:

$$I=\iiint_{\Omega}z\,\mathrm{d}x\mathrm{d}y\mathrm{d}z=\int_0^1\mathrm{d}x\int_0^{1-x}\mathrm{d}y\int_0^{1-x-y}z\,\mathrm{d}z=\int_0^1\mathrm{d}x\int_0^{1-x}\frac{1}{2}(1-x-y)^2\mathrm{d}y$$

$$=\frac{1}{2}\int_0^1\left[(1-x)^2y-(1-x)y^2+\frac{1}{3}y^3\right]_0^{1-x}\mathrm{d}x$$

$$=\frac{1}{6}\int_0^1(1-x)^3\mathrm{d}x=\frac{1}{6}\left[x-\frac{3}{2}x^2+x^3-\frac{1}{4}x^4\right]_0^1=\frac{1}{24}.$$

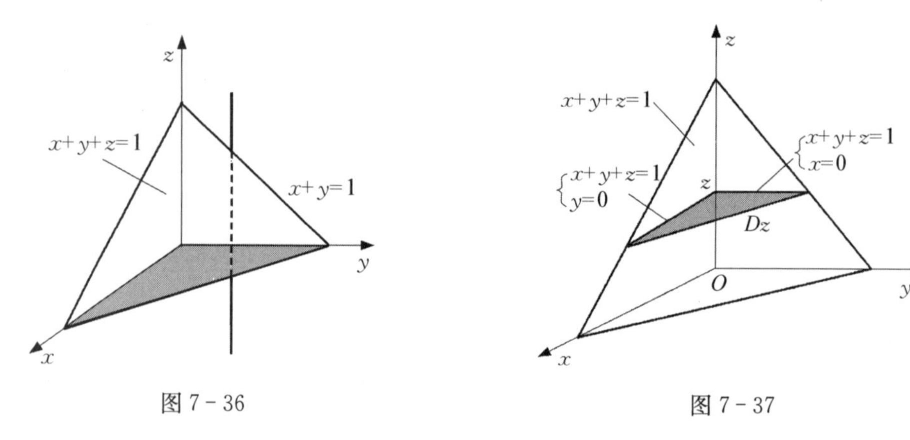

图 7-36　　图 7-37

解 2 “截面法”首先画出 Ω(见图 7-37),则 $z\in[0,1]$ 过点 z 作垂直于 z 轴的平面截 Ω 得 D_z.

D_z 是两直角边为 x, y 的直角三角形,$x=1-z$, $y=1-z$, 故

$$I=\iiint_{\Omega}z\,\mathrm{d}x\mathrm{d}y\mathrm{d}z=\int_0^1\left[\iint_{D_2}z\,\mathrm{d}x\mathrm{d}y\right]\mathrm{d}z=\int_0^1 z\left[\iint_{D_2}\mathrm{d}x\mathrm{d}y\right]\mathrm{d}z=\int_0^1 zS_{D_z}\mathrm{d}z$$

$$=\int_0^1 z\left(\frac{1}{2}xy\right)\mathrm{d}z=\int_0^1 z\,\frac{1}{2}(1-z)(1-z)\mathrm{d}z=\frac{1}{2}\int_0^1(z-2z^2+z^3)\mathrm{d}z=\frac{1}{24}.$$

习 题 7.5

1. 利用适当的方法,计算下面的三重积分:

(1) $\iiint_{\Omega}(x^2+y^2)\mathrm{d}x\mathrm{d}y\mathrm{d}z$,$\Omega$ 为抛物面 $x^2+y^2=2z$ 和平面 $z=2$ 围成的闭区域;

(2) $\iiint_{\Omega}z\,\mathrm{d}x\mathrm{d}y\mathrm{d}z$,$\Omega$ 为半球面 $z=\sqrt{1-x^2-y^2}$ 和抛物面 $z=x^2+y^2$ 围成的闭区域;

(3) $\iiint_{\Omega}\dfrac{1}{1+x^2+y^2}\mathrm{d}x\mathrm{d}y\mathrm{d}z$,$\Omega$ 为圆锥面 $z^2=x^2+y^2$ 和平面 $z=1$ 围成的闭区域;

(4) $\iiint_{\Omega}\dfrac{\mathrm{e}^z}{\sqrt{x^2+y^2}}\mathrm{d}x\mathrm{d}y\mathrm{d}z$,$\Omega(1\leqslant z=\sqrt{x^2+y^2}\leqslant 2)$;

(5) $\iiint_{\Omega}z^2\mathrm{d}x\mathrm{d}y\mathrm{d}z$,$\Omega$ 为两球体$(x^2+y^2+z^2\leqslant R^2)$ 和$(x^2+y^2+z^2\leqslant 2Rz)$的公共部分;

(6) $\iiint_{\Omega}(x^2+y^2+z^2)\mathrm{d}x\mathrm{d}y\mathrm{d}z$,$\Omega(x^2+y^2+z^2\leqslant R^2)$;

(7) $\iiint_{\Omega}\sqrt{x^2+y^2}\mathrm{d}x\mathrm{d}y\mathrm{d}z$,$\Omega(x^2+y^2+z^2\leqslant Rz,\ R>0)$;

(8) $\iiint_{\Omega}z\ln(1+x^2+y^2+z^2)\mathrm{d}x\mathrm{d}y\mathrm{d}z$, $\Omega(1\leqslant x^2+y^2+z^2\leqslant 4)$.

2. 根据 $\iiint_{\Omega}\mathrm{d}v=\iiint_{\Omega}\mathrm{d}x\mathrm{d}y\mathrm{d}z=\Omega$ 的体积,求由曲面$(x^2+y^2+z^2)^3=3a^3xyz$ 围成的立体的体积.

3. 设 $f(u)$为连续函数.求函数 $F(t)=\iiint\limits_{x^2+y^2+z^2\leqslant t^2}f(x^2+y^2+z^2)\mathrm{d}x\mathrm{d}y\mathrm{d}z$ 的导数 $F'(t)$.

4. 求三重积分 $I=\iiint\limits_{x^2+y^2+z^2\leqslant 1}x^m y^n z^k\mathrm{d}x\mathrm{d}y\mathrm{d}z$(其中 $m,\ n,\ k$ 为非负整数).

5. 求由曲面 $\left(\dfrac{x^2}{a^2}+\dfrac{y^2}{b^2}+\dfrac{z^2}{c^2}\right)^2=ax\ (a>0,\ b>0,\ c>0)$ 包围的立体的体积.

6. 设有某种物质均匀地分布在由球面 $x^2+y^2+z^2=8\ (z\geqslant 0)$ 与圆锥面 $z=$

$\sqrt{x^2+y^2}$ 围成的区域 Ω 上. 求它的质心,总质量及对 xOy 坐标平面的惯性矩(即转动惯量).

7. 利用柱面坐标计算三重积分 $\iiint\limits_{\Omega} z\,\mathrm{d}v$,其中 Ω 是由曲面 $z=\sqrt{2-x^2-y^2}$ 及 $z=x^2+y^2$ 所围成的闭区域.

8. 利用球面坐标计算三重积分 $\iiint\limits_{\Omega}(x^2+y^2+z^2)\,\mathrm{d}v$,其中 Ω 是由球面 $x^2+y^2+z^2=1$ 所围成的闭区域.

9. 计算下列三重积分:

(1) $\iiint\limits_{\Omega} z^2\,\mathrm{d}x\,\mathrm{d}y\,\mathrm{d}z$,其中 Ω 是两个球: $x^2+y^2+z^2\leqslant R^2$ 和 $x^2+y^2+z^2\leqslant 2Rz\ (R>0)$ 的公共部分.

(2) $\iiint\limits_{\Omega}(y^2+z^2)\,\mathrm{d}v$,其中 Ω 是由 xOy 平面上曲线 $y^2=2x$ 绕 x 轴旋转而成的曲面与平面 $x=5$ 所围成的闭区域.

7.6 重积分的应用

7.6.1 立体的体积

由三重积分的几何意义知 $V=\iiint\limits_{\Omega}\mathrm{d}x\,\mathrm{d}y\,\mathrm{d}z.$

例 7.46 求曲面 $x^2+y^2+z^2\leqslant 2a^2$ 与 $z\geqslant\sqrt{x^2+y^2}$ 所围成的立体体积.

解 Ω 由锥面和球面围成,采用球面坐标,

由 $x^2+y^2+z^2=2a^2\Rightarrow r=\sqrt{2}a,\ z=\sqrt{x^2+y^2}\Rightarrow\varphi=\dfrac{\pi}{4}$,

Ω: $0\leqslant r\leqslant\sqrt{2}a,\ 0\leqslant\varphi\leqslant\dfrac{\pi}{4},\ 0\leqslant\theta\leqslant 2\pi$,

由三重积分的性质知 $V=\iiint\limits_{\Omega}\mathrm{d}x\,\mathrm{d}y\,\mathrm{d}z$,

$$V=\int_0^{2\pi}\mathrm{d}\theta\int_0^{\frac{\pi}{4}}\mathrm{d}\varphi\int_0^{\sqrt{2}a}r^2\sin\varphi\,\mathrm{d}r=2\pi\int_0^{\frac{\pi}{4}}\sin\varphi\cdot\frac{(\sqrt{2}a)^3}{3}\mathrm{d}\varphi=\frac{4}{3}\pi(\sqrt{2}-1)a^3.$$

7.6.2 空间立体的重心

设 V 是密度为 $\rho(x,y,z)$ 的空间物体, $\rho(x,y,z)$ 在 V 上连续,因 V 的质量为

$M=\iiint\limits_V \rho(x, y, z)\mathrm{d}x\mathrm{d}y\mathrm{d}z$,$V$对$yz$平面的静力矩为$\iiint\limits_V x\rho(x, y, z)\mathrm{d}x\mathrm{d}y\mathrm{d}z$,由重心坐标的概念有,以$\bar{x}, \bar{y}, \bar{z}$分别表示$V$的重心的各个坐标,应有

$$M_x=\iiint\limits_V x\rho(x, y, z)\mathrm{d}x\mathrm{d}y\mathrm{d}z,$$

所以

$$\bar{x}=\frac{\iiint\limits_\Omega x\rho(x, y, z)\mathrm{d}x\mathrm{d}y\mathrm{d}z}{M}=\frac{\iiint\limits_\Omega x\rho(x, y, z)\mathrm{d}x\mathrm{d}y\mathrm{d}z}{M},$$

类似地有:$\bar{y}=\dfrac{\iiint\limits_\Omega y\rho(x, y, z)\mathrm{d}x\mathrm{d}y\mathrm{d}z}{M}=\dfrac{\iiint\limits_\Omega y\rho(x, y, z)\mathrm{d}x\mathrm{d}y\mathrm{d}z}{M}$,

$$\bar{z}=\frac{\iiint\limits_\Omega z\rho(x, y, z)\mathrm{d}x\mathrm{d}y\mathrm{d}z}{M}=\frac{\iiint\limits_\Omega z\rho(x, y, z)\mathrm{d}x\mathrm{d}y\mathrm{d}z}{M},$$

若$\rho(x, y, z)$为常数,则

$$\bar{x}=\frac{\iiint\limits_\Omega x\,\mathrm{d}x\mathrm{d}y\mathrm{d}z}{V},\ \bar{y}=\frac{\iiint\limits_\Omega y\,\mathrm{d}x\mathrm{d}y\mathrm{d}z}{V},\ \bar{z}=\frac{\iiint\limits_\Omega z\,\mathrm{d}x\mathrm{d}y\mathrm{d}z}{V}.$$

例 7.47 求密度均匀的上半椭球体的重心.

解 设椭球体方程为$\dfrac{x^2}{a^2}+\dfrac{y^2}{b^2}+\dfrac{z^2}{c^2}\leqslant 1, z\geqslant 0$.

由对称性知$\bar{x}=\bar{y}=0$,而

$$\bar{z}=\frac{\iiint\limits_\Omega z\,\mathrm{d}x\mathrm{d}y\mathrm{d}z}{V}=\frac{\iiint\limits_\Omega z\,\mathrm{d}x\mathrm{d}y\mathrm{d}z}{2\pi abc/3}=\frac{3c}{8}.$$

7.6.3 空间立体的转动惯量

质点A对轴l的转动惯量J是质点A的质量m和到转动轴l的距离r的平方的乘积,即$J=mr^2$. 当讨论空间物体V的转动惯量问题时,利用讨论质量、重心等相同的方法可得:设空间物体V的密度函数为$\rho(x, y, z)$,它对x轴的转动惯

量为

$$J_x=\iiint_V (y^2+z^2)\rho(x, y, z)\mathrm{d}x\mathrm{d}y\mathrm{d}z,$$

$$J_y=\iiint_V (z^2+x^2)\rho(x, y, z)\mathrm{d}x\mathrm{d}y\mathrm{d}z,$$

$$J_z=\iiint_V (x^2+y^2)\rho(x, y, z)\mathrm{d}x\mathrm{d}y\mathrm{d}z,$$

对 xy 平面的转动惯量为

$$J_{xy}=\iiint_V z^2\rho(x, y, z)\mathrm{d}x\mathrm{d}y\mathrm{d}z,$$

对 yz 平面的转动惯量为

$$J_{yz}=\iiint_V x^2\rho(x, y, z)\mathrm{d}x\mathrm{d}y\mathrm{d}z,$$

对 zx 平面的转动惯量为

$$J_{zx}=\iiint_V y^2\rho(x, y, z)\mathrm{d}x\mathrm{d}y\mathrm{d}z,$$

对原点的转动惯量为：

$$J_o=\iiint_V (x^2+y^2+z^2)\rho(x, y, z)\mathrm{d}x\mathrm{d}y\mathrm{d}z.$$

例 7.48 求密度为 ρ 的均匀球体对于过球心的一条轴 l 的转动惯量.

解 取球心为坐标原点,球的半径为 a, z 轴与轴 l 重合,则球体所占空间闭区域

$$\Omega=\{(x, y, z)\mid x^2+y^2+z^2\leqslant a^2\}.$$

所求转动惯量即球体对于 z 轴的转动惯量为

$$\begin{aligned}I_z&=\iiint_\Omega (x^2+y^2)\rho\mathrm{d}v=\rho\iiint_\Omega (r^2\sin^2\varphi\cos^2\theta+r^2\sin^2\varphi\sin^2\theta)r^2\sin\varphi\mathrm{d}r\mathrm{d}\varphi\mathrm{d}\theta\\&=\iiint_\Omega r^4\sin^3\varphi\mathrm{d}r\mathrm{d}\varphi\mathrm{d}\theta=\rho\int_0^{2\pi}\mathrm{d}\theta\int_0^\pi\sin^3\varphi\mathrm{d}\varphi\int_0^a r^4\mathrm{d}r\\&=\rho\cdot 2\pi\cdot\frac{a^5}{5}\int_0^\pi\sin^3\varphi\mathrm{d}\varphi=\frac{2}{5}\pi a^5\rho\cdot\frac{4}{3}=\frac{2}{5}a^2M,\end{aligned}$$

式中 $M=\frac{4}{3}\pi a^3\rho$ 为球体的质量.

7.6.4 空间立体对质点的引力

求密度为 $\rho(x, y, z)$ 的立体对立体外一质量为 1 的质点 A 的万有引力.

设 A 的坐标为 (ξ, η, ζ), V 中点的坐标用 (x, y, z) 表示. 用微元法来求 V 对 A 的引力, V 中质量微元 $\mathrm{d}m=\rho\mathrm{d}V$ 对 A 的引力在坐标轴上的投影为

$$\mathrm{d}F_x=k\frac{x-\xi}{r^3}\rho\mathrm{d}V,\ \mathrm{d}F_y=k\frac{y-\eta}{r^3}\rho\mathrm{d}V,\ \mathrm{d}F_z=k\frac{z-\zeta}{r^3}\rho\mathrm{d}V,$$

式中 k 为引力系数, $r=\sqrt{(x-\xi)^2+(y-\eta)^2+(z-\zeta)^2}$ 是 A 到 $\mathrm{d}V$ 的距离. 于是力 $\vec{F}$ 在三个坐标轴上的投影分别为

$$F_x=k\iiint\limits_V\frac{x-\xi}{r^3}\rho\mathrm{d}V,\ F_y=k\iiint\limits_V\frac{y-\eta}{r^3}\rho\mathrm{d}V,\ F_z=k\iiint\limits_V\frac{z-\zeta}{r^3}\rho\mathrm{d}V,$$

所以

$$\vec{F}=F_x\vec{i}+F_y\vec{j}+F_z\vec{k}, \text{即} \vec{F}=\{F_x, F_y, F_z\}.$$

例 7.49 设均匀柱体密度为 ρ, 占有闭区域 $\Omega=\{(x, y, z)\mid x^2+y^2\leqslant R^2, 0\leqslant z\leqslant h\}$. 求它对于位于点 $M^0(0, 0, a)(a>h)$ 处的单位质量的质点的引力.

解 用公式求引力时, 注意利用当 $\rho\equiv$ 常数及立体对坐标面的对称性, 来简化计算.

Ω 是一位于 xOy 面上方的圆柱体, 它关于 xOz 面 yOz 面都是对称的, 因此有

$$F_x=F_y=0,$$

下面计算 F_z

$$F_z=\iiint\limits_{\Omega}G\rho\frac{z-a}{[x^2+y^2+(z-a)^2]^{\frac{3}{2}}}\mathrm{d}v=G\rho\int_0^h(z-a)\mathrm{d}z\int_0^{2\pi}\mathrm{d}\theta\int_0^a\frac{\rho\mathrm{d}\rho}{[\rho^2+(z-a)^2]^{\frac{3}{2}}}$$

$$=-2\pi G\rho[\sqrt{(h-a)^2+R^2}-\sqrt{R^2+a^2}+h],$$

故引力为

$$\vec{F}=\{0, 0, -2\pi G\rho[\sqrt{(h-a)^2+R^2}-\sqrt{R^2+a^2}+h]\}.$$

习 题 7.6

1. 求由圆锥体 $z \geqslant \sqrt{x^2+y^2}\cot\beta$ 和球体 $x^2+y^2+(z-a)^2 \leqslant a^2$ 所围成的立体体积,其中 $\beta \in \left(0, \frac{\pi}{2}\right)$ 和 $a>0$ 为常数.

2. 计算 $\iiint \sqrt{x^2+y^2}\,\mathrm{d}v$, 其中 Ω 是 $x^2+y^2=z^2$ 和 $z=1$ 围成的闭区域.

3. 设某球体的密度与球心的距离成正比,求它对于切平面的转动惯量.

4. 求密度均匀的圆环 D 对于垂直于圆环面而过圆环的中心的轴的转动惯量.

5. 求均匀圆盘 D 对于其直径的转动惯量.

6. 设球体 V 具有均匀密度 ρ,求对球外一点 A(质量为 1)的引力(引力系数为 k).

7. 计算 $\iiint\limits_{\Omega} z\,\mathrm{d}v$,其中 Ω 为 $z=6-x^2-y^2$ 及 $z=\sqrt{x^2+y^2}$ 所围成的闭区域.

8. 设有一半径为 R 的球体,P_0 是此球表面上的一个定点,球体上任一点的密度与该点到 P_0 的距离的平方成正比(比例常数 $k>0$),求球体的重心的位置.

9. 设球体占有闭区域 $\Omega=\{(x, y, z) \mid x^2+y^2+z^2 \leqslant 2Rz\}$,它在内部各点处的密度的大小等于该点到坐标原点的距离的平方,试求这球体的球心.

10. 一均匀物体(密度 ρ 为常量)占有的闭区域 Ω 由曲面 $z=x^2+y^2$ 和平面 $z=0$, $|x|=a$, $|y|=a$ 所围成

(1) 求物体的体积;

(2) 求物体的质心;

(3) 求物体关于 z 轴的转动.

本 章 小 结

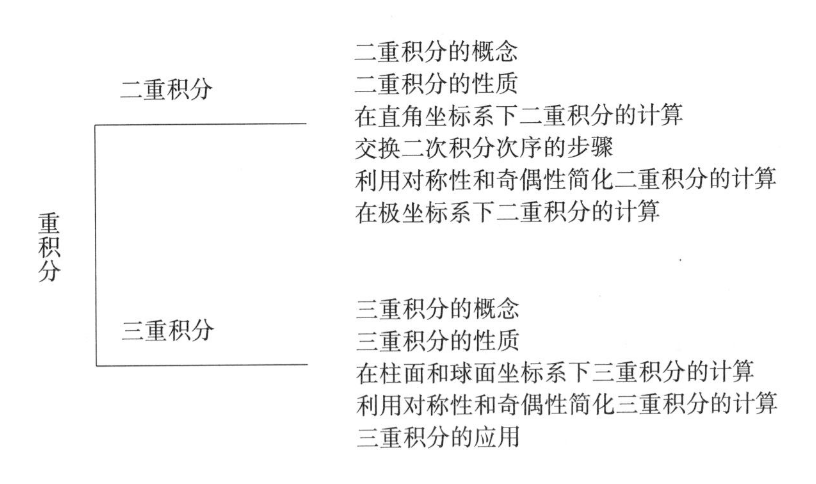

习 题 7

1. 设 $D=\{(x, y) \mid 0 \leqslant x \leqslant 1, 0 \leqslant y \leqslant 1\}$,试利用二重积分的性质估计 $I=\iint\limits_D xy(x+y)\mathrm{d}\sigma$ 的值.

2. 设区域 D 是有 x 轴、y 轴与直线 $x+y=1$ 所围成,根据二重积分的性质,试比较积分 $I=\iint\limits_D (x+y)^2\mathrm{d}\sigma$ 与 $I=\iint\limits_D (x+y)^3\mathrm{d}\sigma$ 的大小.

3. 选用适当的坐标计算下列各题:

(1) $\iint\limits_D \dfrac{x^2}{y^2}\mathrm{d}\sigma$,其中 D 是直线 $x=2$, $y=x$ 及曲线 $xy=1$ 所围成的闭区域.

(2) $\iint\limits_D (1+x)\sin y\mathrm{d}\sigma$,其中 D 是顶点分别为 $(0, 0)$,$(1, 0)$,$(1, 2)$ 和 $(0, 1)$ 的梯形闭区域.

(3) $\iint\limits_D \sqrt{R^2-x^2-y^2}\mathrm{d}\sigma$,其中 D 是圆周 $x^2+y^2=Rx$ 所围成的闭区域.

(4) $\iint\limits_D \sqrt{x^2+y^2}\mathrm{d}\sigma$,其中 D 是圆环形闭区域 $\{(x, y) \mid a^2 \leqslant x^2+y^2 \leqslant b^2\}$.

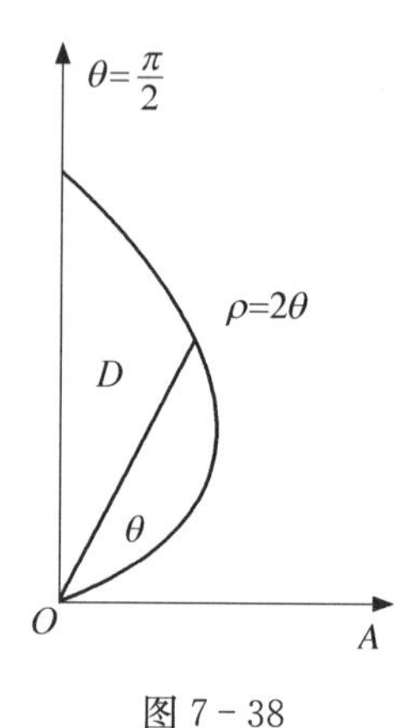

图 7－38

4. 设平面薄片所占的闭区域 D 由螺线 $\rho=2\theta$ 上一段弧 $\left(0\leqslant\theta\leqslant\frac{\pi}{2}\right)$ 与直线 $\theta=\frac{\pi}{2}$ 所围成（见图 7－38），它的面密度为 $\mu(x,y)=x^2+y^2$，求这薄片的质量.

5. 设平面薄片所占的闭区域 D 由直线 $x+y=2$，$y=x$ 和 x 轴所围成，它的面密度 $\mu(x,y)=x^2+y^2$，求该薄片的质量.

6. 设有一物体，占有空间闭区域 $\Omega=\{(x,y,z)\mid 0\leqslant x\leqslant 1,\ 0\leqslant y\leqslant 1,\ 0\leqslant z\leqslant 1\}$，在点 (x,y,z) 处的密度为 $\rho(x,y,z)=x+y+z$，计算该物体的质量.

7. 求由抛物线 $y=x^2$ 及直线 $y=1$ 所围成的均匀薄片（面密度为常数 μ）对于直线 $y=-1$ 的转动惯量.

8. 设薄片所占的闭区域 D，求均匀薄片的质心，其中 D 是半椭圆形闭区域 $\left\{(x,y)\,\middle|\,\frac{x^2}{a^2}+\frac{y^2}{b^2}\leqslant 1,\ y\geqslant 0\right\}$.

9. 设平面薄片所占的闭区域 D 由抛物线 $y=x^2$ 及直线 $y=x$ 所围成，它在点 (x,y) 处的面密度 $\mu(x,y)=x^2y$，求该薄片的质心.

10. 计算 $I=\iiint\limits_{\Omega}xy^2z^3\,\mathrm{d}x\mathrm{d}y\mathrm{d}z$，其中 Ω 是由曲面 $z=xy$ 与平面 $y=1$ 及 $z=0$ 所围成的闭区域.

11. 设有一高度为 $h(t)$（t 为时间）的雪堆在融化过程中，其侧面满足方程

$$z=h(t)-\frac{z(x^2+y^2)}{h(t)}$$

（设长度单位为 cm，时间单位为 h），已知体积减小的速率与侧面积成正比例（比例系数 0.9），问高度为 130 cm 的雪堆全部融化需多少时间？

8 无穷级数

无穷级数是数与函数的一种重要表达形式,也是微积分理论研究与实际应用中极其有力的工具.无穷级数在表达函数、研究函数的性质、计算函数值以及求解微分方程等方面有着重要的应用.研究无穷级数及其和,可以说是研究数列及其极限的另一种形式,但无论是研究极限的存在性还是计算这种极限时,这种形式都显示出很大的优越性.无穷级数在数学中出现得很早,最常见的形式通常是公比小于一的无穷几何级数,本章节将对无穷级数的一些经典理论进行介绍.

8.1 常数项级数的概念与性质

8.1.1 常数项级数的概念

人们认识事物在数量方面的特性,往往有一个由近似到精确的过程.

引例:如何用较简单的数来逼近一个比较复杂的数.

一个循环小数总能表示成一个分数.同时,它也可以按如下方法表示:

例如,为了表示 0.454 545…,记

$$a_1 = 0.45 = 45 \cdot \left(\frac{1}{100}\right),\ a_2 = 0.0045 = 45 \cdot \left(\frac{1}{100}\right)^2,\ a_3 = 0.000045 = 45 \cdot \left(\frac{1}{100}\right)^3,\ \cdots,\ a_n = 45 \cdot \left(\frac{1}{100}\right)^n,$$

则
$$0.454545\cdots \approx a_1 + a_2 + \cdots + a_n.$$

如果 n 无限增大,则 $a_1 + a_2 + \cdots + a_n$ 的极限就是 0.454 545…,这时和式中的项数无限增多,出现了如下的无穷多个数相加的情形:

$$a_1 + a_2 + \cdots + a_n + \cdots.$$

对于无理数,也可给出类似的表示,例如 $\mathrm{e} = 2.71828\cdots$,它可以与如下表达式相对应:

$$1 + 1 + \frac{1}{2!} + \frac{1}{3!} + \cdots + \frac{1}{n!} + \cdots.$$

一般地,如果给定一个数列 $u_1, u_2, \cdots, u_n, \cdots$, 则由这个数列构成的表达式

$$u_1 + u_2 + \cdots + u_n + \cdots$$

的意义是什么?这涉及常数项级数的理论,后面将详细讨论这一问题.

又如,在计算半径为 R 的圆的面积 A 时,可以通过圆内接正多边形的面积来逐步逼近圆的面积.

给定一个数列

$$u_1, u_2, u_3, \cdots, u_n, \cdots,$$

则和式
$$u_1 + u_2 + u_3 + \cdots + u_n + \cdots = \sum_{n=1}^{\infty} u_n$$

称为**(常数项)无穷级数**,简称**级数**,其中第 n 项 u_n 称为级数的**一般项**或**通项**. 级数的前 n 项和

$$S_n = u_1 + u_2 + \cdots + u_n = \sum_{n=1}^{\infty} u_n$$

称为前 n 项**部分和**.

当 n 依次取 1, 2, 3, …时,它们构成一个新的数列 $\{S_n\}$, 即

$$S_1 = u_1, S_2 = u_1 + u_2, \cdots, S_n = u_1 + u_2 + u_3 + \cdots + u_n, \cdots,$$

数列 $\{S_n\}$ 称为**部分和数列**.

定义 8.1 如果级数 $\sum\limits_{n=1}^{\infty} u_n$ 的部分和数列 $\{S_n\}$ 存在极限 S, 即

$$\lim_{n \to \infty} S_n = S,$$

则称无穷级数 $\sum\limits_{n=1}^{\infty} u_n$ **收敛**,极限 S 称为级数 $\sum\limits_{n=1}^{\infty} u_n$ 的**和**,并写成 $S = \sum\limits_{n=1}^{\infty} u_n$.

如果 $\{S_n\}$ 没有极限,则称无穷级数 $\sum\limits_{n=1}^{\infty} u_n$ **发散.**

注意 按定义,级数 $\sum\limits_{n=1}^{\infty} u_n$ 与数列 $\{S_n\}$ 同时收敛或同时发散,如果级数 $\sum\limits_{n=1}^{\infty} u_n$ 收敛于 S, 则部分和 $S_n \approx S$, 它们之间的差

$$r_n = S - S_n = u_{n+1} + u_{n+2} + \cdots$$

称为级数的余项. 显然有 $\lim\limits_{n \to \infty} r_n = 0$, 而 $|r_n|$ 是用 S_n 近似代替 S 所产生的误差.

例 8.1 写出级数

$$\frac{1}{2}+\frac{3}{2\cdot 4}+\frac{5}{2\cdot 4\cdot 6}+\frac{7}{2\cdot 4\cdot 6\cdot 8}+\cdots$$

的一般项.

解 分母是偶数的连乘积,而且第一项为偶数,第二项是两个偶数之积,第三项是三个偶数之积,……,第 n 项是 n 个偶数之积,故可写成 $(2n)!!$,而分子为奇数,故第 n 项为 $2n-1$,于是该级数的一般项为

$$u_n=\frac{2n-1}{(2n)!!}.$$

例 8.2 已知级数 $\sum\limits_{n=1}^{\infty}u_n$ 的前 n 项的部分和为 $S_n=\dfrac{8^n-1}{7\times 8^{n-1}}$,求这个级数.

解 因为 $S_n=u_1+u_2+\cdots+u_{n-1}+u_n=S_{n-1}+u_n$,所以 $u_n=S_n-S_{n-1}$,

从而

$$u_1=S_1=\frac{8^1-1}{7\times 8^0}=1, u_2=S_2-S_1=\frac{8^2-1}{7\times 8^1}-1=\frac{1}{8},$$

$$u_3=S_3-S_2=\frac{8^3-1}{7\times 8^2}-\frac{1}{8}=\left(\frac{1}{8}\right)^2, \cdots$$

$$u_n=S_n-S_{n-1}=\frac{8^n-1}{7\times 8^{n-1}}-\frac{8^{n-1}-1}{7\times 8^{n-2}}=\left(\frac{1}{8}\right)^{n-1}, \cdots,$$

故所求级数为

$$1+\frac{1}{8}+\left(\frac{1}{8}\right)^2+\cdots+\left(\frac{1}{8}\right)^{n-1}+\cdots.$$

例 8.3 判别级数 $\sum\limits_{n=1}^{\infty}(\sqrt{n+2}-2\sqrt{n+1}+\sqrt{n})$ 的敛散性.

解 一般项为

$$\begin{aligned}u_n&=\sqrt{n+2}-2\sqrt{n+1}+\sqrt{n}=(\sqrt{n+2}-\sqrt{n+1})-(\sqrt{n+1}-\sqrt{n})\\&=\frac{1}{\sqrt{n+2}+\sqrt{n+1}}-\frac{1}{\sqrt{n+1}+\sqrt{n}}\end{aligned}$$

从而,前 n 项的部分和为

$$S_n=u_1+u_2+\cdots+u_n=\frac{1}{\sqrt{n+2}+\sqrt{n+1}}-\frac{1}{\sqrt{2}+1}=\frac{1}{\sqrt{n+2}+\sqrt{n+1}}+1-\sqrt{2},$$

所以 $$\lim_{n\to\infty}S_n=\lim_{n\to\infty}\left[\frac{1}{\sqrt{n+2}+\sqrt{n+1}}+1-\sqrt{2}\right]=1-\sqrt{2}.$$

8.1.2 收敛级数的基本性质

性质 8.1 如果级数 $\sum_{n=1}^{\infty}u_n$ 与级数 $\sum_{n=1}^{\infty}v_n$ 分别收敛于和 A、B，则对任意常数 α、β，级数 $\sum_{n=1}^{\infty}(\alpha u_n+\beta v_n)$ 收敛，且 $\sum_{n=1}^{\infty}(\alpha u_n+\beta v_n)=\alpha A+\beta B$.

说明：两个收敛级数可以逐项相加.

若 $k\neq 0$，则 $\sum_{n=1}^{\infty}u_n$ 与 $\sum_{n=1}^{\infty}ku_n$ 的敛散性相同.

如果在级数中去掉前 n 项，则得级数 $\sum_{k=n+1}^{\infty}u_k=u_{n+1}+u_{n+2}+\cdots$，则称该级数为**余项级数**.

从上可得出，级数 $\sum_{n=1}^{\infty}u_n$ 与数列 $\{S_n\}$ 同时收敛或同时发散，且在收敛时，有 $\sum_{n=1}^{\infty}u_n=\lim_{n\to\infty}S_n$，而发散的级数没有"和"可言.

性质 8.2 在级数中去掉、加上或改变有限项，不会改变级数的收敛性.

性质 8.3 在一个收敛级数中，任意添加括号所得到的新级数仍收敛于原来的和.

注意 性质 8.3 成立的前提是级数收敛，否则结论不成立，如级数

$$\sum_{n=1}^{\infty}(-1)^{n-1}=1-1+1-1+\cdots+(-1)^{n-1}+\cdots$$

是发散的，加括号后所得的级数 $(1-1)+(1-1)+\cdots+(1-1)+\cdots$ 是收敛的.

推论 8.1 如果加括号后所成的级数发散，则原来的级数也发散.

性质 8.4(级数收敛的必要条件) 如果级数 $\sum_{n=1}^{\infty}u_n$ 收敛，则当 $n\to\infty$ 时它的一般项趋于零，即 $\lim_{n\to\infty}u_n=0$.

注意 如果 $\lim_{n\to\infty}u_n\neq 0$，则级数 $\sum_{n=1}^{\infty}u_n$ 发散.

例 8.4 设级数 $\sum_{n=1}^{\infty}u_n$ 收敛，$\sum_{n=1}^{\infty}v_n$ 发散，证明：级数 $\sum_{n=1}^{\infty}(u_n+v_n)$ 发散.

证 用反证法：已知 $\sum_{n=1}^{\infty}u_n$ 收敛，假定 $\sum_{n=1}^{\infty}(u_n+v_n)$ 收敛，由 $v_n=(u_n+v_n)-u_n$ 与级数性质得知，$\sum_{n=1}^{\infty}v_n$ 收敛，这与题设矛盾，所以级数 $\sum_{n=1}^{\infty}(u_n+v_n)$ 发散.

例 8.5 判别级数

$$\frac{1}{2}+\frac{1}{10}+\frac{1}{2^2}+\frac{1}{2\times 10}+\cdots+\frac{1}{2^n}+\frac{1}{10n}+\cdots \text{是否收敛.}$$

解 对题设级数每相邻两项加括号得到新级数

$$\sum_{n=1}^{\infty}\left(\frac{1}{2^n}+\frac{1}{10n}\right),$$

因为 $\sum_{n=1}^{\infty}\frac{1}{2^n}$ 收敛，而级数 $\sum_{n=1}^{\infty}\frac{1}{10n}=\frac{1}{10}\sum_{n=1}^{\infty}\frac{1}{n}$ 发散，所以级数 $\sum_{n=1}^{\infty}\left(\frac{1}{2^n}+\frac{1}{10n}\right)$ 发散，根据性质 8.3 的推论 8.1，去括号的级数也发散.

例 8.6 判别级数 $\sum_{n=1}^{\infty}n^2\left(1-\cos\frac{1}{n}\right)$ 的敛散性.

解 因为 $\lim\limits_{n\to\infty}n^2\left(1-\cos\frac{1}{n}\right)=\lim\limits_{n\to\infty}2n^2\sin^2\frac{1}{2n}=\lim\limits_{n\to\infty}\frac{1}{2}\left[\frac{\sin\frac{1}{2n}}{\frac{1}{2n}}\right]^2=\frac{1}{2}\neq 0$，

即级数的一般项不趋于零，故原级数发散.

例 8.7 判别级数 $\sum_{n=2}^{\infty}\frac{(-1)^n}{\sqrt{n+(-1)^n}}$ 的敛散性.

解 用级数敛散性的定义来判别，因为

$$S_{2n}=\left(\frac{1}{\sqrt{3}}-\frac{1}{\sqrt{2}}\right)+\left(\frac{1}{\sqrt{5}}-\frac{1}{\sqrt{4}}\right)+\cdots+\left(\frac{1}{\sqrt{2n+1}}-\frac{1}{\sqrt{2n}}\right),$$

是一单调减少数列，且

$$S_{2n}=-\frac{1}{\sqrt{2}}+\left(\frac{1}{\sqrt{3}}-\frac{1}{\sqrt{4}}\right)+\cdots+\left(\frac{1}{\sqrt{2n-1}}-\frac{1}{\sqrt{2n}}\right)+\frac{1}{\sqrt{2n+1}}>-\frac{1}{\sqrt{2}},$$

即数列 $\{S_{2n}\}$ 有下界，故 $\lim\limits_{n\to\infty}S_{2n}=S$，

又 $\lim\limits_{n\to\infty}u_{2n+1}=0$，所以 $\lim\limits_{n\to\infty}S_{2n+1}=\lim\limits_{n\to\infty}(S_{2n}+u_{2n+1})=S$，从而 $\lim\limits_{n\to\infty}S_n=S$，即原级数收敛.

习题 8.1

1. 写出下列级数的一般项：

(1) $\frac{a^2}{3}+\frac{a^2}{5}+\frac{a^2}{7}+\frac{a^2}{9}+\cdots$;

(2) $2-\frac{3}{2}+\frac{4}{3}-\frac{5}{4}+\frac{6}{5}-\cdots$;

(3) $\frac{1}{2}+\frac{2}{5}+\frac{3}{10}+\frac{4}{17}+\frac{5}{25}-\cdots$;

(4) $1+\frac{1\cdot 3}{1\cdot 4}+\frac{1\cdot 3\cdot 5}{1\cdot 4\cdot 7}+\frac{1\cdot 3\cdot 5\cdot 7}{1\cdot 4\cdot 7\cdot 10}+\cdots$;

(5) $1+\frac{1}{3}+\frac{1}{5}+\frac{1}{7}+\frac{1}{9}+\cdots$;

(6) $\frac{a^2}{3}-\frac{a^2}{5}+\frac{a^2}{7}-\frac{a^2}{9}+\cdots$.

2. 已知级数 $\sum_{n=1}^{\infty}u_n$ 的部分和 $S_n=\frac{2n}{n+1}$，求 u_n.

3. 依据级数收敛发散的定义判别下列级数的收敛性：

(1) $\frac{1}{1\cdot 2}+\frac{1}{2\cdot 3}+\frac{1}{3\cdot 4}+\cdots$;　　(2) $\sum_{n=1}^{\infty}(\sqrt{n+1}-\sqrt{n})$.

4. 试证明下列级数收敛，并求和：

(1) $\sum_{n=1}^{\infty}\frac{1}{(2n-1)(2n+1)}$;　　(2) $\sum_{n=1}^{\infty}\frac{1}{n(n+1)(n+2)}$.

5. 判别下列级数的敛散性：

(1) $\left(\frac{1}{4}+\frac{1}{7}\right)+\left(\frac{1}{4^2}+\frac{1}{7^2}\right)+\left(\frac{1}{4^3}+\frac{1}{7^3}\right)+\cdots$;

(2) $\frac{1}{3}+\frac{1}{\sqrt{3}}+\frac{1}{\sqrt[3]{3}}+\frac{1}{\sqrt[4]{3}}+\cdots$.

8.2 正项级数

8.2.1 正项级数的概念

定义 8.2 设 $u_n\geqslant 0\ (n=1,2,3,\cdots)$，则称级数 $\sum_{n=1}^{\infty}u_n$ 为**正项级数**.

正项级数是数项级数中比较特殊而又重要的一类，以后将看到许多级数的收敛性问题可归结为正项级数的收敛性问题. 因为在一般情况下利用定义等来判断级数的收敛性是很困难的.

设 $\sum_{n=1}^{\infty} u_n$ 是一个正项级数，因为 $u_n \geqslant 0\ (n=1,2,3,\cdots)$，所以部分和数列 $\{S_n\}$ 是一个单调增加的数列：

$$S_1 \leqslant S_2 \leqslant \cdots \leqslant S_n \leqslant \cdots.$$

若数列 $\{S_n\}$ 有界，即存在某个常数 M，使 $0 \leqslant S_n \leqslant M$，根据单调有界数列必有极限的准则可知 $\lim\limits_{n\to\infty} S_n = S$，且 $S_n \leqslant S \leqslant M$，即 $\sum_{n=1}^{\infty} u_n$ 收敛且其和为 S；反之，若正项级数 $\sum_{n=1}^{\infty} u_n (u_n \geqslant 0)$ 收敛于和 S，即 $\lim\limits_{n\to\infty} S_n = S$，根据有极限的数列是有界数列的性质可知，数列 $\{S_n\}$ 有界. 因此得到以下基本定理.

8.2.2 正项级数敛散性的判别法

定理 8.1（正项级数的收敛原理） 正项级数收敛的充分必要条件是它的部分和数列 $\{S_n\}$ 有界.

上述定理的重要性主要并不在于利用它来直接判别正项级数的收敛性，而在于它是证明下面一系列判别法的基础.

定理 8.2（比较判别法） 设 $\sum_{n=1}^{\infty} u_n$ 和 $\sum_{n=1}^{\infty} v_n$ 均为正项级数，且 $u_n \leqslant v_n (n=1, 2, \cdots)$，

(1) 若级数 $\sum_{n=1}^{\infty} v_n$ 收敛，则级数 $\sum_{n=1}^{\infty} u_n$ 收敛；

(2) 若级数 $\sum_{n=1}^{\infty} u_n$ 发散，则级数 $\sum_{n=1}^{\infty} v_n$ 发散.

注意 (1) 由级数的每一项同乘不为零的常数 k，以及去掉级数前面有限项不改变级数的收敛性可知，定理 8.2 的条件可减弱为

$$u_n \leqslant C v_n \quad (C > 0 \text{ 为常数}, n = k, k+1, \cdots);$$

(2) 比较判别法是判断正项级数收敛性的一个重要方法，对于给定的正项级数，如果要用比较判别法来判别其收敛性，则首先要通过观察，找到一个已知级数与其进行比较，并应用定理 8.2 进行判断. 只有知道一些重要级数的收敛性，并加以灵活应用，才能熟练掌握比较判别法. 重要级数包括等比级数、调和级数以及 p

级数等.

例 8.8 设 $a_n=\int_0^{\frac{\pi}{4}}\tan^n x\,\mathrm{d}x$，证明 $\sum\limits_{n=1}^{\infty}\dfrac{a_n}{n^{\lambda}}\ (\lambda>0)$ 的收敛性.

解 由 $a_n=\int_0^{\frac{\pi}{4}}\tan^n x\,\mathrm{d}x<\int_0^{\frac{\pi}{4}}\tan^n x\ \sec^2 x\,\mathrm{d}x=\int_0^{\frac{\pi}{4}}\tan^n x\,\mathrm{d}(\tan x)=\dfrac{1}{n+1}\left(\tan^{n+1}x\Big|_0^{\frac{\pi}{4}}\right)=\dfrac{1}{n+1}<\dfrac{1}{n}$，得：$0<\dfrac{a_n}{n^{\lambda}}<\dfrac{1}{n^{1+\lambda}}$，因 $1+\lambda>1$，所以 $\sum\limits_{n=1}^{\infty}\dfrac{1}{n^{1+\lambda}}$ 收敛，由比较判别法知 $\sum\limits_{n=1}^{\infty}\dfrac{a_n}{n^{\lambda}}$ 收敛.

要应用比较判别法来判别给定级数的收敛性，就必须给定级数的一般项与某一已知级数的一般项之间的不等式. 但有时直接建立这样的不等式相当困难，为应用方便，现给出比较判别法的极限形式.

定理 8.3(比较判别法的极限形式)

设 $\sum\limits_{n=1}^{\infty}u_n$ 和 $\sum\limits_{n=1}^{\infty}v_n$ 均为正项级数，且 $\lim\limits_{n\to\infty}\dfrac{u_n}{v_n}=l$，其中 l 允许是 $+\infty$，则

(1) 若 $0<l<+\infty$，这两个级数有相同的敛散性；

(2) 当 $l=0$ 时，若级数 $\sum\limits_{n=1}^{\infty}v_n$ 收敛，则级数 $\sum\limits_{n=1}^{\infty}u_n$ 收敛；

(3) 当 $l=+\infty$ 时，若级数 $\sum\limits_{n=1}^{\infty}v_n$ 发散，则级数 $\sum\limits_{n=1}^{\infty}u_n$ 发散.

注意 在情形(1)中，当 $0<l<+\infty$ 时，可表述为：若 u_n 与 lv_n 是 $n\to\infty$ 时的等价无穷小，则级数 $\sum\limits_{n=1}^{\infty}u_n$ 与 $\sum\limits_{n=1}^{\infty}v_n$ 有相同的敛散性.

例 8.9 设正项级数 $\sum\limits_{n=1}^{\infty}u_n$ 收敛，能否推得 $\sum\limits_{n=1}^{\infty}u_n^2$ 收敛？反之是否成立？

解 由正项级数 $\sum\limits_{n=1}^{\infty}u_n$ 收敛，可以推得 $\sum\limits_{n=1}^{\infty}u_n^2$ 收敛，因为 $\lim\limits_{n\to\infty}\dfrac{u_n^2}{u_n}=\lim\limits_{n\to\infty}u_n=0$，所以根据上述定理可得，$\sum\limits_{n=1}^{\infty}u_n^2$ 收敛. 反之不成立，例如，$\sum\limits_{n=1}^{\infty}\dfrac{1}{n^2}$ 收敛，$\sum\limits_{n=1}^{\infty}\dfrac{1}{n}$ 发散.

如果将所给级数与 p 级数比较，即可得到下列常用结论：

推论 8.2 设 $\sum\limits_{n=1}^{\infty}u_n$ 为正项级数，则

(1) 若 $\lim\limits_{n\to\infty}nu_n=l>0$ 或 $\lim\limits_{n\to\infty}nu_n=+\infty$，则级数 $\sum\limits_{n=1}^{\infty}u_n$ 发散；

(2) 若 $p>1$，而 $\lim\limits_{n\to\infty} n^p u_n$ 存在，则级数 $\sum\limits_{n=1}^{\infty} u_n$ 收敛.

例 8.10 判别级数 $\sum\limits_{n=1}^{\infty} \dfrac{(n+a)^n}{n^{n+a}}$ 的敛散性.

解 记 $u_n=\dfrac{(n+a)^n}{n^{n+a}}=\dfrac{n^n\left(1+\dfrac{a}{n}\right)^n}{n^n n^a}=\dfrac{\left(1+\dfrac{a}{n}\right)^n}{n^a}$,

采用比较法的极限形式，取 $v_n=\dfrac{1}{n^a}$，因 $\lim\limits_{n\to\infty}\dfrac{u_n}{v_n}=\lim\limits_{n\to\infty}\left(1+\dfrac{a}{n}\right)^n=\mathrm{e}^a\neq 0$，所以原级数与级数 $\sum\limits_{n=1}^{\infty}\dfrac{1}{n^a}$ 具有相同的敛散性，从而知当 $a>1$ 时，级数 $\sum\limits_{n=1}^{\infty}\dfrac{(n+a)^n}{n^{n+a}}$ 收敛；当 $a\leqslant 1$ 时，级数 $\sum\limits_{n=1}^{\infty}\dfrac{(n+a)^n}{n^{n+a}}$ 发散.

例 8.11 判别级数 $\sum\limits_{n=1}^{\infty}\left(\dfrac{\pi}{n}-\sin\dfrac{\pi}{n}\right)$ 的敛散性.

解 选取级数 $\sum\limits_{n=1}^{\infty}\left(\dfrac{\pi}{n}\right)^3$ 作比较，由 $\lim\limits_{x\to 0}\dfrac{x-\sin x}{x^3}=\lim\limits_{x\to 0}\dfrac{1-\cos x}{3x^2}=\dfrac{1}{6}$,

可得 $\lim\limits_{n\to\infty}\dfrac{\dfrac{\pi}{n}-\sin\dfrac{\pi}{n}}{\left(\dfrac{\pi}{n}\right)^3}=\dfrac{1}{6}$，因级数 $\sum\limits_{n=1}^{\infty}\left(\dfrac{\pi}{n}\right)^3$ 收敛，所以原级数收敛.

注意 从以上解答过程中可以看到极限中的某些等价无穷小在级数敛散性的讨论时，是十分有用的，事实上级数的收敛性取决于通项 u_n 趋向于零的“快慢”程度.

例 8.12 级数 $\sum\limits_{n=1}^{\infty}\dfrac{1}{n^p}$，当 $p>1$ 时收敛，有人说，因为 $1+\dfrac{1}{n}>1$，故级数 $\sum\limits_{n=1}^{\infty}\dfrac{1}{n^{1+\frac{1}{n}}}$ 收敛，这种说法对吗？

解 不对，前者 p 级数的 p 是一常数与 n 无关，而后者 $1+\dfrac{1}{n}$ 与 n 有关，事实上，

$\lim\limits_{n\to\infty}\dfrac{\dfrac{1}{n^{1+\frac{1}{n}}}}{\dfrac{1}{n}}=\lim\limits_{n\to\infty}(\sqrt[n]{n})^{-1}=1$，由级数 $\sum\limits_{n=1}^{\infty}\dfrac{1}{n}$ 的发散性可知级数 $\sum\limits_{n=1}^{\infty}\dfrac{1}{n^{1+\frac{1}{n}}}$ 也

发散.

使用比较判别法或其极限形式,需要找到一个已知级数做比较,这多少有些困难,下面介绍的几个判别法,可以利用级数自身的特点,来判别级数的收敛性.

定理 8.4(比值判别法或达朗贝尔判别法)

设 $\sum_{n=1}^{\infty} u_n$ 为正项级数,如果

$$\lim_{n\to\infty}\frac{u_{n+1}}{u_n}=\rho\,(\text{或}+\infty),\text{则}$$

(1) 当 $\rho<1$ 时,级数收敛;

(2) 当 $\rho>1$ (或 $\rho=+\infty$) 时,级数发散;

(3) 当 $\rho=1$ 时,级数可能收敛,也可能发散.

注意 (3) 说明本判别法失效. 例如,对于级数 $\sum_{n=1}^{\infty}\frac{1}{n}$ 和 $\sum_{n=1}^{\infty}\frac{1}{n^2}$,分别有

$$\lim_{n\to\infty}\frac{\frac{1}{n+1}}{\frac{1}{n}}=\lim_{n\to\infty}\frac{n}{n+1}=1,\ \lim_{n\to\infty}\frac{\frac{1}{(n+1)^2}}{\frac{1}{n^2}}=\lim_{n\to\infty}\frac{n^2}{(n+1)^2}=1,$$

但 $\sum_{n=1}^{\infty}\frac{1}{n}$ 发散,而 $\sum_{n=1}^{\infty}\frac{1}{n^2}$ 收敛,因此,如果 $\rho=1$,应利用其他判别法进行判断.

比值判别法适合 u_{n+1} 与 u_n 有公因式且 $\lim_{n\to\infty}\frac{u_{n+1}}{u_n}$ 存在或等于 $+\infty$ 的情形.

例 8.13 判别级数 $\sum_{n=1}^{\infty}\frac{1}{(2n-1)\cdot 2n}$ 的收敛性.

解 $\lim_{n\to\infty}\frac{u_{n+1}}{u_n}=\lim_{n\to\infty}\frac{(2n-1)\cdot 2n}{(2n+1)(2n+2)}=1$,此时判别法失效,该用比较判别法:$\frac{1}{(2n-1)\cdot 2n}<\frac{1}{n^2}$,而级数 $\sum_{n=1}^{\infty}\frac{1}{n^2}$ 收敛,所以 $\sum_{n=1}^{\infty}\frac{1}{(2n-1)\cdot 2n}$ 收敛.

例 8.14 判别级数 $\sum_{n=1}^{\infty}\frac{a^n n!}{n^n}$ $(a>0)$ 的收敛性.

解 采用比值判别法,由于

$$\lim_{n\to\infty}\frac{u_{n+1}}{u_n}=\lim_{n\to\infty}\frac{a^{n+1}(n+1)!}{(n+1)^{n+1}}\cdot\frac{n^n}{a^n\cdot n!}=\lim_{n\to\infty}\frac{a}{\left(1+\frac{1}{n}\right)^n}=\frac{a}{\mathrm{e}},$$

所以当 $0<a<\mathrm{e}$ 时,原级数收敛,当 $a>\mathrm{e}$ 时,原级数发散;当 $a=\mathrm{e}$ 时,比值法失效,但此时注意:

数列 $x_n=\left(1+\frac{1}{n}\right)^n$ 严格单调增加,且 $\left(1+\frac{1}{n}\right)^n<\mathrm{e}$,于是 $\frac{u_{n+1}}{u_n}=\frac{\mathrm{e}}{x_n}>1$,即 $u_{n+1}>u_n$,故 $u_n>u_1=\mathrm{e}$,由此得到:$\lim\limits_{n\to\infty}u_n\neq 0$,所以当 $a=\mathrm{e}$ 时原级数发散.

总结 正项级数敛散性的判别是无穷级数部分中非常重要的内容,很多级数的收敛性问题都可归结为正项级数敛散性的判别. 判别正项级数的敛散性一般遵循以下步骤:

首先看通项是否趋于零(如果不易看出可省略这一步),若通项不趋于零,则级数发散;

若通项趋于零,则优先使用比值法,当比值法失效时,再用比较判别法或其极限形式. 当然,如果明显地能用比较法得出结论时,不必用比值法. 总之,级数敛散性要仔细观察,善于总结.

有时直接判别正项级数敛散性比较困难时,可采用对一般项先放大(或缩小)再判别的方法,如果一般项中同时出现 n^p、a^n 或 $(\ln n)^k$ 时,注意到 n 充分大时,

$$(\ln n)^k<n^p<a^n \quad (k>0,\ p>0,\ a>0)$$

成立,利用这种关系判定某些级数的敛散性非常方便. 如判别 $\sum\limits_{n=2}^{\infty}\frac{\ln n}{n^2}$ 的敛散性,注意 $\ln n<n^{\frac{1}{2}}$,所以 $\frac{\ln n}{n^2}<\frac{1}{n^{\frac{3}{2}}}$,故可从 $\sum\limits_{n=2}^{\infty}\frac{1}{n^{\frac{3}{2}}}$ 收敛得出 $\sum\limits_{n=2}^{\infty}\frac{\ln n}{n^2}$ 收敛.

定理 8.5(根值判别法或柯西判别法)

设 $\sum\limits_{n=1}^{\infty}u_n$ 为正项级数,且 $\lim\limits_{n\to\infty}\sqrt[n]{u_n}=\rho$(或 $+\infty$),则

(1) 当 $\rho<1$ 时,级数收敛;

(2) 当 $\rho>1$ (包括 $\rho=+\infty$) 时,级数发散;

(3) 当 $\rho=1$ 时,本判别法失效.

例 8.15 判别级数 $\sum\limits_{n=1}^{\infty}\frac{2+(-1)^n}{2^n}$ 的收敛性.

解 因为 $\frac{1}{2^n}\leqslant\frac{2+(-1)^n}{2^n}\leqslant\frac{3}{2^n}$,而 $\lim\limits_{n\to\infty}\sqrt[n]{\frac{1}{2^n}}=\frac{1}{2}$,$\lim\limits_{n\to\infty}\sqrt[n]{\frac{3}{2^n}}=\frac{1}{2}$,得 $\lim\limits_{n\to\infty}\sqrt[n]{\frac{2+(-1)^n}{2^n}}=\frac{1}{2}<1$,故所求级数收敛.

例 8.16 判别下列级数的敛散性:

(1) $\sum\limits_{n=1}^{\infty}\left(1-\cos\frac{\pi}{n}\right)$； (2) $\sum\limits_{n=1}^{\infty}\frac{n+2}{2^n}$； (3) $\sum\limits_{n=1}^{\infty}\frac{n}{e^n-1}$.

解 (1) 因为 $\lim\limits_{n\to\infty}\frac{1-\cos\frac{\pi}{n}}{\left(\frac{\pi}{n}\right)^2}=\lim\limits_{n\to\infty}\frac{2\sin^2\frac{\pi}{2n}}{\left(\frac{\pi}{n}\right)^2}=\frac{1}{2}$,

而级数 $\sum\limits_{n=1}^{\infty}\left(\frac{\pi}{n}\right)^2=\pi^2\sum\limits_{n=1}^{\infty}\frac{1}{n^2}$ 收敛,所以级数 $\sum\limits_{n=1}^{\infty}\left(1-\cos\frac{\pi}{n}\right)$ 也收敛；

(2) 因为 $u_n=\frac{n+2}{2^n}$, $\lim\limits_{n\to\infty}\frac{u_{n+1}}{u_n}=\lim\limits_{n\to\infty}\frac{n+3}{2^{n+1}}\cdot\frac{2^n}{n+2}=\lim\limits_{n\to\infty}\frac{n+3}{2(n+2)}=$

$\frac{1}{2}<1$, 所以级数 $\sum\limits_{n=1}^{\infty}\frac{n+2}{2^n}$ 收敛；

(3)
$$\begin{aligned}\lim_{n\to\infty}\sqrt[n]{u_n}&=\lim_{n\to\infty}\sqrt[n]{\frac{n}{e^n-1}}=\lim_{n\to\infty}\sqrt[n]{\frac{e^n}{e^n-1}}\cdot\sqrt[n]{\frac{n}{e^n}}\\&=\lim_{n\to\infty}\sqrt[n]{\frac{e^n}{e^n-1}}\cdot\frac{\sqrt[n]{n}}{e}\\&=1\cdot\frac{1}{e}=\frac{1}{e}<1,\end{aligned}$$

所以级数 $\sum\limits_{n=1}^{\infty}\frac{n}{e^n-1}$ 收敛.

1. 判别下列级数的敛散性：

(1) $5+\frac{1}{10}+\frac{1}{15}+\frac{1}{20}+\frac{1}{25}+\cdots$;

(2) $\left(\frac{1}{3}+\frac{1}{4}\right)+\left(\frac{1}{3^2}+\frac{1}{4^2}\right)+\left(\frac{1}{3^3}+\frac{1}{4^3}\right)+\cdots$;

(3) $\cos\frac{\pi}{3}+\cos\frac{\pi}{4}+\cos\frac{\pi}{5}+\cdots$;

(4) $\sin\frac{\pi}{2}+\sin\frac{\pi}{2^2}+\sin\frac{\pi}{2^3}+\cdots$;

(5) $\frac{1}{2\cdot 5}+\frac{1}{3\cdot 6}+\cdots+\frac{1}{(n+1)\cdot(n+4)}+\cdots$;

(6) $\frac{1}{5}+\frac{1}{\sqrt{5}}+\frac{1}{\sqrt[3]{5}}+\frac{1}{\sqrt[4]{5}}+\cdots$;

(7) $\sum_{n=1}^{\infty}\frac{1}{1+a^n}(a>0)$;

(8) $\sum_{n=1}^{\infty}\frac{4}{n\sqrt[n]{n}}$;

(9) $\sum_{n=1}^{\infty}\frac{1}{\ln(2+n)}$;

(10) $\sum_{n=1}^{\infty}\frac{2}{\sqrt{3+2n^2}}$;

(11) $\sum_{n=1}^{\infty}\frac{1}{\sqrt{n}}\ln\frac{n+1}{n-1}$;

(12) $\sum_{n=1}^{\infty}\frac{3^n}{n\cdot 2^n}$;

(13) $\sum_{n=1}^{\infty}\frac{n^3}{5^n}$;

(14) $\sum_{n=1}^{\infty}(n^2+1)\tan\frac{\pi}{2^n}$;

(15) $\sum_{n=1}^{\infty}\left(\frac{n}{2n-1}\right)^n$;

(16) $\sum_{n=1}^{\infty}\frac{1}{[\ln(n+1)]^n}$;

(17) $\sum_{n=1}^{\infty}2^n\cdot\sin\frac{\pi}{3^n}$;

(18) $\sqrt{\frac{1}{2}}+\sqrt{\frac{2}{3}}+\cdots+\sqrt{\frac{n}{n+1}}+\cdots$.

2. 用比较法判别下列级数的敛散性：

(1) $1+\frac{1}{3}+\frac{1}{5}+\frac{1}{7}+\frac{1}{9}+\cdots$;

(2) $\frac{1}{1\cdot 2}+\frac{1}{2\cdot 3}+\frac{1}{3\cdot 4}+\cdots$.

3. 用比值法判断下列级数的敛散性：

(1) $\sum_{n=1}^{\infty}\frac{n^2}{3^n}$;　　(2) $\sum_{n=1}^{\infty}\frac{(n!)^n}{2n^2}$.

4. 判断级数 $\sum_{n=1}^{\infty}\frac{3^n\cdot n!}{1\cdot 3\cdot 5\cdot 7\cdot\cdots\cdot(2n-1)}$ 的敛散性.

8.3 一般常数项级数

8.3.1 交错级数

上节讨论了关于正项级数收敛性的判别法，本节将进一步讨论任意项级数（是指级数的各项可以是正数、零、负数）收敛性的判别法. 下面先来讨论一种特殊的级数——交错级数.

定义 8.3 若 $u_n\geqslant 0\ (n=1,2,\cdots)$，则称级数 $\sum_{n=1}^{\infty}(-1)^{n-1}u_n$ 为**交错**

级数.

对交错级数,有下面的判别法.

定理 8.6(莱布尼茨定理) 如果交错级数 $\sum_{n=1}^{\infty}(-1)^{n-1}u_n$ 满足以下两个条件:

(1) $u_n \geqslant u_{n+1}(n=1,2,\cdots)$;(2) $\lim_{n\to\infty}u_n=0$;

则级数 $\sum_{n=1}^{\infty}(-1)^{n-1}u_n$ 收敛,且其和 $S\leqslant u_1$.

证明略.

例 8.17 判断级数 $\sum_{n=1}^{\infty}(-1)^{n-1}\frac{1}{n\sqrt{n+1}}$ 的收敛性.

解 由于 $u_n=\frac{1}{n\sqrt{n+1}}>0\ (n>1)$,所以 $\sum_{n=1}^{\infty}(-1)^{n-1}\frac{1}{n\sqrt{n+1}}$ 是交错级数,

因为 $\frac{u_{n+1}}{u_n}=\frac{\frac{1}{(n+1)\sqrt{n+2}}}{\frac{1}{n\sqrt{n+1}}}=\frac{n\sqrt{n+1}}{(n+1)\sqrt{n+2}}<1$,

即 $u_n>u_{n+1}$,且 $\lim_{n\to\infty}\frac{1}{n\sqrt{n+1}}=0$,则由莱布尼茨定理知该级数收敛.

例 8.18 判断级数 $\sum_{n=1}^{\infty}\frac{(-1)^n}{\ln n}$ 的收敛性.

解 由于 $u_n=\frac{1}{\ln n}>0\ (n>1)$,所以 $\sum_{n=1}^{\infty}\frac{(-1)^n}{\ln n}$ 是交错级数,

因为 $\ln n$ 为单调增函数,所以 $\frac{1}{\ln n}$ 为单调减函数,于是有

$\frac{1}{\ln n}>\frac{1}{\ln(n+1)}\ (n=2,3,\cdots)$,因为当 $n\to\infty$ 时,$\ln n$ 为无穷大量,所以 $\lim_{n\to\infty}\frac{1}{\ln n}=0$,根据莱布尼茨定理,所给级数收敛,且其和为 $S\leqslant\frac{1}{\ln 2}$.

注意 判别交错级数 $\sum_{n=1}^{\infty}(-1)^{n-1}f(n)$ (其中 $f(n)>0$) 的收敛性时,如果数列 $\{f(n)\}$ 单调减少不容易判断,可通过验证当 x 充分大时,$f'(x)\leqslant 0$,来判断当 n 充分大时数列 $\{f(n)\}$ 的单调减少;如果直接求极限 $\lim_{n\to\infty}f(n)$ 有困难,也可通过求 $\lim_{x\to+\infty}f(x)$ (假定它存在)来求 $\lim_{n\to\infty}f(n)$.

8.3.2 绝对收敛和条件收敛

现讨论一般的级数

$$\sum_{n=1}^{n} u_n = u_1 + u_2 + u_3 + \cdots + u_n + \cdots,$$

其中 u_n 可以是正数、负数或零,称为**任意项级数**或**一般项级数**.

对应此级数可以构成一个正项级数

$$\sum_{n=1}^{n} |u_n| = |u_1| + |u_2| + |u_3| + \cdots + |u_n| + \cdots,$$

则称此级数为原级数的**绝对值级数**.

上述两个级数的收敛性有一定的联系.

定理 8.7 设有任意项级数 $\sum_{n=1}^{\infty} u_n$,如果级数 $\sum_{n=1}^{\infty} |u_n|$ 收敛,则级数 $\sum_{n=1}^{\infty} u_n$ 收敛.

按照本定理,可以将许多任意项级数的收敛性判别问题转化为正项级数的收敛性判别问题. 即当一个任意项级数所对应的绝对值级数收敛时,这个任意项级数必收敛. 对于级数的这种收敛性,给出以下定义:

定义 8.4 设 $\sum_{n=1}^{\infty} u_n$ 为一般常数项级数,则

(1) 当 $\sum_{n=1}^{\infty} |u_n|$ 收敛时,称 $\sum_{n=1}^{\infty} u_n$ 为**绝对收敛**;

(2) 当 $\sum_{n=1}^{\infty} |u_n|$ 发散,而 $\sum_{n=1}^{\infty} u_n$ 收敛时,称 $\sum_{n=1}^{\infty} u_n$ 为**条件收敛**.

根据上述定义,对于一般常数项级数,应当判别它是绝对收敛,条件收敛,还是发散. 而判断任意项级数的绝对收敛性时,可以借助正项级数的判别法来讨论.

例 8.19 判定级数 $\sum_{n=1}^{\infty} \frac{\cos n\alpha}{n(n+1)}$ 的收敛性.

解 因为 $\left|\frac{\cos n\alpha}{n(n+1)}\right| \leqslant \frac{1}{n^2}$,而 $\sum_{n=1}^{\infty} \frac{1}{n^2}$ 收敛,所以 $\sum_{n=1}^{\infty} \left|\frac{\cos n\alpha}{n(n+1)}\right|$ 也收敛,从而可知级数 $\sum_{n=1}^{\infty} \frac{\cos n\alpha}{n(n+1)}$ 收敛且为绝对收敛.

例 8.20 判别级数 $\sum_{n=1}^{\infty} (-1)^{n-1} \frac{n}{n^2+1}$ 的收敛性.

解 因为 $\dfrac{|u_{n+1}|}{|u_n|}=\dfrac{n+1}{(n+1)^2+1}\cdot\dfrac{n^2+1}{n}=\dfrac{n^3+n^2+n+1}{n^3+2n^2+2n}\leqslant 1$，即 $|u_{n+1}|\leqslant|u_n|\ (n=1,2,\cdots)$，且 $\lim\limits_{n\to\infty}|u_n|=\lim\limits_{n\to\infty}\dfrac{n}{n^2+1}=0$，由交错级数审敛法，原级数收敛.

另外，$|u_n|=\dfrac{n}{n^2+1}\geqslant\dfrac{n}{n^2+n^2}=\dfrac{1}{2n}$，而 $\sum\limits_{n+1}^{\infty}\dfrac{1}{2n}$ 发散，故 $\sum\limits_{n=1}^{\infty}|u_n|=\sum\limits_{n=1}^{\infty}\dfrac{n}{n^2+1}$ 发散，于是级数 $\sum\limits_{n=1}^{\infty}(-1)^{n-1}\dfrac{n}{n^2+1}$ 是条件收敛.

例 8.21 讨论级数 $\sum\limits_{n=2}^{\infty}\dfrac{(-1)^n}{\sqrt{n}+(-1)^n}$ 的绝对收敛性与条件收敛性.

解 先判别 $\sum\limits_{n=2}^{\infty}\left|\dfrac{(-1)^n}{\sqrt{n}+(-1)^n}\right|=\sum\limits_{n=2}^{\infty}\dfrac{1}{\sqrt{n}+(-1)^n}$ 的敛散性，这是正项级数，因为 $\dfrac{1}{\sqrt{n}+(-1)^n}>\dfrac{1}{2\sqrt{n}}$，而 $\sum\limits_{n=2}^{\infty}\dfrac{1}{2\sqrt{n}}$ 发散，故级数 $\sum\limits_{n=2}^{\infty}\dfrac{1}{\sqrt{n}+(-1)^n}$ 发散，所以原级数非绝对收敛，又 $\dfrac{(-1)^n}{\sqrt{n}+(-1)^n}=(-1)^n\dfrac{\sqrt{n}-(-1)^n}{n-1}=\dfrac{(-1)^n\cdot\sqrt{n}}{n-1}-\dfrac{1}{n-1}$，由莱布尼茨判别法可知，交错级数 $\sum\limits_{n=2}^{\infty}\dfrac{(-1)^n\cdot\sqrt{n}}{n-1}$ 收敛，而 $\sum\limits_{n=2}^{\infty}\dfrac{1}{n-1}=\sum\limits_{n=1}^{\infty}\dfrac{1}{n}$ 发散. 因此，由级数的基本性质知原级数发散.

注意 本题常见的错误解法是：由 $\lim\limits_{n\to\infty}u_n=0$，但 $\{u_n\}$ 非单调递减，因而不满足莱布尼茨判别法的第一个条件，故级数发散. 错误的原因是忽视了莱布尼茨判别法是一个充分性的判别法，第一个条件 $u_{n+1}\leqslant u_n$ 并非是交错级数收敛的必要条件. 从本例可以看到，对于交错级数 $\sum\limits_{n=1}^{\infty}(-1)^{n-1}u_n(u_n>0)$，当条件 $u_{n+1}\leqslant u_n$ 不满足时，级数可能收敛，也可能发散.

证明某个未给出一般项的具体表达式的级数收敛(绝对收敛、条件收敛)或发散，通常可以利用级数敛散性的定义、级数的基本性质、比较判别法等进行分析.

例 8.22 判别级数 $\sum\limits_{n=2}^{\infty}\dfrac{(-1)^n\sqrt{n}}{n-1}$ 的收敛性.

解 因为 $\left(\dfrac{\sqrt{x}}{x-1}\right)'=\dfrac{-(1+x)}{2\sqrt{x}(x-1)^2}<0\ (x\geqslant 2)$，故函数 $\dfrac{\sqrt{x}}{x-1}$ 单调递

减,从而数列$\left\{\dfrac{\sqrt{n}}{n-1}\right\}$单调减少,又 $\lim\limits_{n\to\infty}u_n=\lim\limits_{n\to\infty}\dfrac{\sqrt{n}}{n-1}=0$,所以题设级数收敛,但 $\lim\limits_{n\to\infty}\sqrt{n}\left|\dfrac{(-1)^n\sqrt{n}}{n-1}\right|=\lim\limits_{n\to\infty}\sqrt{n}u_n=1$,而 $\sum\limits_{n=2}^{\infty}\dfrac{1}{\sqrt{n}}$ 发散,故级数 $\lim\limits_{n\to\infty}\left|\dfrac{(-1)^n\sqrt{n}}{n-1}\right|$ 发散,所以级数 $\sum\limits_{n=2}^{\infty}\dfrac{(-1)^n\sqrt{n}}{n-1}$ 条件收敛.

例 8.23 设正项数列 $\{a_n\}$ 单调减少,且级数 $\sum\limits_{n=1}^{\infty}(-1)^n a_n$ 发散,试问级数 $\sum\limits_{n=1}^{\infty}\left(\dfrac{1}{a_n+1}\right)^n$ 是否收敛,并说明理由.

解 因正项数列 $\{a_n\}$ 是单调减少的,且有下界,故 $\{a_n\}$ 在 $n\to\infty$ 时必存在极限,且此极限不为零,否则交错级数 $\sum\limits_{n=1}^{\infty}(-1)^n a_n$ 就收敛了,这与题设相矛盾. 从而不妨设 $\lim\limits_{n\to\infty}a_n=a>0$,且有 $a_n>a\ (n\geqslant 1)$,于是

$$\left(\frac{1}{1+a_n}\right)^n\leqslant\left(\frac{1}{1+a}\right)^n=q^n\left(0<q=\frac{1}{1+a}<1\right),$$

而级数 $\sum\limits_{n=0}^{\infty}q^n$ 是收敛的,故由比较判别法知原级数收敛.

习 题 8.3

1. 判别下列交错级数的敛散性,若收敛,判断是绝对收敛还是条件收敛.

(1) $1-\dfrac{1}{\sqrt{2}}+\dfrac{1}{\sqrt{3}}-\dfrac{1}{\sqrt{4}}+\cdots$;

(2) $\sum\limits_{n=1}^{\infty}(-1)^n\dfrac{n+1}{2^n}$;

(3) $\dfrac{1}{\ln 2}-\dfrac{1}{\ln 3}+\dfrac{1}{\ln 4}-\dfrac{1}{\ln 5}+\cdots$;

(4) $\sum\limits_{n=1}^{\infty}(-1)^{n+1}\dfrac{2^n}{n!}$.

2. 判断下列级数的敛散性,并指出是条件收敛还是绝对收敛.

(1) $\dfrac{1}{3}-\dfrac{2}{5}+\dfrac{3}{7}-\dfrac{4}{9}+\cdots$;　　(2) $\sum\limits_{n=1}^{\infty}\dfrac{\sin na}{(\ln 10)^n}$;

(3) $\sum_{n=1}^{\infty}(-1)^{n+1}\frac{2^{n^2}}{n!}$；　　　　(4) $\sum_{n=1}^{\infty}(-1)^{n-1}(\sqrt{n+1}-\sqrt{n})$.

3. 用适当方法判断级数 $\sum_{n=1}^{\infty}(-1)^{\frac{n^2+n}{2}}\frac{n}{2^n}$ 的敛散性.

4. 判别级数 $1-\frac{1}{2^2}+\frac{1}{3^2}-\frac{1}{4^2}+\frac{1}{5^2}-\cdots$ 的敛散性.

8.4 幂级数

8.4.1 函数项级数的一般概念

定义 8.5 设 $\{u_n(x)\}$ 是定义在数集 I 上的函数列，表达式

$$u_1(x)+u_2(x)+\cdots+u_n(x)+\cdots=\sum_{n=1}^{\infty}u_n(x)$$

称为定义在 I 上的**函数项级数**，
而

$$S_n(x)=u_1(x)+u_2(x)+\cdots+u_n(x)$$

称为函数项级数的**部分和**.

对 $x_0\in I$，如果常数项级数 $\sum_{n=1}^{\infty}u_n(x_0)$ 收敛，即 $\lim_{n\to\infty}S_n(x_0)$ 存在，则称函数项级数 $\sum_{n=1}^{\infty}u_n(x)$ 在点 x_0 **收敛**，x_0 称为该函数项级数的收敛点.

如果 $\lim_{n\to\infty}S_n(x_0)$ 不存在，则称函数项级数 $\sum_{n=1}^{\infty}u_n(x)$ 在点 x_0 **发散**. 函数项级数 $\sum_{n=1}^{\infty}u_n(x)$ 全体收敛点的集合称为该函数项级数的**收敛域**，而全体发散点的集合称为**发散域**.

设函数项级数 $\sum_{n=1}^{\infty}u_n(x)$ 的收敛域为 D，则对 D 内的每一点 x，$\lim_{n\to\infty}S_n(x)$ 存在，记 $\lim_{n\to\infty}S_n(x)=S(x)$，它是 x 的函数，称为函数项级数 $\sum_{n=1}^{\infty}u_n(x)$ 的**和函数**，称

$$r_n(x)=S(x)-S_n(x)=u_{n+1}(x)+u_{n+2}(x)+\cdots$$

为函数项级数 $\sum\limits_{n=1}^{\infty}u_n(x)$ 的余项，对于收敛域上的每一点 x，有

$$\lim_{n\to\infty}r_n(x)=0.$$

根据上述定义可知，函数项级数在某区域的收敛性问题，是指函数项级数在该区域内任意一点的收敛性问题，而函数项级数在某点 x 的收敛问题，实质上是常数项级数的收敛问题，这样仍可利用常数项级数的收敛性判别法来判断函数项级数的收敛性.

例 8.24 求级数 $\sum\limits_{n=1}^{\infty}\dfrac{(-1)^n}{n}\left(\dfrac{1}{1+x}\right)^n$ 的收敛域.

解 由比值判别法得

$$\frac{|u_{n+1}(x)|}{|u_n(x)|}=\frac{n}{n+1}\cdot\frac{1}{|1+x|},\ \lim_{n\to\infty}\frac{|u_{n+1}(x)|}{|u_n(x)|}=\frac{1}{|1+x|},$$

(1) 当 $\dfrac{1}{|1+x|}<1$，得 $|1+x|>1$，即 $x>0$ 或 $x<-2$ 时，原级数绝对收敛；

(2) 当 $\dfrac{1}{|1+x|}>1$，得 $|1+x|<1$，即 $-2<x<0$ 时，原级数发散；

(3) 当 $|1+x|=1$，得 $x=0$ 或 $x=-2$，$x=0$ 时，级数为 $\sum\limits_{n=1}^{\infty}\dfrac{(-1)^n}{n}$，收敛；$x=-2$ 时，级数为 $\sum\limits_{n=1}^{\infty}\dfrac{1}{n}$，发散；

故级数的收敛域为 $(-\infty,-2)\cup[0,+\infty)$.

例 8.25 确定级数 $\sum\limits_{n=1}^{\infty}\dfrac{x^n}{(1+x)(1+x^2)\cdots(1+x^n)}$ $(x\neq-1)$ 的收敛域.

解 当 $x=1$ 时，级数为 $\sum\limits_{n=1}^{\infty}\dfrac{1}{2^n}$，此级数收敛，当 $|x|\neq1$ 时，记

$$u_n(x)=\frac{x^n}{(1+x)(1+x^2)\cdots(1+x^n)},\text{得}$$

$$\lim_{n\to\infty}\left|\frac{u_{n+1}(x)}{u_n(x)}\right|=\lim_{n\to\infty}\left|\frac{x}{1+x^{n+1}}\right|=\begin{cases}0, & |x|>1,\\ |x|, & |x|<1,\end{cases}$$

由比值判别法知此时级数绝对收敛，故级数收敛. 因此，级数的收敛域为 $(-\infty,-1)\cup(-1,+\infty)$.

8.4.2 幂级数及其收敛性

1. 幂级数的概念

函数项级数中最简单而常见的一类级数就是各项都是幂函数的函数项级数，即所谓的**幂级数**，它的形式为

$$\sum_{n=0}^{\infty} a_n x^n = a_0 + a_1 x + a_2 x^2 + \cdots + a_n x^n + \cdots, \tag{8-1}$$

其中常数 a_0，a_1，a_2，…，a_n，… 称为**幂级数的系数**. 例如

$$\sum_{n=0}^{\infty} x^n = 1 + x + x^2 + \cdots + x^n + \cdots, \text{或}$$

$$\sum_{n=0}^{\infty} \frac{x^n}{n!} = 1 + x + \frac{x^2}{2!} + \cdots + \frac{x^n}{n!} + \cdots.$$

注意 对于形如 $\sum\limits_{n=0}^{\infty} a_n (x - x_0)^n$ 的幂级数，可通过做变量代换 $t = x - x_0$ 转化为 $\sum\limits_{n=0}^{\infty} a_n t^n$ 的形式，所以以后将主要针对形如(8-1)的级数展开讨论.

2. 幂级数的收敛域

对于给定的幂级数 $\sum\limits_{n=0}^{\infty} a_n x^n$，显然，当 $x = 0$ 时，它收敛于 a_0，这说明幂级数的收敛域总是非空的. 再来考察幂级数

$$\sum_{n=0}^{\infty} x^n = 1 + x + x^2 + \cdots + x^n + \cdots \tag{8-2}$$

的收敛性，这个级数当 $|x| < 1$ 时收敛于和 $\frac{1}{1-x}$；当 $|x| \geqslant 1$ 时，它发散，故该级数的收敛域为 $(-1, 1)$.

这表明幂级数(8-2)的收敛域是一个区间. 事实上，这个结论对于一般的幂级数也是成立的.

定理 8.8(阿贝尔定理) 如果级数 $\sum\limits_{n=0}^{\infty} a_n x_0^n (x_0 \neq 0)$ 收敛，则对于满足不等式 $|x| < |x_0|$ 的一切 x，级数 $\sum\limits_{n=0}^{\infty} a_n x^n$ 绝对收敛；反之，如果级数 $\sum\limits_{n=0}^{\infty} a_n x_0^n$ 发散，则对于满足不等式 $|x| > |x_0|$ 的一切 x，级数 $\sum\limits_{n=0}^{\infty} a_n x^n$ 发散.

根据定理,如果幂级数在数轴上既有收敛点(不仅是原点)也有发散点,则从数轴的原点出发沿正向走去,最初只遇到收敛点,越过一个分界点后,就只遇到发散点,这个分界点可能是收敛点,也可能是发散点.从原点出发沿负向走去的情形也是如此,且两个边界点关于原点对称.

根据上述分析,可得到以下重要结论:

推论 8.3 如果幂级数 $\sum_{n=0}^{\infty} a_n x^n$ 不是仅在 $x=0$ 一点收敛,也不是在整个数轴上都收敛,则必存在一个完全确定的正数 R,使得

(1) 当 $|x|<R$ 时,幂级数绝对收敛;

(2) 当 $|x|>R$ 时,幂级数发散;

(3) 当 $x=R$ 与 $x=-R$ 时,幂级数可能收敛也可能发散.

上述推论中的正数 R 称为幂级数的**收敛半径**,$(-R, R)$ 称为幂级数的**收敛区间**.

若幂级数的收敛域为 D,则

$$(-R, R)\subseteq D\subseteq [-R, R],$$

故幂级数的收敛域 D 是收敛区间 $(-R, R)$ 与收敛端点的并集.

特别地,如果幂级数只在 $x=0$ 处收敛,则规定收敛半径 $R=0$,收敛域只有一个点 $x=0$;如果幂级数对一切 x 都收敛,则规定收敛半径 $R=+\infty$,此时收敛域为$(-\infty, +\infty)$.

3. 收敛半径的求法

定理 8.9 设幂级数 $\sum_{n=0}^{\infty} a_n x^n$ 的所有系数 $a_n\neq 0$,如果

$$\lim_{n\to\infty}\left|\frac{a_{n+1}}{a_n}\right|=\rho,$$

则 (1) 当 $\rho\neq 0$ 时,这幂级数的收敛半径 $R=\frac{1}{\rho}$;

(2) 当 $\rho=0$ 时,这幂级数的收敛半径 $R=+\infty$;

(3) 当 $\rho=+\infty$ 时,这幂级数的收敛半径 $R=0$.

注意 根据幂级数的系数形式,有时也可用根值判别法来求收敛半径,此时

$$\lim_{n\to\infty}\sqrt[n]{|a_n|}=\rho.$$

在定理 8.9 中,假设幂级数 $\sum_{n=0}^{\infty} a_n x^n$ 的所有系数 $a_n\neq 0$,这样幂级数的各项是

依幂次 n 连续的. 如果幂级数有缺项,如缺少奇数次幂的项等,则应直接利用比值判别法或根值判别法来判断幂级数的收敛性.

4. 求收敛域的基本步骤

求幂级数 $\sum_{n=0}^{\infty} a_n x^n$ 收敛域的基本步骤:

(1) 求出收敛半径 R;

(2) 判别常数项级数 $\sum_{n=0}^{\infty} a_n R^n$, $\sum_{n=0}^{\infty} a_n (-R)^n$ 的收敛性;

(3) 写出幂级数的收敛域.

例 8.26 求下列幂级数的收敛域:

(1) $\sum_{n=0}^{\infty} n! x^n$;

解 因为 $\rho = \lim_{n\to\infty}\left|\frac{a_{n+1}}{a_n}\right| = \lim_{n\to\infty}\frac{(n+1)!}{n!} = \lim_{n\to\infty}(n+1) = +\infty$, 所以收敛半径 $R=0$, $x=0$ 是幂级数 $\sum_{n=1}^{\infty} n! x^n$ 唯一的收敛点,从而所求收敛域为 $\{0\}$.

(2) $\sum_{n=0}^{\infty}\frac{x^n}{n!}$;

解 因为 $\rho = \lim_{n\to\infty}\left|\frac{a_{n+1}}{a_n}\right| = \lim_{n\to\infty}\frac{\frac{1}{(n+1)!}}{\frac{1}{n!}} = \lim_{n\to\infty}\frac{1}{n+1} = 0$, 所以收敛半径 $R=+\infty$, 即题设级数收敛域是 $(-\infty, +\infty)$.

(3) $\sum_{n=0}^{\infty}\frac{x^n}{n2^n}$.

解 因为 $\rho = \lim_{n\to\infty}\left|\frac{a_{n+1}}{a_n}\right| = \lim_{n\to\infty}\frac{\frac{1}{(n+1)2^{n+1}}}{\frac{1}{n2^n}} = \lim_{n\to\infty}\frac{n}{2(n+1)} = \frac{1}{2}$,

所以收敛半径 $R=2$, 收敛区间为 $(-2, 2)$,

当 $x=2$ 时,幂级数 $\sum_{n=0}^{\infty}\frac{x^n}{n2^n}$ 成为调和级数 $\sum_{n=0}^{\infty}\frac{1}{n}$, 此时幂级数发散;

当 $x=-2$ 时,幂级数 $\sum_{n=0}^{\infty}\frac{x^n}{n2^n}$ 成为交错级数 $\sum_{n=0}^{\infty}\frac{(-1)^n}{n}$, 此时幂级数收敛,

所以题设级数收敛域是 $[-2, 2)$.

例 8.27 求下列幂级数的收敛域：

(1) $\sum\limits_{n=1}^{\infty} \frac{1}{2^n} x^{2n}$；

解 级数缺少奇次幂的项，由于相邻两项的系数中有零，不能直接求 ρ，但可用比值判别法来处理，考虑幂级数，因为

$$\lim_{n\to\infty}\left|\frac{\frac{1}{2^{n+1}}x^{2n+2}}{\frac{1}{2^n}x^{2n}}\right| = \lim_{n\to\infty}\frac{1}{2}x^2 = \frac{1}{2}x^2.$$

当 $\frac{1}{2}x^2 < 1$，即 $|x| < \sqrt{2}$ 时，幂级数 $\sum\limits_{n=1}^{\infty}\frac{1}{2^n}x^{2n}$ 收敛；

当 $\frac{1}{2}x^2 > 1$，即 $|x| > \sqrt{2}$ 时，幂级数 $\sum\limits_{n=1}^{\infty}\frac{1}{2^n}x^{2n}$ 发散；收敛半径 $R=\sqrt{2}$.

当 $x=\pm\sqrt{2}$ 时，幂级数 $\sum\limits_{n=1}^{\infty}\frac{1}{2^n}(\pm\sqrt{2})^{2n} = \sum\limits_{n=1}^{\infty}1$，发散；

故 $\sum\limits_{n=1}^{\infty}\frac{1}{2^n}x^{2n}$ 的收敛域为 $(-\sqrt{2}, \sqrt{2})$.

(2) $\sum\limits_{n=0}^{\infty}\frac{1}{\sqrt{n}}(x-1)^n$.

解 令 $t=x-1$，则题设级数化为 $\sum\limits_{n=1}^{\infty}\frac{1}{\sqrt{n}}t^n$，因为 $l=\lim\limits_{n\to\infty}\left|\frac{a_{n+1}}{a_n}\right| = \lim\limits_{n\to\infty}\left|\frac{\sqrt{n}}{\sqrt{n+1}}\right| = 1$，所以收敛半径 $R=1$，当 $|t|<1$，即 $|x-1|<1$，亦即 $0<x<2$ 时，幂级数绝对收敛；

当 $x=0$ 时，幂级数成为 $\sum\limits_{n=1}^{\infty}\frac{1}{\sqrt{n}}(0-1)^2 = \sum\limits_{n=1}^{\infty}\frac{(-1)^n}{\sqrt{n}}$，条件收敛；

当 $x=2$ 时，幂级数 $\sum\limits_{n=1}^{\infty}\frac{1}{\sqrt{n}}(2-1)^2 = \sum\limits_{n=1}^{\infty}\frac{1}{\sqrt{n}}$，发散；从而所求收敛域为 $[0, 2)$.

8.4.3 幂级数的运算

设幂级数 $\sum\limits_{n=0}^{\infty}a_nx^n$，$\sum\limits_{n=0}^{\infty}b_nx^n$ 的收敛半径分别是 R_1 和 R_2，记

$$R=\min\{R_1, R_2\},$$

则根据常数项级数的相应运算性质知,这两个幂级数可进行下列代数运算:

1. 幂级数的代数运算

1)加减法

$$\sum_{n=0}^{\infty} a_n x^n \pm \sum_{n=0}^{\infty} b_n x^n = \sum_{n=0}^{\infty} c_n x^n,$$

式中 $c_n = a_n \pm b_n$, $x \in (-R, R)$.

2)乘法

$$\left(\sum_{n=0}^{\infty} a_n x^n\right) \cdot \left(\sum_{n=0}^{\infty} b_n x^n\right) = \sum_{n=0}^{\infty} c_n x^n,$$

式中 $c_n = a_0 b_n + a_1 b_{n-1} + \cdots a_n b_0$, $x \in (-R, R)$.

3)除法

$$\left(\sum_{n=0}^{\infty} a_n x^n\right) \div \left(\sum_{n=0}^{\infty} b_n x^n\right) = \sum_{n=0}^{\infty} c_n x^n, b_0 \neq 0.$$

为了确定系数 $c_0, c_1, c_2, \cdots, c_n, \cdots$,可以将幂级数 $\sum_{n=0}^{\infty} b_n x^n$ 与幂级数 $\sum_{n=0}^{\infty} c_n x^n$ 相乘,并令乘积中各项的系数分别等于幂级数 $\sum_{n=0}^{\infty} a_n x^n$ 中同次幂的系数,即

$$a_n = b_n c_0 + b_{n-1} c_1 + \cdots + b_0 c_n \quad (n = 0, 1, 2, \cdots).$$

由这些方程就可依次求出 $c_0, c_1, c_2, \cdots, c_n, \cdots$,相除后所得的幂级数 $\sum_{n=0}^{\infty} c_n x^n$ 的收敛区间可能比原来两个幂级数的收敛区间小得多.

2. 幂级数的分析运算性质

幂级数的和函数是在其收敛域内定义的一个函数,关于这类函数的连续性、可导性及可积性,有下面的定理:

定理 8.10 设幂级数 $\sum_{n=0}^{\infty} a_n x^n$ 的收敛半径为 R,则

(1) 幂级数的和函数 $S(x)$ 在其收敛域 I 上连续;

(2) 幂级数的和函数 $S(x)$ 在其收敛域 I 上可积,并在 I 上有逐项积分公式:

$$\int_0^x S(x)\,\mathrm{d}x = \int_0^x \left(\sum_{n=0}^{\infty} a_n x^n\right)\mathrm{d}x = \sum_{n=0}^{\infty} \int_0^x a_n x^n \,\mathrm{d}x = \sum_{n=0}^{\infty} \frac{a_n}{n+1} x^{n+1},$$

且逐项积分后得到的幂级数和原级数有相同的收敛半径;

(3) 幂级数的和函数 $S(x)$ 在其收敛区间 $(-R, R)$ 内可导,并在 $(-R, R)$ 内有逐项求导公式:

$$S'(x)=\sum_{n=0}^{\infty}(a_nx^n)'=\sum_{n=1}^{\infty}na_nx^{n-1},$$

且逐项求导后得到的幂级数和原级数有相同的收敛半径.

注意 反复应用上述性质,幂级数的和函数 $S(x)$ 在收敛区间 $(-R, R)$ 内具有任意阶导数.

上述运算性质称为幂级数的**分析运算性质**. 它常用于求幂级数的和函数. 此外,几何级数的和函数

$$1+x+x^2+\cdots+x^n+\cdots=\frac{1}{1-x}\ (-1<x<1)$$

是幂级数求和中的一个基本的结果. 许多级数求和的问题都可以利用幂级数的运算性质转化为几何级数的求和问题来解决.

例 8.28 求级数

$$\frac{1}{1\cdot 3}+\frac{1}{2\cdot 3^2}+\frac{1}{3\cdot 3^3}+\frac{1}{4\cdot 3^4}+\cdots+\frac{1}{n\cdot 3^n}+\cdots\text{的和.}$$

解 所求级数的和是幂级数 $\sum_{n=1}^{\infty}\frac{x^n}{n}$ 当 $x=\frac{1}{3}$ 时的和.

设 $S(x)=\sum_{n=1}^{\infty}\frac{x^n}{n}$, $x\in(-1, 1)$, 逐项求导,得

$$S'(x)=\sum_{n=1}^{\infty}x^{n-1}=\frac{1}{1-x},\ x\in(-1, 1),$$

两边积分,得

$$\int_0^x S'(x)\mathrm{d}x=\int_0^x\frac{1}{1-x}\mathrm{d}x=-\ln(1-x),$$

即 $S(x)-S(0)=-\ln(1-x)$, 又因 $S(0)=0$, 所以 $S(x)=-\ln(1-x)$,

故所求原级数的和为

$$S\left(\frac{1}{3}\right)=-\ln\left(1-\frac{1}{3}\right)=\ln\frac{3}{2}.$$

例 8.29 求级数 $\sum_{n=1}^{\infty}\frac{x^{2n-1}}{2n-1}$ 的和函数.

解 逐项求导，

因为 $$\left(\sum_{n=1}^{\infty}\frac{x^{2n-1}}{2n-1}\right)'=\sum_{n=1}^{\infty}\left(\frac{x^{2n-1}}{2n-1}\right)'=\sum_{n=0}^{\infty}x^{2n}=\frac{1}{1-x^2},$$

所以原式 $=\int_0^x\frac{1}{1-x^2}\mathrm{d}x=\frac{1}{2}\ln\frac{1+x}{1-x}\ (|x|<1)$.

例 8.30 求幂级数 $\sum_{n=1}^{\infty}nx^{n-1}$ 的和函数，并求级数 $\sum_{n=1}^{\infty}\frac{n}{2^n}$ 的和.

解 因为 $\lim_{n\to\infty}\left|\frac{a_{n+1}}{a_n}\right|=\lim_{n\to\infty}\frac{n+1}{n}=1$，所以收敛半径 $R=1$，在收敛区间 $(-1,1)$ 内设和函数为 $S(x)$，逐项积分，得

$$\int_0^x S(x)\mathrm{d}x=\int_0^x\left(\sum_{n=1}^{\infty}nx^{n-1}\right)\mathrm{d}x=\sum_{n=1}^{\infty}x^n=\frac{x}{1-x},$$

两边同时求导，得

$$S(x)=\left(\frac{x}{1-x}\right)'=\frac{1}{(1-x)^2},$$

即

$$\frac{1}{(1-x)^2}=1+2x+3x^2+\cdots+nx^{n-1}+\cdots=\sum_{n=1}^{\infty}nx^{n-1}(-1<x<1),$$

取 $x=\frac{1}{2}$，则 $\sum_{n=1}^{\infty}n\left(\frac{1}{2}\right)^{n-1}=4$，于是 $\sum_{n=1}^{\infty}\frac{n}{2^n}=\frac{1}{2}\sum_{n=1}^{\infty}\frac{n}{2^{n-1}}=\frac{1}{2}\times4=2$.

幂级数的和函数已知时，利用幂级数运算法则可求另一些幂级数的和函数，又可得到某些初等函数的幂级数形式. 例如，对幂级数 $\sum_{n=0}^{\infty}x^n=\frac{1}{1-x}\ (-1<x<1)$，利用运算法则可得到其他若干幂级数的和函数，同时得到若干初等函数的幂级数表示形式：

(1) 如果两端施以求导运算，得

$$\sum_{n=1}^{\infty}nx^{n-1}=\frac{1}{(1-x)^2}\ (-1<x<1),$$

即

$$\frac{1}{(1-x)^2}=1+2x+3x^2+\cdots+nx^{n-1}+\cdots\ (-1<x<1),$$

这是前面例子中所求幂级数的和函数;

(2) 如果两端施以从 0 到 x 的积分运算,得

$$\sum_{n=1}^{\infty}\frac{1}{n}x^n=-\ln(1-x)\ (-1<x<1),$$

即

$$\ln(1-x)=-x-\frac{x^2}{2}-\frac{x^3}{3}-\cdots-\frac{x^n}{n}-\cdots\ (-1<x<1),$$

取 $x=-t$, 则 $\sum_{n=1}^{\infty}\frac{(-1)^{n-1}}{n}t^n=\ln(1+t)\ (-1<t<1)$.

例 8.31 幂级数逐项求导后,收敛半径不变,那么它的收敛域是否也不变?

解 不一定.例如, $f(x)=\sum_{n=1}^{\infty}\frac{x^n}{n^2}$, $f'(x)=\sum_{n=1}^{\infty}\frac{x^{n-1}}{n}$, $f''(x)=\sum_{n=1}^{\infty}\frac{(n-1)x^{n-2}}{n}$, 但它们的收敛域各是 $[-1,1]$, $[-1,1)$, $(-1,1)$.

例 8.32 求幂级数 $\sum_{n=1}^{\infty}\frac{2^{n+1}}{\sqrt{n+1}}(x+1)^n$ 的收敛域.

解 $\lim_{n\to\infty}\left|\frac{a_{n+1}}{a_n}\right|=\lim_{n\to\infty}\frac{2^{n+2}}{\sqrt{n+2}}\Big/\frac{2^{n+1}}{\sqrt{n+1}}=\lim_{n\to\infty}\sqrt{\frac{n+1}{n+2}}\cdot 2=2$, 即 $R=\frac{1}{2}$, 即 $|x+1|<\frac{1}{2}$, 得 $-\frac{3}{2}<x<-\frac{1}{2}$, 当 $x=-\frac{1}{2}$ 时,级数为 $\sum_{n=1}^{\infty}\frac{2}{\sqrt{n+1}}$ 发散; 当 $x=-\frac{3}{2}$ 时,级数为 $\sum_{n=1}^{\infty}\frac{2}{\sqrt{n+1}}(-1)^n$, 条件收敛.故题设级数的收敛域为 $\left[-\frac{3}{2},-\frac{1}{2}\right)$.

例 8.33 求幂级数 $\sum_{n=0}^{\infty}\frac{x^n}{n+1}$ 的和函数.

解 题设级数的收敛域为 $[-1,1)$, 设 $S(x)=\sum_{n=0}^{\infty}\frac{x^n}{n+1}$, 则

$$x\cdot S(x)=\sum_{n=0}^{\infty}\frac{x^{n+1}}{n+1},$$

逐项求导,得 $[x\cdot S(x)]'=\sum_{n=0}^{\infty}\left(\frac{x^{n+1}}{n+1}\right)'=\sum_{n=0}^{\infty}x^n=\frac{1}{1-x}$,

对上式从 0 到 x $(-1<x<1)$ 积分,得

$$x \cdot S(x) = \int_0^x \frac{1}{1-x} dx = -\ln(1-x),$$

于是,当 $x \neq 0$ 时,有

$$S(x) = -\frac{1}{x}\ln(1-x),$$

从而
$$S(x) = \begin{cases} -\dfrac{1}{x}\ln(1-x), & -1 \leqslant x < 0, 0 < x < 1, \\ 0, & x = 0. \end{cases}$$

习题 8.4

1. 求下列幂级数的收敛区间和收敛域:

(1) $\sum\limits_{n=0}^{\infty} n!2^n x^n$;

(2) $\sum\limits_{n=1}^{\infty} \dfrac{(-1)^{n-2}}{n^2}(x-2)^n$;

(3) $x + 2x^2 + 3x^3 + \cdots$;

(4) $1 - x + \dfrac{x^2}{2^2} - \dfrac{x^3}{3^2} + \cdots$;

(5) $\dfrac{x}{2} + \dfrac{x^2}{2 \cdot 4} + \dfrac{x^3}{2 \cdot 4 \cdot 6} + \cdots$;

(6) $\dfrac{x}{1 \cdot 3} + \dfrac{x^2}{2 \cdot 3^2} + \dfrac{x^3}{3 \cdot 3^3} + \dfrac{x^4}{4 \cdot 3^4}\cdots$;

(7) $x + \dfrac{2^2x^2}{5} + \dfrac{2^3+x^3}{10} + \cdots + \dfrac{2^n x^n}{n^2+1} + \cdots$;

(8) $1 + \dfrac{x^2}{2} + \dfrac{x^4}{4} + \dfrac{x^6}{8} + \dfrac{x^8}{16} + \cdots$;

(9) $\sum\limits_{n=1}^{\infty} \dfrac{(x-5)^n}{\sqrt{n}}$;

(10) $\sum\limits_{n=0}^{\infty} 2^n x^{2n}$.

2. 求下列级数的和函数:

(1) $\sum\limits_{n=1}^{\infty} nx^{n-1}$;

(2) $\sum_{n=1}^{\infty} \frac{x^{4n+1}}{4n+1}$;

(3) $\sum_{n=1}^{\infty} \frac{2n-1}{2^n} x^{2n-2}$,并求$\sum_{n=1}^{\infty} \frac{2n-1}{2^n}$;

(4) $\sum_{n=1}^{\infty} n(n+1)x^n$,并求$\sum_{n=1}^{\infty} \frac{n(n+1)}{2^n}$.

8.5 函数展开成幂级数

前面几节讨论了幂级数的收敛域以及幂级数在收敛域上的和函数,现在要考虑相反的问题,即对给定的函数 $f(x)$,要确定它能否在某一区间上"表示成幂级数",或者说,能否找到这样的幂级数,它在某一区间内收敛,且其和恰好等于给定的函数 $f(x)$,如果能找到这样的幂级数,就称函数 $f(x)$ 在该区间内能展开成幂级数.而此幂级数在该区间内就表达了函数 $f(x)$.

8.5.1 泰勒级数

由微分性质知道,若 $f(x)$ 在 x_0 处可微,则当 $|x-x_0|$ 很小时,可用一次函数近似地表示 $f(x)$,即

$$f(x) \approx f(x_0) + f'(x_0)(x-x_0),$$

这个近似公式的精度不高且没有给出误差估计,设想用关于 $(x-x_0)$ 的 n 次多项式

$$P_n(x) = a_0 + a_1(x-x_0) + a_2(x-x_0)^2 + \cdots + a_n(x-x_0)^n \quad (8-3)$$

逼近函数 $f(x)$ 来提高精度,使误差为 $(x-x_0)^n$ 的高阶无穷小量,并给出误差估计公式.

设函数 $f(x)$ 在含 x_0 的某个邻域内有 n 阶导数,假设

$$P_n(x_0) = f(x_0), P'_n(x_0) = f'(x_0), P''_n(x_0) = f''(x_0), \cdots, P_n^{(n)}(x_0) = f^{(n)}(x_0),$$

由(8-3)式得到

$$P_n(x_0) = a_0, P'_n(x_0) = a_1, P''_n(x_0) = 2!a_2, \cdots, P_n^{(n)}(x_0) = n!a_n,$$

于是

$$a_0 = f(x_0), a_1 = f'(x_0), a_2 = \frac{f''(x_0)}{2!}, \cdots, a_n = \frac{f^{(n)}(x_0)}{n!},$$

代入(8-3)式,得

$$P_n(x)=f(x_0)+f'(x_0)(x-x_0)+\frac{f''(x_0)}{2!}(x-x_0)^2+\cdots+\frac{f^{(n)}(x_0)}{n!}(x-x_0)^n$$

设误差项为 $P_n(x)$, 则 $R_n(x)=f(x)-P_n(x)$.

于是有下面的定理.

定理 8.11(泰勒展式) 如果函数 $f(x)$ 在含 x_0 的某区间 (a, b) 内有直到 $n+1$ 阶导数,则对任意的 $x\in(a, b)$, 有

$$f(x)=f(x_0)+f'(x_0)(x-x_0)+\frac{f''(x_0)}{2!}(x-x_0)^2+\cdots+\frac{f^{(n)}(x_0)}{n!}(x-x_0)^n+R_n(x), \tag{8-4}$$

其中

$$R_n(x)=\frac{f^{(n+1)}(\xi)}{(n+1)!}(x-x_0)^{n+1}(\xi\text{介于}x_0\text{与}x\text{之间}),$$

称 $R_n(x)$ 为拉格朗日型余项,称(8-4)式为带拉格朗日型余项的 n 阶泰勒公式.

当 $x_0=0$ 时,(8-4)式成为

$$f(x)=f(0)+f'(0)x+\frac{f''(0)}{2!}x^2+\cdots+\frac{f^{(n)}(0)}{n!}x^n+R_n(x), \tag{8-5}$$

式中

$$R_n(x)=\frac{f^{(n+1)}(\xi)}{(n+1)!}x^{n+1}(\xi\text{介于}x_0\text{与}x\text{之间}),\text{令}\ \xi=\theta x,\ 0<\theta<1,\text{得}$$

$$R_n(x)=\frac{f^{(n+1)}(\theta x)}{(n+1)!}x^{n+1},$$

称(8-5)式为带拉格朗日型余项的麦克劳林公式.

定理 8.12 设 $f(x)$ 在区间 $|x-x_0|<R$ 内存在任意阶的导数,幂级数 $\sum\limits_{n=0}^{\infty}\frac{f^{(n)}(x_0)}{n!}(x-x_0)^n$ 的收敛区间为 $|x-x_0|<R$, 则在区间 $|x-x_0|<R$ 内

$$f(x)=\sum_{n=0}^{\infty}\frac{f^{(n)}(x_0)}{n!}(x-x_0)^n \tag{8-6}$$

成立的充分必要条件是在该区间内

$$\lim_{n\to\infty}R_n(x)=0.$$

证 由泰勒公式知

$$f(x)=\sum_{n=0}^{k}\frac{f^{(n)}(x_0)}{n!}(x-x_0)^n+R_k(x),\text{令 } k\to\infty,\text{有}$$

$$f(x)=\lim_{k\to\infty}\left[\sum_{n=0}^{k}\frac{f^{(n)}(x_0)}{n!}(x-x_0)^n+R_k(x)\right],$$

其中,级数 $\sum_{n=0}^{\infty}\frac{f^{(n)}(x_0)}{n!}(x-x_0)^n$ 在 $|x-x_0|<R$ 内收敛,即

$$\lim_{k\to\infty}\sum_{n=0}^{k}\frac{f^{(n)}(x_0)}{n!}(x-x_0)^n=\sum_{n=0}^{\infty}\frac{f^{(n)}(x_0)}{n!}(x-x_0)^n,$$

且当 $|x-x_0|<R$ 时, $\lim_{k\to\infty}R_k(x)=0$,故由极限运算法则知

$$f(x)=\sum_{n=0}^{\infty}\frac{f^{(n)}(x_0)}{n!}(x-x_0)^n,\text{反之亦然.}$$

式(8-6)右端的级数称为 $f(x)$ 在点 $x=x_0$ 处的**泰勒级数**. 而 $P_n(x)=\sum_{i=0}^{n}\frac{f^{(i)}(x_0)}{i!}(x-x_0)^i$,称为由 f 在 $x=x_0$ 处的 n 阶泰勒多项式.

8.5.2 麦克劳林级数

当 $x_0=0$ 时,泰勒级数

$$f(0)+f'(0)x+\frac{f''(0)}{2!}x^2+\cdots+\frac{f^{(n)}(0)}{n!}x^n+\cdots$$

称为 $f(x)$ 的**麦克劳林级数.**

注意 由 8.4 节的定理 8.10(3)可知,如果函数 $f(x)$ 能在某个区间内展开成幂级数,则它必定在这个区间内的每一点处具有任意阶的导数,即**没有任意阶导数的函数是不可能展开成幂级数的.**

函数的麦克劳林级数是 x 的幂级数,可以证明如果 $f(x)$ 能展开成 x 的幂级数,则这种展开式是唯一的,它一定等于 $f(x)$ 的麦克劳林级数.

由函数 $f(x)$ 的展开式的唯一性可知,如果 $f(x)$ 能展开成 x 的幂级数,则这个幂级数就是 $f(x)$ 的麦克劳林级数. 但是,反过来如果 $f(x)$ 的麦克劳林级数在

点 $x_0=0$ 的某邻域内收敛，它却不一定收敛于 $f(x)$. 例如，函数

$$f(x)=\begin{cases}e^{-\frac{1}{x^2}}, & x\neq 0,\\ 0, & x=0,\end{cases}$$

在 $x_0=0$ 点任意阶可导，且

$$f^{(n)}(0)=0\quad(n=0,1,2,\cdots),$$

所以 $f(x)$ 的麦克劳林级数为 $\sum\limits_{n=0}^{\infty}0\cdot x^n$，该级数在 $(-\infty,+\infty)$ 内和函数 $S(x)=0$.

显然，除 $x=0$ 外，$f(x)$ 的麦克劳林级数处处不收敛于 $f(x)$.

因此，当 $f(x)$ 在 $x_0=0$ 处具有各阶导数时，虽然 $f(x)$ 的麦克劳林级数能被计算出来，但这个级数是否能在某个区间内收敛，以及是否收敛于 $f(x)$ 却需要进一步考虑.

8.5.3 函数展开成幂级数的方法

1. **直接法**

直接展开法是利用泰勒级数或麦克劳林级数公式，将函数 $f(x)$ 展开为幂级数，将函数 $f(x)$ 展开成泰勒级数的步骤如下：

(1) 求出 $f(x)$ 在 $x=0$ 处的各阶导数；

(2) 写出对应的泰勒级数，并求出其收敛半径 R；

(3) 验证在 $|x-x_0|<R$ 内 $\lim\limits_{n\to\infty}R_n(x)=0$；

(4) 写出所求函数 $f(x)$ 的泰勒级数及其收敛区间：

$$f(x)=\sum_{n=0}^{\infty}\frac{f^{(n)}(x_0)}{n!}(x-x_0)^n,\ |x-x_0|<R.$$

例 8.34 将函数 $f(x)=(1+x)^{\alpha}(\alpha\in R)$ 展开成 x 的幂级数.

解 $f'(x)=\alpha(1+x)^{\alpha-1}, f''(x)=\alpha(\alpha-1)(1+x)^{\alpha-2},\cdots,$

$$f^{(n)}(x)=\alpha(\alpha-1)(\alpha-2)\cdots(\alpha-n+1)(1+x)^{\alpha-n},\cdots,$$

所以 $f(0)=1, f'(0)=\alpha, f''(0)=\alpha(\alpha-1),\cdots, f^{(n)}(0)=\alpha(\alpha-1)\cdots(\alpha-n+1),\cdots,$ 于是 $f(x)$ 的麦克劳林级数为

$$1+\alpha x+\frac{\alpha(\alpha-1)}{2!}x^2+\cdots+\frac{\alpha(\alpha-1)\cdots(\alpha-n+1)}{n!}x^n+\cdots,$$

该级数相邻两项的系数之比的绝对值为

$$\left|\frac{a_{n+1}}{a_n}\right| = \left|\frac{\alpha - n}{n+1}\right| \to 1\ (n \to \infty),$$

因此，该级数的收敛半径 $R = 1$，收敛区间为 $(-1, 1)$，该级数的和函数为 $S(x)$，则可求得

$$S(x) = (1+x)^{\alpha},\ x \in (-1, 1),$$

即

$$(1+x)^{\alpha} = 1 + \alpha x + \cdots + \frac{\alpha(\alpha-1)\cdots(\alpha-n+1)}{n!}x^n + \cdots \quad x \in (-1, 1) \tag{8-7}$$

在区间的端点 $x = \pm 1$ 处，展开式(8-7)是否成立要看 α 的取值而定.

可以证明：

当 $\alpha \leqslant -1$ 时，收敛域为 $(-1, 1)$；当 $-1 < \alpha < 0$ 时，收敛域为 $(-1, 1]$；

当 $\alpha > 0$ 时，收敛域为 $[-1, 1]$.

公式(8-7)称为**二项展开式**. 特别地，当 α 为正整数时，级数成为 x 的 α 次多项式，它就是初等代数中的牛顿二项式定理.

例如，对应 $\alpha = \frac{1}{2}$、$\alpha = -\frac{1}{2}$ 的二项展开式分别为

$$\sqrt{1+x} = 1 + \frac{1}{2}x - \frac{1}{2 \cdot 4}x^2 + \frac{1 \cdot 3}{2 \cdot 4 \cdot 6}x^3 + \cdots,\ x \in [-1, 1],$$

$$\frac{1}{\sqrt{1+x}} = 1 - \frac{1}{2}x + \frac{1 \cdot 3}{2 \cdot 4}x^2 - \frac{1 \cdot 3 \cdot 5}{2 \cdot 4 \cdot 6}x^3 + \cdots,\ x \in [-1, 1].$$

常用的麦克劳林展开式

$$\mathrm{e}^x = 1 + x + \frac{x^2}{2!} + \cdots + \frac{x^n}{n!} + \cdots, \quad x \in R,$$

$$\sin x = x - \frac{x^3}{3!} + \frac{x^5}{5!} - \cdots + (-1)^n \frac{x^{2n+1}}{(2n+1)!} + \cdots, \quad x \in R,$$

$$\cos x = 1 - \frac{x^2}{2!} + \frac{x^4}{4!} - \cdots + (-1)^n \frac{x^{2n}}{(2n)!} + \cdots, \quad x \in R,$$

$$\ln(1+x) = x - \frac{x^2}{2} + \frac{x^3}{3} - \cdots + (-1)^n \frac{x^{n+1}}{n+1} + \cdots, \quad x \in (-1, 1],$$

$$\frac{1}{1-x}=1+x+x^2+\cdots+x^n+\cdots,\quad x\in(-1,1),$$

$$\frac{1}{1+x}=1-x+x^2-\cdots+(-1)^n x^n+\cdots,\quad x\in(-1,1),$$

$$(1+x)^{\alpha}=1+\alpha x+\frac{\alpha(\alpha-1)}{2!}x^2+\cdots+\frac{\alpha(\alpha-1)\cdots(\alpha-n+1)}{n!}x^n+\cdots,\quad x\in(-1,1).$$

2. 间接法

一般情况下，只有少数简单的函数，其幂级数展开式能利用直接法得到它的麦克劳林展开式. 更多的函数是根据唯一性定理，利用已知函数的展开式(尤其是上面总结的几个基本函数的麦克劳林展开式)，通过线性运算法则、变量代换、恒等变形、逐项求导或逐项积分等方法间接求得幂级数的展开式. 这种方法我们称为函数展开成幂级数的**间接法**. 实质上函数的幂级数展开是求幂级数和函数的逆过程.

掌握了函数展开成麦克劳林级数的方法后，当要把函数展开成 $x-x_0$ 的幂级数时，只需把 $f(x)$ 转化成 $x-x_0$ 的表达式，把 $x-x_0$ 看成变量 t，展开成 t 的幂级数，即得 $x-x_0$ 的幂级数，对于较复杂的函数，可作变量替换 $x-x_0=t$，于是

$$f(x)=f(x_0+t)=\sum_{n=0}^{\infty}a_n t^n=\sum_{n=0}^{\infty}a_n\,(x-x_0)^n.$$

例 8.35 将函数 $\sin x$ 展开成 $x-\frac{\pi}{4}$ 的幂级数.

解

$$\begin{aligned}\sin x&=\sin\left[\frac{\pi}{4}+\left(x-\frac{\pi}{4}\right)\right]=\sin\frac{\pi}{4}\cos\left(x-\frac{\pi}{4}\right)+\cos\frac{\pi}{4}\sin\left(x-\frac{\pi}{4}\right)\\&=\frac{1}{\sqrt{2}}\left[\cos\left(x-\frac{\pi}{4}\right)+\sin\left(x-\frac{\pi}{4}\right)\right]\\&=\frac{1}{\sqrt{2}}\left[1-\frac{\left(x-\frac{\pi}{4}\right)^2}{2!}+\frac{\left(x-\frac{\pi}{4}\right)^4}{4!}-\cdots+\left(x-\frac{\pi}{4}\right)-\frac{\left(x-\frac{\pi}{4}\right)^3}{3!}+\frac{\left(x-\frac{\pi}{4}\right)^5}{5!}-\cdots\right]\\&=\frac{1}{\sqrt{2}}\left[1+\left(x-\frac{\pi}{4}\right)-\frac{\left(x-\frac{\pi}{4}\right)^2}{2!}-\frac{\left(x-\frac{\pi}{4}\right)^3}{3!}+\cdots\right],\quad x\in(-\infty,+\infty).\end{aligned}$$

例 8.36 将函数 $f(x)=\frac{1}{4}\ln\frac{1+x}{1-x}+\frac{1}{2}\arctan x-x$ 展开成 x 的幂级数.

解 由于

$$f'(x)=\frac{1}{4}\left(\frac{1}{1+x}+\frac{1}{1-x}\right)+\frac{1}{2}\cdot\frac{1}{1+x^2}-1=\frac{1}{1-x^4}-1$$

$$=\sum_{n=0}^{\infty}x^{4n}-1=\sum_{n=1}^{\infty}x^{4n}\text{，且 } f(0)=0,$$

所以

$$f(x)=\int_0^x f'(x)\mathrm{d}x=\int_0^x\left(\sum_{n=1}^{\infty}x^{4n}\right)\mathrm{d}x=\sum_{n=1}^{\infty}\frac{x^{4n+1}}{4n+1},\ x\in(-1,\ 1).$$

例 8.37 将函数 $\ln(4-3x-x^2)$ 展开成 x 的幂级数.

解 $\ln(4-3x-x^2)=\ln(1-x)(4+x)=\ln(1-x)+\ln(4+x)$，而

$$\ln(1-x)=\ln[1+(-x)]=(-x)-\frac{(-x)^2}{2}+\frac{(-x)^3}{3}-\cdots,\ x\in[-1,\ 1),$$

$$\ln(4+x)=\ln 4\left(1+\frac{x}{4}\right)=\ln 4+\ln\left(1+\frac{x}{4}\right)$$

$$=\ln 4+\frac{x}{4}-\frac{1}{2}\left(\frac{x}{4}\right)^2+\frac{1}{3}\left(\frac{x}{4}\right)^3-\cdots,\ x\in(-4,\ 4]\text{，所以}$$

$$\ln(4-3x-x^2)=\left(-x-\frac{x^2}{2}-\frac{x^3}{3}-\cdots\right)+\ln 4+\frac{x}{4}-\frac{x^2}{2\cdot 4^2}+\frac{x^3}{3\cdot 4^3}-\cdots$$

$$=\ln 4-\frac{3}{4}x-\frac{17}{32}x^2-\frac{63}{192}x^3-\cdots\ (-1\leqslant x<1).$$

例 8.38 将函数 $f(x)=\dfrac{1}{x^2}$ 展开成 $(x-2)$ 的幂级数.

解 因为 $\dfrac{1}{x}=\dfrac{1}{(x-2)+2}=\dfrac{1}{2}\times\dfrac{1}{1+\dfrac{x-2}{2}}$

$$=\frac{1}{2}\left[1-\frac{x-2}{2}+\left(\frac{x-2}{2}\right)^2-\left(\frac{x-2}{2}\right)^3+\cdots\right]$$

$$=\frac{1}{2}\sum_{n=0}^{\infty}\frac{(-1)^n}{2^n}(x-2)^n(|x-2|<2),$$

逐项求导，得

$$-\frac{1}{x^2}=\frac{1}{2}\sum_{n=0}^{\infty}(-1)^n\frac{n}{2^n}(x-2)^{n-1},$$

所以

$$f(x)=\frac{1}{x^2}=\sum_{n=0}^{\infty}(-1)^{n+1}\frac{n}{2^{n+1}}(x-2)^{n-1}(0<x<4).$$

例 8.39 将函数 $f(x)=\dfrac{x-1}{4-x}$ 展开成 $(x-1)$ 的幂级数,并求 $f^{(n)}(1)$.

解 因为

$$\begin{aligned}\frac{1}{4-x}&=\frac{1}{3-(x-1)}=\frac{1}{3\left(1-\frac{x-1}{3}\right)}\\&=\frac{1}{3}\left[1+\frac{x-1}{3}+\left(\frac{x-1}{3}\right)^2+\cdots+\left(\frac{x-1}{3}\right)^n+\cdots\right],\ |x-1|<3,\end{aligned}$$

所以

$$\frac{x-1}{4-x}=(x-1)\frac{1}{4-x}=\frac{1}{3}(x-1)+\frac{(x-1)^2}{3^2}+\cdots+\frac{(x-1)^n}{3^n}+\cdots,\ |x-1|<3,$$

于是

$$\frac{f^{(n)}(1)}{n!}=\frac{1}{3^n},\text{故 } f^{(n)}(1)=\frac{n!}{3^n}.$$

例 8.40 将函数 $f(x)=\dfrac{1}{x}$ 展开成 $(x-3)$ 的幂级数.

解

$$\begin{aligned}\frac{1}{x}&=\frac{1}{3+(x-3)}=\frac{1}{3}\cdot\frac{1}{1+\frac{x-3}{3}}\\&=\frac{1}{3}\cdot\frac{1}{1-\left(-\frac{x-3}{3}\right)}=\frac{1}{3}\sum_{n=0}^{\infty}(-1)^n\left(\frac{x-3}{3}\right)^n\quad(0<x<6).\end{aligned}$$

例 8.41 将函数 $\ln(1+x-2x^2)$ 展开成 x 的幂级数.

解 因为 $\ln(1+x-2x^2)=\ln[(1-x)(1+2x)]=\ln(1-x)+\ln(1+2x)$,

$$\ln(1-x)=\sum_{n=1}^{\infty}(-1)^{n-1}\frac{(-x)^n}{n}=\sum_{n=1}^{\infty}\frac{(-1)^{2n-1}}{n}x^n(-1\leqslant x<1),$$

$$\ln(1+2x)=\sum_{n=1}^{\infty}(-1)^{n-1}\frac{2^n x^n}{n}\left(-1<2x\leqslant 1,\text{即}-\frac{1}{2}<x\leqslant\frac{1}{2}\right),$$

所以 $$\ln(1+x-2x^2)=\sum_{n=1}^{\infty}\frac{(-1)^{n-1}2^n-1}{n}x^n,\ x\left(-\frac{1}{2},\ \frac{1}{2}\right].$$

例 8.42 设函数 $f(x)=e^{x^2}$，求 $f^{(n)}(0)$.

解 利用幂级数展开式求之.因为

$$e^x=\sum_{m=0}^{\infty}\frac{x^m}{m!},\ x\in(-\infty,+\infty),$$

所以

$$f(x)=e^{x^2}=\sum_{m=0}^{\infty}\frac{x^{2m}}{m!}=\sum_{n=0}^{\infty}a_nx^n,\ x\in(-\infty,+\infty),$$

其中 $a_{2m+1}=0$, $a_{2m}=\dfrac{1}{m!}$，由 $\dfrac{f^{(n)}(0)}{n!}=a_n$，即

$$f^{(n)}(0)=a_nn!,\ n=0,1,2,\cdots,\text{所以}$$

$$f^{(2m+1)}(0)=a_{2m+1}(2m+1)!=0,\ m=0,1,2,\cdots,$$

$$f^{(2m)}(0)=a_{2m}(2m)!=\frac{1}{m!}(2m)!,\ m=0,1,2,\cdots.$$

例 8.43 求常数项级数 $1-\dfrac{1}{3}+\dfrac{1}{5}-\dfrac{1}{7}+\cdots$ 的和.

解 首先求下列幂级数的和函数：

$$S(x)=x-\frac{1}{3}x^3+\frac{1}{5}x^5-\frac{1}{7}x^7+\cdots\ (-1\leqslant x\leqslant 1);$$

逐项求导,得

$$S'(x)=1-x^2+x^4-x^6+\cdots=\frac{1}{1+x^2}\ (-1<x<1);$$

上式从 0 到 $x\ (-1<x<1)$ 积分,注意到 $S(0)=0$，得

$$S(x)=\int_0^x\frac{1}{1+x^2}dx=\arctan x,$$

即 $$\arctan x=x-\frac{1}{3}x^3+\frac{1}{5}x^5-\frac{1}{7}x^7+\cdots\ (-1\leqslant x\leqslant 1);$$

然后在上式中令 $x=1$，得

$$\frac{\pi}{4}=1-\frac{1}{3}+\frac{1}{5}-\frac{1}{7}+\cdots.$$

习题 8.5

1. 将下列函数展成 x 的幂级数：

(1) $f(x)=\sin^2 x$；

(2) $f(x)=\ln(x+a)$；

(3) $f(x)=\sin\frac{x}{2}$；

(4) $f(x)=a^x$；

(5) $f(x)=\sin x\cos x$；

(6) $f(x)=(1+x)\ln(1+x)$；

(7) $f(x)=\cosh x$；

(8) $f(x)=\ln\frac{1-x}{1+x}$.

2. 求函数 $f(x)=\frac{x}{\sqrt{1+x^2}}$ 的麦克劳林展式.

3. 将 $f(x)=\frac{1}{x}$ 展成 $(x-3)$ 的幂级数.

4. 将 $f(x)=\lg x$ 展成 $(x-1)$ 的幂级数.

5. 求函数 $f(x)=\frac{1}{2}(e^x+e^{-x})$ 的麦克劳林展式.

本章小结

无穷级数
- 数项级数
  - 常数项级数的概念
  - 常数项级数的基本性质
  - 正项级数的概念
  - 正项级数敛散性判别法
  - 交错级数
  - 绝对收敛和条件收敛
- 幂级数
  - 函数项级数的一般概念
  - 幂级数及其收敛性
  - 幂级数的运算
  - 泰勒级数的概念
  - 函数展开成幂级数的方法

习题 8

1. 判断下列级数的敛散性：

(1) $\frac{1}{100}+\frac{1}{101}+\frac{1}{102}+\cdots$；　　(2) $\sum_{n=1}^{\infty}\left(\frac{1}{3^n}-\frac{1}{2^n}\right)$；

(3) $\sin\frac{\pi}{6}+\sin\frac{2\pi}{6}+\sin\frac{3\pi}{6}+\cdots$；　　(4) $\sum_{n=1}^{\infty}\left(\frac{n}{2n+1}\right)^n$；

(5) $\sum_{n=1}^{\infty}\frac{1}{\sqrt{n(n+1)}}$；　　(6) $\sum_{n=1}^{\infty}\frac{1}{\sqrt{n(n^2+1)}}$.

2. 判断下列级数的敛散性，并指出是绝对收敛还是条件收敛.

(1) $\sum_{n=1}^{\infty}\frac{1}{n^2}\sin\frac{n\pi}{4}$；　　(2) $\frac{1}{2}-\frac{8}{4}+\frac{27}{8}-\frac{64}{16}+\cdots$.

3. 判断级数 $\sum_{n=1}^{\infty}[1+(-1)^{n-1}]\frac{\sin\frac{1}{n}}{n}$ 的敛散性.

4. 判断级数 $\sum_{n=1}^{\infty}(-1)^n\frac{\ln n}{n}$ 的敛散性.

5. 判断级数 $\sum_{n=1}^{\infty}\ln\left(1+\frac{1}{n}\right)$ 的敛散性.

6. 求幂级数 $\sum_{n=1}^{\infty}ne^{-nx}$ 的收敛域.

7. 利用比较法或者比较法的极限形式判定级数 $\sin\left(\frac{\pi}{2^2}\right)+\sin\left(\frac{\pi}{2^3}\right)+\cdots+\sin\left(\frac{\pi}{2^n}\right)+\cdots$ 的敛散性.

8. 判断交错级数 $1-\frac{2\pi}{3^2}+\frac{3\pi}{3^3}-\frac{4\pi}{3^4}+\cdots$ 的敛散性，若收敛，指出是条件收敛还是绝对收敛?

9. 求级数 $\sum_{n=1}^{\infty}2nx^{n+1}$ 的和函数.

10. 什么是 $f(x)$ 的麦克劳林级数? 如果有两种不同的方法将 $f(x)$ 展开为 x 的幂级数，这两个幂级数有什么关系?

11. 为什么在每一个幂级数的展开式后面都要附一个成立的范围? 写出 e^x 和 $\sin x$ 的幂级数展开式，并写上它们的成立范围.

12. 若级数 $\sum_{n=1}^{\infty}u_n$ 收敛于 S，求级数 $\sum_{n=1}^{\infty}(u_n+u_{n+1})$ 的收敛极限.

13. 已知级数 $\sum_{n=1}^{\infty}\frac{1}{1+a^n}$，$a$ 为正常数，问 a 取何值时，该级数收敛? 什么时候级数发散?

9　微 分 方 程

函数是客观事物的内部联系在数量方面的反映，利用函数关系又可以研究客观事物的变化规律. 因此如何寻找函数关系，具有重要意义，在大量的实际问题中，反映变量与变量的函数关系往往不能直接建立，但是能够建立这些变量和它们的变化率之间的关系.

当数学家们谋求利用微积分来解决越来越多的物理问题，特别是对弹性力学方面问题的研究，促进了对微分方程的研究. 就自变量连续和离散两种情形，可以用两种数学形式来表示变化率，当自变量的变化可以认为是连续的或瞬时发生时，变化率可以用导数来表示，含有未知函数导数或微分的方程称为微分方程.

微分方程是一门独立的数学学科，有完整的理论体系，本章主要介绍微分方程的一些基本概念，几种常用的微分方程的求解方法，以及线性微分方程解的理论.

9.1　微分方程的基本概念

9.1.1　引例

例 9.1　一曲线通过点 $(1, 0)$，且在该曲线上的任意一点 $M(x, y)$ 处的切线斜率为 $3x^2$，求该曲线的方程.

解　根据导数的几何意义可知，所求曲线的方程 $y = (x)$ 应满足

$$\frac{\mathrm{d}y}{\mathrm{d}x} = 3x^2 \text{ 或 } \mathrm{d}y = 3x^2\mathrm{d}x \tag{9-1}$$

对上式两端积分，得

$$y = x^3 + C, \text{ 式中 } C \text{ 是任意常数.} \tag{9-2}$$

又因为曲线过点 $(1, 0)$，即所求函数 $y = y(x)$ 满足 $x = 1$ 时，$y = 0$，代入(9－2)式，得

$$C = -1$$

因此所求曲线方程为 $y = x^3 - 1$.

例 9.2　列车在平直的线路上以 20 米/秒的速度行驶，在制动过程中，列车获

得的加速度为-0.4米/秒^2,问开始制动后多少时间列车才能停止,以及列车在这段时间里行驶了多少路程?

解 设列车在制动阶段的运动规律为$s=s(t)$,则

$$\frac{d^2s}{dt^2}=-0.4, \tag{9-3}$$

对上式两端积分一次,得

$$v=\frac{ds}{dt}=-0.4t+C_1, \tag{9-4}$$

再积分一次,得

$$s=-0.2t^2+C_1t+C_2,\text{式中 } C_1\text{、}C_2 \text{ 都是任意常数}. \tag{9-5}$$

此外,由题意可知,未知函数$s=s(t)$满足如下条件:$t=0$时,$s=0$,$v=\frac{ds}{dt}=20$.

将条件$t=0$时,$v=20$代入式(9-4),得$C_1=20$,$s=0$代入式(9-5),得$C_2=0$.

因此,得到$v=-0.4t+20$,$s=-0.2t^2+20t$,当列车停止时,$v=0$,即$-0.4t+20=0$,由此得到列车从开始制动到停止所需时间为

$$t=50\text{ 秒}.$$

把$t=50$代入(9-5)s,得到列车在制动阶段行驶的路程为

$$s=500\text{ 米}.$$

在上面两个例子中,式(9-1)、(9-3)都是含有未知函数的导数的方程.

9.1.2 微分方程的一般概念

定义 9.1 含有自变量、未知函数及其导数(或微分)的方程,称为**微分方程**.

注意 微分方程中未知函数及自变量可不出现,但未知函数的导数必须出现.

定义 9.2 未知函数为一元函数的微分方程,称为**常微分方程**;未知函数为多元函数,从而出现多元函数的偏导数的微分方程,称为**偏微分方程**.

本章只讨论常微分方程.

常微分方程的一般形式为

$$F(x, y, y', y'', \cdots, y^{(n)}) = 0, \tag{9-6}$$

其中 x 为自变量，$y = y(x)$ 是未知函数，在式(9-6)中，$y^{(n)}$ 必须出现，而其余变量可以不出现.

例如在 n 阶微分方程

$$y^{(n)} + 1 = 0$$

中，其余变量都没有出现.

如果能从方程(9-6)中解出最高阶导数，就得到微分方程

$$y^{(n)} = f(x, y, y', \cdots, y^{(n-1)}). \tag{9-7}$$

以后讨论的方程主要是形如(9-7)的微分方程，并且假设式(9-7)右端的函数 f 在所讨论的范围内连续.

如果方程(9-7)可表示为如下形式：

$$y^{(n)} + a_1(x)y^{(n-1)} + \cdots + a_{n-1}(x)y' + a_n(x)y = g(x),$$

则称上述方程为 n **阶线性微分方程**，其中 $a_1(x)$，$a_2(x)$，$\cdots$，$a_n(x)$ 和 $g(x)$ 均为自变量 x 的已知函数. 把不能表示成上式的微分方程，统称为**非线性微分方程**.

方程中出现的未知函数的最高阶导数的阶数，称为**微分方程的阶**.

在研究实际问题时，首先要建立属于该问题的微分方程，然后找出满足该微分方程的函数(即解微分方程)，满足方程的任一函数都称为**微分方程的解**.

方程的解中含有相互独立的任意常数，且任意常数的个数与微分方程的阶数相同，这样的解称为微分方程的**通解**.

注意 这里所说的相互独立的任意常数，是指它们不能通过合并而使得通解中的任意常数的个数减少. 用来确定方程通解中任意常数的附加条件通常称为定解条件，如果这种附加条件是由系统在某一瞬间所处的状态给出的，则称这种定解条件为**初始条件**. 满足初始条件的解称为微分方程的**特解**.

研究微分方程主要解决下面两个问题：

(1) 建立微分方程，即根据实际问题列出含有未知函数的导数的关系式(也就是由物理模型建立数学模型)；

(2) 解微分方程，即由微分方程求出未知函数.

例 9.3 验证函数 $y = Ce^{-x} + x - 1$ 是微分方程 $y' + y = x$ 的解.

解 因为 $y' = -Ce^{-x} + 1$，把 y 和 y' 代入微分方程的左端，得

$$y' + y = -Ce^{-x} + 1 + Ce^{-x} + x - 1 = x,$$

所以函数 $y = Ce^{-x} + x - 1$ 满足所给的微分方程，因此是微分方程的解.

例 9.4 求函数 $y=\dfrac{1}{x+C}$ 所满足的一阶微分方程.

解 因为 $y'=-\dfrac{1}{(x+C)^2}$，即 $y'+y^2=0$，所以函数 $y=\dfrac{1}{x+C}$ 所满足的微分方程为

$$y'+y^2=0.$$

注意 在此例中，$y=\dfrac{1}{x+C}$ 是一阶微分方程 $y'+y^2=0$ 的通解，显然 $y=0$ 也是方程的解，但它不包含在通解之中. 由此可以看出，微分方程的通解并不一定是它的一切解.

例 9.5 验证函数 $y=C_1\cos kx+C_2\sin kx$ 是微分方程 $\dfrac{d^2y}{dx^2}+k^2y=0$ 的解，并求满足初始条件 $y|_{x=0}=A$，$\left.\dfrac{dy}{dx}\right|_{x=0}=0$ 的特解.

解 $\dfrac{dy}{dx}=-kC_1\sin kx+kC_2\cos kx$，$\dfrac{d^2y}{dx^2}=-k^2C_1\cos kx-k^2C_2\sin kx$，将其代入题设方程，得 $-k^2(C_1\cos kx+C_2\sin kx)+k^2(C_1\cos kx+C_2\sin kx)=0$，故 $y=C_1\cos kx+C_2\sin kx$ 是原方程的解，

由条件 $y|_{x=0}=A$，$\left.\dfrac{dy}{dx}\right|_{x=0}=0$，得 $C_1=A$，$C_2=0$，代入函数表达式，得特解 $y=A\cos kx$.

习 题 9.1

1. 什么是微分方程的阶？

2. 什么是微分方程的通解与特解？

3. 下列哪些方程是微分方程？若是微分方程，指出它的阶：

(1) $2y'+y+4x^2=0$； (2) $y''+x+1=y^2$；

(3) $y+(y')^2=0$； (4) $y+x+1=0$；

(5) $y''+y'-2y=e^x$； (6) $x+2y+y'=1$.

4. 检验下列各题中的函数是否为所给微分方程的解，若是，指出是通解还是特解：

(1) $x^2+y^2=C(C>0)$，$y'=-\dfrac{x}{y}$；

(2) $y=\dfrac{\sin x}{x}$, $xy'+y=\cos x$;

(3) $y=(C_1+C_2x)e^x+x+2$, $y''-2y'+y=x$;

(4) $y=\dfrac{1}{x}$, $y''=x^2+y^2$.

5. 验证：由方程 $y=\ln(xy)$ 所确定的函数为微分方程 $(xy-x)y''+xy'-2y'=0$ 的解.

6. 验证：$y=Cx^3$ 是方程 $3y-xy'=0$ 的通解（C 为任意常数），并求满足初始条件 $y(1)=\dfrac{1}{3}$ 的特解.

7. 验证：$e^y+C_1=(x+C_2)^2$ 是方程 $y''+(y')^2=2e^{-y}$ 的通解（C_1, C_2 为任意常数），并求满足初始条件 $y(0)=0$, $y'(0)=\dfrac{1}{2}$ 的特解.

8. 设函数 $y=(1+x)^2u(x)$ 是方程 $y'-\dfrac{2}{x+1}y=(x+1)^3$ 的通解，求 $u(x)$.

9. 设曲线在点(x, y)处的切线斜率等于该点横坐标的平方，写出该曲线所满足的微分方程.

10. 设曲线上点 $P(x, y)$ 处的法线与 x 轴的交点为 Q，且线段 PQ 被 y 轴平分，写出该曲线所满足的微分方程.

9.2 可分离变量的微分方程

微分方程的类型是多种多样的，它们的解法也各不相同，本节将根据微分方程的不同类型，给出相应的解法.

一阶微分方程的一般形式为

$$F(x, y, y')=0.$$

如果上式关于 y' 可解出，则方程可写为

$$y'=f(x, y).$$

一阶微分方程的通解中含有一个任意常数，为了确定这个任意常数，必须给出一个初始条件，通常是给出当 $x=x_0$ 时未知函数对应的值 $y=y_0$，即

$$y(x_0)=y_0\text{，或记作 } y\big|_{x=x_0}=y_0.$$

9.2.1 可分离变量的微分方程

如果一阶微分方程 $F(x, y, y')=0$ 能化为

$$\frac{\mathrm{d}y}{\mathrm{d}x}=f(x)g(y) \quad 或 \quad g(y)\mathrm{d}y=f(x)\mathrm{d}x$$

的形式,则称原方程 $F(x, y, y')=0$ 为**可分离变量的微分方程**.

方程的特点,即经过整理后,其中 x 的函数与 $\mathrm{d}x$ 在等式一边,y 的函数与 $\mathrm{d}y$ 在等式另一边,两边可以各自积分.

求解步骤:

(1) 分离变量:即把方程变为 $g(y)\mathrm{d}y=f(x)\mathrm{d}x$;

(2) 两端积分:$\int g(y)\mathrm{d}y=\int f(x)\mathrm{d}x$ 即得通解.

注意 如果 $g(y_0)=0$,则易知 $y=y_0$ 也是方程 $\frac{\mathrm{d}y}{\mathrm{d}x}=f(x)g(y)$ 的解.

例 9.6 求微分方程 $\frac{\mathrm{d}y}{\mathrm{d}x}=x(1+y^2)$ 的通解.

解 分离变量,得
$$\frac{\mathrm{d}y}{1+y^2}=x\mathrm{d}x,$$
两端积分,得
$$\arctan y=\frac{1}{2}x^2+C,$$
因而得到方程的通解为
$$y=\tan\left(\frac{1}{2}x^2+C\right),式中 C 为任意常数.$$

例 9.7 求微分方程 $\frac{\mathrm{d}x}{y}+\frac{\mathrm{d}y}{x}=0$ 满足初始条件 $x=2$ 时,$y=4$ 的特解.

解 先求微分方程的通解,分离变量后将方程写成 $y\mathrm{d}y=-x\mathrm{d}x$,

两端积分,得
$$\frac{y^2}{2}=-\frac{x^2}{2}+C,$$
当 $x=2$ 时,$y=4$,由此得 $C=10$,于是所求特解为 $x^2+y^2=20$.

例 9.8 已知 $f'(\sin^2 x)=\cos 2x+\tan^2 x$,求 $f(x)$.

解 设 $y=\sin^2 x$,则 $\cos 2x=1-2\sin^2 x=1-2y$,

$$\tan^2 x=\frac{\sin^2 x}{\cos^2 x}=\frac{\sin^2 x}{1-\sin^2 x}=\frac{y}{1-y},$$

所以 $$f'(y)=1-2y+\frac{y}{1-y}=-2y+\frac{1}{1-y},$$

所以 $$f(y)=\int\left(-2y+\frac{1}{1-y}\right)\mathrm{d}y=-y^2-\ln(1-y)+C,$$

故 $$f(x)=-x^2-\ln(1-x)+C\ (0<x<1).$$

例 9.9 设一物体的温度为 100℃,将其放置在空气温度为 20℃的环境中冷却,试求物体温度随时间 t 的变化规律.

解 设物体的温度 T 与时间 t 的函数关系为 $T=T(t)$,建立该问题的数学模型

$$\begin{cases}\dfrac{\mathrm{d}T}{\mathrm{d}t}=-k(T-20), & (1),\\ T|_{t=0}=100, & (2),\end{cases}$$ 式中 $k\ (k>0)$ 为比例常数.

下面来求上述初值问题的解. 分离变量,得

$$\frac{\mathrm{d}T}{T-20}=-k\mathrm{d}t,$$

两边积分,

$$\int\frac{1}{T-20}\mathrm{d}T=\int-k\mathrm{d}t,$$

得 $\ln|T-20|=-kt+C_1$,其中 C_1 为任意常数,

即 $T-20=\pm\mathrm{e}^{-kt+C_1}=\pm\mathrm{e}^{C_1}\mathrm{e}^{-kt}=C\mathrm{e}^{-kt}$,式中 $C=\pm\mathrm{e}^{C_1}$,

从而 $$T=20+C\mathrm{e}^{-kt},$$

再将条件(2)代入,得 $C=100-20=80$,于是,所求规律为 $T=20+80\mathrm{e}^{-kt}$.

注意 物体冷却的数学模型在多个邻域有着广泛的应用.

9.2.2 齐次方程

形如
$$\frac{\mathrm{d}y}{\mathrm{d}x}=f\left(\frac{y}{x}\right) \tag{9-8}$$

的一阶微分方程称为**齐次微分方程**,简称**齐次方程**.

齐次方程通过变量替换,可化为可分离变量的方程求解,即令

$$u=y/x\quad 或\quad y=ux,$$

其中 $u=u(x)$ 是新的未知函数,则有

$$\frac{\mathrm{d}y}{\mathrm{d}x}=u+x\frac{\mathrm{d}u}{\mathrm{d}x},$$

将其代入式(9-8),得

$$u+x\frac{\mathrm{d}u}{\mathrm{d}x}=f(u), \tag{9-9}$$

分离变量,得

$$\frac{\mathrm{d}u}{f(u)-u}=\frac{\mathrm{d}x}{x},$$

两边积分,得

$$\int\frac{\mathrm{d}u}{f(u)-u}=\int\frac{\mathrm{d}x}{x}.$$

求出积分后,再将 $u=y/x$ 回代,得到方程(9-8)的通解.

注意 如果有 u_0,使得 $f(u_0)-u_0=0$,则显然 $u=u_0$ 也是原方程的解,从而 $y=u_0x$ 也是原方程的解;如果 $f(u)-u\equiv 0$,则原方程变成 $\frac{\mathrm{d}y}{\mathrm{d}x}=\frac{y}{x}$,这是一个可分离变量的方程.

例 9.10 解微分方程 $\frac{\mathrm{d}x}{x^2-xy+y^2}=\frac{\mathrm{d}y}{2y^2-xy}$.

解 题设方程变形为

$$\frac{\mathrm{d}y}{\mathrm{d}x}=\frac{2y^2-xy}{x^2-xy+y^2}=\frac{2\left(\frac{y}{x}\right)^2-\frac{y}{x}}{1-\frac{y}{x}+\left(\frac{y}{x}\right)^2},$$

令 $u=\frac{y}{x}$,则 $\frac{\mathrm{d}y}{\mathrm{d}x}=u+x\frac{\mathrm{d}u}{\mathrm{d}x}$,

代入原方程,得 $u+x\frac{\mathrm{d}u}{\mathrm{d}x}=\frac{2u^2-u}{1-u+u^2}$,

分离变量,得

$$\left[\frac{1}{2}\left(\frac{1}{u-2}-\frac{1}{u}\right)-\frac{2}{u-2}+\frac{1}{u-1}\right]\mathrm{d}u=\frac{\mathrm{d}x}{x},$$

两端积分，得

$$\ln(u-1)-\frac{3}{2}\ln(u-2)-\frac{1}{2}\ln u=\ln x+\ln C,$$

整理，得

$$\frac{u-1}{\sqrt{u}\,(u-2)^{\frac{3}{2}}}=Cx,$$

所以所求方程的解为 $\quad (y-x)^2=Cy\,(y-2x)^3.$

注意 齐次方程都可以用变换 $u=\dfrac{y}{x}$ 的方法来解. 但使用变量代换求解的题，最后必须换回原变量.

例 9.11 求解微分方程 $x(\ln x-\ln y)\mathrm{d}y-y\mathrm{d}x=0$

解 原方程变形为 $\ln\dfrac{y}{x}\mathrm{d}y+\dfrac{y}{x}\mathrm{d}x=0$，令 $u=\dfrac{y}{x}$，则 $\dfrac{\mathrm{d}y}{\mathrm{d}x}=u+x\dfrac{\mathrm{d}u}{\mathrm{d}x}$ 代入原方程，

整理得

$$\frac{\ln u}{u(\ln u+1)}\mathrm{d}u=-\frac{\mathrm{d}x}{x},$$

两边积分，得

$$\ln u-\ln(\ln u+1)=-\ln x+\ln C,$$

即

$$y=C(\ln u+1),$$

变量回代得通解

$$y=C\left(\ln\frac{y}{x}+1\right).$$

例 9.12 求微分方程 $x(y^2-1)\mathrm{d}x+y(x^2-1)\mathrm{d}y=0$ 的通解.

解 分离变量，得

$$\frac{x}{x^2-1}\mathrm{d}x+\frac{y}{y^2-1}\mathrm{d}y=0,$$

积分，得所求的通解为

$$\ln(y^2-1)+\ln(x^2-1)=\ln C,$$

即

$$(y^2-1)(x^2-1)=C.$$

例 9.13 求微分方程 $\frac{dy}{dx}+\cos\frac{x-y}{2}=\cos\frac{x+y}{2}$ 的通解.

解 移项,得

$$\frac{dy}{dx}+\cos\frac{x-y}{2}-\cos\frac{x+y}{2}=0,$$

和差化积,得
$$\frac{dy}{dx}+2\sin\frac{x}{2}\sin\frac{y}{2}=0,$$

两边积分,得
$$\int\frac{dy}{2\sin\frac{y}{2}}=-\int\sin\frac{x}{2}dx,$$

所求解为
$$\ln\left|\csc\frac{y}{2}-\cot\frac{y}{2}\right|=2\cos\frac{x}{2}+C.$$

习 题 9.2

1. 求下列微分方程的通解:

(1) $xy'-y\ln y=0$;　　(2) $x(y^2-2)dx+y(x^2-1)dy=0$;

(3) $xy\,dx+\sqrt{1-x^2}dy=0$;　　(4) $x\,dy+dx=e^y\,dx$;

(5) $\tan x\frac{dy}{dx}=1+y$;　　(6) $\frac{dy}{dx}=10^{x+y}$.

2. 求下列齐次方程的通解:

(1) $xy'-y-\sqrt{y^2-x^2}=0$;　　(2) $x\frac{dy}{dx}=y\ln\frac{y}{x}$;

(3) $\left(x+y\cos\frac{y}{x}\right)dx-x\cos\frac{y}{x}dy=0$;(4) $y'=e^{\frac{y}{x}}+\frac{y}{x}$.

3. 求下列微分方程满足初始条件的特解:

(1) $\sin 2x\,dx+\cos 3y\,dy=0$, $y\left(\frac{\pi}{2}\right)=\frac{\pi}{3}$;

(2) $\frac{dr}{d\theta}=r$, $r(0)=2$;

(3) $y'+\frac{y}{x}=\frac{\sin x}{x}$, $y(\pi)=1$;

(4) $y'+y\cos x=\sin x\cos x$, $y(0)=1$.

4. 利用变量代换法求 $(x+y)\mathrm{d}x+(3x+3y-4)\mathrm{d}y=0$ 的通解.

5. 镭的衰变速度与它的现存量 R 成正比,由经验材料得知:镭经过 1 600 年后,只剩下原始量 R_0 的一半,求镭的量 R 与时间 t 的函数关系.

6. 一曲线通过点(2, 3),它在两坐标轴间的任意切线段均被切点所平分,求此曲线方程.

7. 求一曲线方程,该曲线经过原点,并且它在点(x, y)处切线的斜率等于 $2x+y$.

8. 一种细菌每日个数的增长率为10%,现设开始的个数是10 000,问10天以后的个数是多少?

9.3 一阶线性微分方程

形如

$$\frac{\mathrm{d}y}{\mathrm{d}x}+P(x)y=Q(x) \tag{9-10}$$

的方程称为**一阶线性微分方程**,其中 $P(x)$、$Q(x)$ 都是 x 的连续函数.

若 $Q(x)\equiv 0$, 方程变为

$$\frac{\mathrm{d}y}{\mathrm{d}x}+P(x)y=0 \tag{9-11}$$

称为**一阶齐次线性微分方程**,简称齐次线性方程. 方程(9-10)称为**一阶非齐次线性微分方程**,简称非齐次线性方程.

注意 这里的"齐次"是指方程的右端为零,与上节中齐次方程含义不同.

齐次线性方程的解法

可用**分离变量法**求其通解. 将方程(9-11)分离变量后,得

$$\frac{\mathrm{d}y}{y}=-P(x)\mathrm{d}x,$$

两端积分,得

$$\ln y=-\int P(x)\mathrm{d}x+\ln C,$$

即 $y=C\mathrm{e}^{-\int P(x)\mathrm{d}x}$ 为一阶线性齐次方程的通解,式中 C 为任意常数.

例 9.14 解微分方程 $y'+(\sin x)y=0$.

解 是一阶齐次线性方程,且 $P(x)=\sin x$, 由于 $-\int P(x)\mathrm{d}x=-\int \sin x\mathrm{d}x=$

$\cos x$，由公式(9-11)可得通解为 $y=Ce^{\cos x}$.

一阶非齐次线性方程的通解

可用**常数变易法**求得. 这种方法是把与方程(9-11)相对应的线性齐次方程的通解 $y=Ce^{-\int P(x)dx}$ 中的常数 C 换为 x 的未知函数 $C(x)$，即作变换

$$y=C(x)e^{-\int P(x)dx}, \tag{9-12}$$

则

$$\frac{dy}{dx}=C'(x)e^{-\int P(x)dx}-P(x)C(x)e^{-\int P(x)dx},$$

将 y 和 $\frac{dy}{dx}$ 代入方程(9-10)，可得

$$C'(x)e^{-\int P(x)dx}=Q(x),$$

即

$$C'(x)=Q(x)e^{\int P(x)dx},$$

积分后，得

$$C(x)=\int Q(x)e^{\int P(x)dx}dx+C,$$

由于 $p(x)$、$Q(x)$ 为已知，因而 $C(x)$ 便确定了.

把 $C(x)$ 代回式(9-12)，就得到了线性非齐次方程(9-10)的通解公式：

$$y=e^{-\int P(x)dx}\left[\int e^{\int P(x)dx}Q(x)dx+C\right], \tag{9-13}$$

式中 C 为任意常数.

上述这种将常数 C 变为待定函数 $C(x)$，再通过确定 $C(x)$ 而求得方程解的方法，称为常数变易法. 将式(9-13)写成

$$y=Ce^{-\int P(x)dx}+e^{-\int P(x)dx}\int e^{\int P(x)dx}Q(x)dx. \tag{9-14}$$

可见，式(9-14)中的第一项是对应的线性齐次方程(9-11)的通解，第二项是线性非齐次方程(9-11)的一个特解(可在通解式(9-13)中取 $C=0$ 得到). 由此可知，一阶线性非齐次方程的通解，是对应的齐次方程的通解与非齐次方程的一个特解叠加而成. 这就是一阶线性非齐次微分方程通解的结构形式.

在求解一阶线性非齐次方程时，式(9-13)可以作为通解的公式使用，但这个公式比较复杂，不易记住，必要时可用常数变易法直接求解.

求解步骤

(1) 根据所给方程写出 $P(x)$、$Q(x)$；

(2) 求出 $\int P(x)\mathrm{d}x$，$-\int P(x)\mathrm{d}x$，$\mathrm{e}^{-\int P(x)\mathrm{d}x}$，$\mathrm{e}^{\int P(x)\mathrm{d}x}$；

(3) 求出 $\int Q(x)\mathrm{e}^{\int P(x)\mathrm{d}x}\mathrm{d}x$；

(4) 代入公式，求出通解或特解.

例 9.15 求方程 $\frac{\mathrm{d}y}{\mathrm{d}x}+2xy=2x\mathrm{e}^{-x^2}$ 的通解.

解 1 先求解对应的齐次方程

$$\frac{\mathrm{d}y}{\mathrm{d}x}+2xy=0,$$

分离变量，得
$$\frac{\mathrm{d}y}{y}=-2x\mathrm{d}x,$$

两端积分，得
$$\ln y=-x^2+\ln C,$$

即 $y=C\mathrm{e}^{-x^2}$ 为对应的齐次方程的通解.

再用常数变易法求原方程的解，设 $y=C(x)\mathrm{e}^{-x^2}$ 为原方程的解，则

$$\frac{\mathrm{d}y}{\mathrm{d}x}=C'(x)\mathrm{e}^{-x^2}-2xC(x)\mathrm{e}^{-x^2},$$

将 $\frac{\mathrm{d}y}{\mathrm{d}x}$ 及 y 代入原方程，整理后得 $C'(x)=2x$，

积分后，得
$$C(x)=x^2+C,$$

则所求方程的通解为 $y=(x^2+C)\mathrm{e}^{-x^2}$，式中 C 为任意常数.

解 2 运用通解公式求解.

因为
$$P(x)=2x, Q(x)=2x\mathrm{e}^{-x^2},$$

得
$$-\int P(x)\mathrm{d}x=-\int 2x\mathrm{d}x=-x^2,\ \mathrm{e}^{-\int P(x)\mathrm{d}x}=\mathrm{e}^{-x^2},$$

$$\int Q(x)\mathrm{e}^{\int P(x)\mathrm{d}x}\mathrm{d}x=\int 2x\mathrm{e}^{-x^2}\mathrm{e}^{x^2}\mathrm{d}x=\int 2x\mathrm{d}x=x^2.$$

代入通解公式，得原方程的通解为

$$y=(x^2+C)\mathrm{e}^{-x^2}\text{，式中 }C\text{ 为任意常数.}$$

例 9.16 求方程 $x\frac{\mathrm{d}y}{\mathrm{d}x}+2y=x^4$ 满足初始条件 $y|_{x=1}=\frac{1}{6}$ 的特解.

解 将方程化为标准形式：

$$\frac{\mathrm{d}y}{\mathrm{d}x}+\frac{2}{x}y=x^3\text{，因为 }P(x)=\frac{2}{x}\text{，}Q(x)=x^3\text{，}$$

得

$$-\int P(x)\mathrm{d}x=-\int\frac{2}{x}\mathrm{d}x=-2\ln x\text{，}\mathrm{e}^{-\int P(x)\mathrm{d}x}=\mathrm{e}^{-2\ln x}=\frac{1}{x^2}\text{，}$$

$$\int Q(x)\mathrm{e}^{\int P(x)\mathrm{d}x}\mathrm{d}x=\int x^3x^2\mathrm{d}x=\frac{x^6}{6}\text{，}$$

代入通解公式，得原方程的通解为

$$y=\frac{1}{x^2}\left(\frac{x^6}{6}+C\right)=\frac{1}{6}x^4+\frac{C}{x^2}\text{，式中 }C\text{ 为任意常数.}$$

由初始条件 $y|_{x=1}=\frac{1}{6}$，得 $C=0$，故所求特解为 $y=\frac{x^4}{6}$.

例 9.17 解方程 $y'-\frac{2}{x+1}y=(x+1)^3$.

解 因为

$$P(x)=-\frac{2}{x+1}\text{，}Q(x)=(x+1)^3\text{，}$$

所以 $\int P(x)\mathrm{d}x=-\int\frac{2}{x+1}\mathrm{d}x=-2\ln(x+1)$，$-\int P(x)\mathrm{d}x=2\ln(x+1)$，

$$\int Q(x)\mathrm{e}^{\int P(x)\mathrm{d}x}\mathrm{d}x=\int(x+1)^3\cdot\frac{1}{(x+1)^2}\mathrm{d}x=\int(x+1)\mathrm{d}x=\frac{1}{2}(x+1)^2\text{，}$$

所以

$$y=(x+1)^2\left[\frac{1}{2}(x+1)^2+C\right]\text{，式中 }C\text{ 为任意常数.}$$

例 9.18 解方程 $\frac{\mathrm{d}y}{\mathrm{d}x}+y\cos x=\mathrm{e}^{-\sin x}$.

解 因为 $P(x)=\cos x$，$Q(x)=\mathrm{e}^{-\sin x}$，

所以 $\int P(x)\mathrm{d}x=\sin x$，$-\int P(x)\mathrm{d}x=-\sin x$，$\int Q(x)\mathrm{e}^{\int P(x)\mathrm{d}x}\mathrm{d}x=\int\mathrm{e}^{-\sin x}\cdot\mathrm{e}^{\sin x}\mathrm{d}x=x$，

所以 $y=\mathrm{e}^{-\sin x}(x+C)$，式中 C 为任意常数.

例 9.19 求方程 $(x+y^2)\dfrac{\mathrm{d}y}{\mathrm{d}x}=y$ 满足初始条件 $y\big|_{x=3}=1$ 的特解.

解 所给方程中含有 y^2，因此，如果仍把 x 看作自变量，y 看作未知函数，则它不是线性方程. 对于这类一阶微分方程，如果把 $x=x(y)$ 看作未知函数，则原方程就是关于未知函数 $x(y)$ 的线性方程，

得 $\dfrac{\mathrm{d}x}{\mathrm{d}y}-\dfrac{x}{y}=y$，因为 $P(y)=-\dfrac{1}{y}$，$Q(y)=y$，

得 $-\int P(y)\mathrm{d}y=\int\dfrac{1}{y}\mathrm{d}y=\ln y$，$\mathrm{e}^{-\int P(y)\mathrm{d}y}=\mathrm{e}^{\ln y}=y$，$\mathrm{e}^{\int P(y)\mathrm{d}y}=\mathrm{e}^{-\ln y}=\dfrac{1}{y}$，

所以 $\int Q(y)\mathrm{e}^{\int P(y)\mathrm{d}y}\mathrm{d}y=\int y\cdot\dfrac{1}{y}\mathrm{d}y=y$，$x=y(y+C)$，式中 C 为任意常数.

由初始条件：$y\big|_{x=3}=1$，得 $C=2$，故特解为 $x=2y+y^2$.

例 9.20 求微分方程 $\dfrac{\mathrm{d}y}{\mathrm{d}x}=\dfrac{\cos y}{\cos y\sin 2y-x\sin y}$ 的通解.

解 因为 $\dfrac{\mathrm{d}x}{\mathrm{d}y}=\dfrac{\cos y\sin 2y-x\sin y}{\cos y}=\sin 2y-x\tan y$，

故原方程化为
$$\frac{\mathrm{d}x}{\mathrm{d}y}+(\tan y)\cdot x=\sin 2y,$$

因为
$$P(y)=\tan y, Q(y)=\sin 2y,$$

所以 $\int P(y)\mathrm{d}y=\int\tan y\mathrm{d}y=-\ln|\cos y|$，$\mathrm{e}^{\int P(y)\mathrm{d}y}=\mathrm{e}^{-\ln|\cos y|}=\dfrac{1}{\cos y}$，

$$\int Q(y)\mathrm{e}^{\int P(y)\mathrm{d}y}\mathrm{d}y=\int\frac{\sin 2y}{\cos y}\mathrm{d}y=2\int\sin y\mathrm{d}y=-2\cos y,$$

所以
$$x=\cos y(-2\cos y+C)\text{，式中 } C \text{ 为任意常数.}$$

例 9.21 设函数 $f(x)$ 可微且满足关系式

$$\int_0^x[2f(t)-1]\mathrm{d}t=f(x)-1,$$

求 $f(x)$.

解 令 $y=f(x)$，原方程两边对 x 求导，得 $2y-1=y'$，即 $y'-2y=-1$，

因为
$$P(x)=-2, Q(x)=-1,$$

所以 $\int P(x)\mathrm{d}x=-\int 2\mathrm{d}x=-2x$，$\mathrm{e}^{\int P(x)\mathrm{d}x}=\mathrm{e}^{-2x}$，$\mathrm{e}^{-\int P(x)\mathrm{d}x}=\mathrm{e}^{2x}$，

$$\int Q(x)\mathrm{e}^{\int P(x)\mathrm{d}x}\mathrm{d}x = -\int \mathrm{e}^{-2x}\mathrm{d}x = \frac{1}{2}\mathrm{e}^{-2x},$$

所以通解为 $$y = \mathrm{e}^{2x}\left(\frac{1}{2}\mathrm{e}^{-2x} + C\right) = \frac{1}{2} + C\mathrm{e}^{2x}.$$

由初始条件 $f(0) = 1$，得：$C = \frac{1}{2}$，从而所求的函数为

$$f(x) = \frac{1}{2}(1 + \mathrm{e}^{2x}).$$

习 题 9.3

1. 解下列微分方程：

(1) $y' = -\frac{x}{y}$；

(2) $2x^2yy' = y^2 + 1$；

(3) $(1 + \mathrm{e}^x)yy' = \mathrm{e}^x$；

(4) $\sqrt{1 + y^2}\,\mathrm{d}x = xy\,\mathrm{d}y$；

(5) $y' = 1 + x + y^2 + xy^2$；

(6) $y' = 2x - y$；

(7) $y' = \frac{2xy - y^2}{x^2}$；

(8) $y' = \frac{y}{x}(1 + \ln y - \ln x)$；

(9) $y^2 + x^2y' = xyy'$；

(10) $xy' + y = 2\sqrt{xy}$.

2. 求下列微分方程的特解：

(1) $xy\,\mathrm{d}x + (x + 1)\mathrm{d}y = 0$，$y(0) = 2$；

(2) $y'\sin x = y\ln y$，$y\left(\frac{\pi}{2}\right) = \mathrm{e}$；

(3) $x\,\mathrm{d}y + 2y\,\mathrm{d}x = 0$，$y(2) = 1$；

(4) $y' = \frac{x}{y} + \frac{y}{x}$，$y(1) = 2$；

(5) $y' + 3y = 8$，$y(0) = 2$；

(6) $y' - y\tan x = \sec x$，$y(0) = 0$.

3. 求下列伯努利方程的通解：

(1) $y' - 3xy = xy^2$；

(2) $3xy' - y - 3xy^4\ln x = 0$；

(3) $y' + \frac{1}{3}y = \frac{1}{3}(1 - 2x)y^4$；

(4) $y' = \frac{\ln x}{x}y^2 - \frac{1}{x}y$.

4. 求下列微分方程的特解：

(1) $y' - y\tan x = \sec x$, $y(0) = 0$；(2) $y' - y = e^x$, $y(0) = 1$.

5. 通过适当的变换求下列方程的通解：

(1) $xy' + x + \sin(x + y) = 0$；　　(2) $(y + xy^2)dx + (x - x^2 y)dy = 0$.

9.4 可降阶的二阶微分方程

一般对于高阶微分方程没有普遍的解法，处理问题的基本原则是降阶，利用代换把高阶方程化为较低阶方程求解.

关于二阶微分方程，它的一般形式是

$$F(x, y, y', y'') = 0.$$

假定从这个方程可以解出 y''，也就是说可写成形如 $y'' = f(x, y, y')$ 的方程.

本节介绍其中三种特殊类型，它们有的可以通过积分求得，有的可以经过适当的变量代换将二阶方程降为一阶方程求解后，再将变量回代，从而求得所给二阶微分方程的解.

9.4.1 $y''=f(x)$型

这是最简单的二阶方程，其特点是方程中不显含未知函数及其一阶导数，通过两次积分即可求得其通解，一次积分得

$$y' = \int f(x)dx + C_1,$$

再次积分，得通解

$$y = \int\left[\int f(x)dx + C_1\right]dx + C_2$$

式中 C_1,C_2 是两个独立的任意常数.

注意　这种类型的方程的解法，可推广到 n 阶微分方程

$$y^{(n)} = f(x),$$

只要连续积分 n 次，就可得这个方程的含有 n 个独立的任意常数的通解.

例 9.22　解方程：$y'' = e^{2x} - \cos x$.

解　积分，得

$$y' = \frac{1}{2}e^{2x} - \sin x + C_1,$$

再次积分,得

$$y=\frac{1}{4}e^{2x}+\cos x+C_1x+C_2,$$

式中 C_1,C_2 是两个独立的任意常数.

9.4.2 $y''=f(x, y')$型

方程的特征:不显含未知函数 y.

解法:

(1) 作变量代换 $y'=p(x)$,则 $y''=p'=\frac{dp}{dx}$,

原方程为
$$\frac{dp}{dx}=f(x, p);$$

(2) 积分一次,求得通解 $p=\varphi(x, C_1)$,其中 $\varphi(x, C_1)=\int f(x, p)dx$,

即
$$\frac{dy}{dx}=\varphi(x, C_1);$$

(3) 再积分一次,得到原方程的通解

$$y=\int\varphi(x, C_1)dx+C_2.$$

例 9.23 解方程:$y''=\frac{1}{x}y'+xe^x$.

解 设 $y'=p(x)$,则 $y''=p'$ 于是 $p'-\frac{1}{x}p=xe^x$,

$$P(x)=-\frac{1}{x},\ Q(x)=xe^x,\ \int P(x)dx=-\ln x,\ -\int P(x)dx=\ln x,$$

$$e^{\int p(x)dx}=\frac{1}{x},\ e^{-\int p(x)dx}=x,\ \int Q(x)e^{\int p(x)dx}=\int xe^x\cdot\frac{1}{x}dx=e^x,$$

$$p=x(e^x+C_1)=xe^x+C_1x,$$

两端积分,得 $y=(x-1)e^x+\frac{C_1}{2}x^2+C_2$,式中 C_1,C_2 是两个独立的任意常数.

例 9.24 求方程 $(1+x^2)y''=2xy'$ 满足初始条件 $y|_{x=0}=1$, $y'|_{x=0}=3$ 的

特解.

解 设 $y'=p$，则 $(1+x^2)\dfrac{dp}{dx}=2xp$，分离变量，得 $\dfrac{dp}{p}=\dfrac{2x}{1+x^2}dx$，两边积分，得 $\ln p=\ln(1+x^2)+\ln C_1$，所以 $p=y'=C_1(1+x^2)$，再积分，得 $y=C_1x+\dfrac{1}{3}C_1x^3+C_2$，将所给条件代入，得：$C_1=3$，$C_2=1$，

所以
$$y=x^3+3x+1.$$

9.4.3 $y''=f(y, y')$型

方程的特征：不显含自变量 x.

解法：

(1) 设 $y'=p(y)$；

(2) 因而 $y''=\dfrac{d^2y}{dx^2}=\dfrac{dp}{dx}=\dfrac{dp}{dy}\cdot\dfrac{dy}{dx}=p\dfrac{dp}{dy}$；

(3) 代入方程，得

$$p\frac{dp}{dy}=f(y, p),\ p=\frac{dy}{dx}=\varphi(y, C_1);$$

(4) 求出关于 p 的通解；

(5) 分离变量，得原方程的通解.

例 9.25 求方程 $2yy''=(y')^2+1$ 的通解.

解 由于方程不含自变量 x，这时，一般可设 $p=y'$，

因而，$y''=\dfrac{dp}{dx}=\dfrac{dp}{dy}\cdot\dfrac{dy}{dx}=p\cdot\dfrac{dp}{dy}$，原方程可化为 $2y\cdot p\cdot\dfrac{dp}{dy}=p^2+1$，

分离变量，得 $\dfrac{2pdp}{1+p^2}=\dfrac{dy}{y}$，两边积分，得 $\ln(1+p^2)=\ln y+\ln C_1$，

所以 $1+p^2=C_1y$，即 $p=\pm\sqrt{C_1y-1}$，$\dfrac{dy}{dx}=\pm\sqrt{C_1y-1}$，

分离变量，得 $\dfrac{dy}{\pm\sqrt{C_1y-1}}=dx$，两边积分，得 $\pm\dfrac{2}{C_1}\sqrt{C_1y-1}=x+C_2$，

所以方程的通解为

$$y=\frac{C_1}{4}(x+C_2)^2+\frac{1}{C_1}.$$

注意 此处 $C_1^2 = C_1$.

例 9.26 求方程 $y'' = 2yy'$ 满足初始条件 $y(0) = 1$, $y'(0) = 2$ 的特解.

解 令 $y' = p$, 则 $y'' = p\dfrac{\mathrm{d}p}{\mathrm{d}y}$, 方程为 $p\dfrac{\mathrm{d}p}{\mathrm{d}y} = 2yp$, $p = 0$ 是这个方程的解, 但由 $p = 0$ 得出的解 $y = C$ 虽然是所设方程的解,却不满足初始条件,因此可将方程两端除以 p, 得到

$$\frac{\mathrm{d}p}{\mathrm{d}y} = 2y,$$

积分,得 $\dfrac{\mathrm{d}y}{\mathrm{d}x} = y^2 + C_1$, 代入初始条件 $y = 1, y' = 2$, 则有 $C_1 = 1$,

于是有 $\dfrac{\mathrm{d}y}{\mathrm{d}x} = y^2 + 1$, 分离变量后再积分,得 $\arctan y = x + C_2$.

又由初始条件 $x = 0$ 时 $y = 1$, 得 $\arctan 1 = 0 + C_2$, 故 $C_2 = \dfrac{\pi}{4}$,

因而求得方程的特解 $\arctan y = x + \dfrac{\pi}{4}$, 即 $y = \tan\left(x + \dfrac{\pi}{4}\right)$.

例 9.27 求方程 $y'' = \dfrac{3}{2}y^2$ 满足初始条件 $y\,|_{x=3} = 1$, $y'\,|_{x=3} = 1$ 的特解.

解 令 $y' = p$, 则 $y'' = p\dfrac{\mathrm{d}p}{\mathrm{d}y}$, 代入方程,得 $p\dfrac{\mathrm{d}p}{\mathrm{d}y} = \dfrac{3}{2}y^2$,
即 $2p\mathrm{d}p = 3y^2\mathrm{d}y$, 积分,得 $p^2 = y^3 + C_1$,

由 $y\,|_{x=3} = 1$, $y'\,|_{x=3} = 1$, 得 $C_1 = 0$,
所以 $p^2 = y^3$ 或 $p = y^{\frac{3}{2}}$, 因此 $\dfrac{\mathrm{d}y}{\mathrm{d}x} = y^{\frac{3}{2}}$.

分离变量再积分,得 $-2y^{-\frac{1}{2}} = x + C_2$, 由 $y\,|_{x=3} = 1$, $y'\,|_{x=3} = 1$, 得 $C_2 = -5$, 所以 $y = \dfrac{4}{(x-5)^2}$.

例 9.28 求方程 $y''' = \ln x$ 的通解.

解 对所给方程连续积分三次,得

$$y'' = x\ln x - x + C_1, y' = \frac{x^2}{2}\ln x - \frac{3x^2}{4} + C_1 x + C_2$$

$$y = \frac{1}{6}x^3\ln x - \frac{11}{36}x^3 + \frac{C_1}{2}x^2 + C_2 x + C_3,$$

这就是所求的通解，式中 C_1，C_2 是两个独立的任意常数.

习 题 9.4

1. 求下列微分方程的通解：

(1) $y'' = x + \sin x$；

(2) $y''' = x e^x$；

(3) $y'' = \dfrac{1}{1+x^2}$；

(4) $y'' = 1 + y'^2$；

(5) $xy'' + 1 = y'^2$；

(6) $y'' = y' + x$；

(7) $y''y^3 = 1$；

(8) $yy'' - (y')^2 = y^2 \ln y$.

2. 求微分方程 $y'' = \dfrac{3}{2}y^2$ 满足初始条件 $y(0) = 1$，$y'(0) = 1$ 的特解.

3. 求微分方程 $y^3 y'' + 1 = 0$ 满足初始条件 $y(1) = 1$，$y'(1) = 0$ 的特解.

4. 求满足方程 $y'^2 + 2yy'' = 0$ 且经过点 $(1, 1)$，并在这点与直线 $y = x$ 相切的曲线方程.

5. 求 $y'' = x$ 经过点 $(0, 1)$，且在此点与直线 $y = \dfrac{x}{2} + 1$ 相切的积分曲线.

9.5 二阶线性微分方程解的结构

9.5.1 二阶线性微分方程的概念

二阶线性微分方程的一般形式是

$$y'' + p(x)y' + q(x)y = f(x), \tag{9-15}$$

其中未知函数 y 及其一阶导数 y'、二阶导数 y'' 都是一次的，$p(x)$、$q(x)$ 和 $f(x)$ 都是自变量 x 的已知连续函数，函数 $f(x)$ 称为方程(9-15)的**自由项**.

如果 $f(x) \equiv 0$，方程(9-15)成为

$$y'' + p(x)y' + q(x)y = 0, \tag{9-16}$$

称方程(9-16)为与方程(9-15)对应的**二阶齐次线性微分方程**. 如果 $f(x) \neq 0$，方程(9-15)称为**二阶非齐次线性微分方程**.

本节所讨论的二阶线性微分方程的解的一些性质，还可以推广到 n 阶线性微分方程

$$y^{(n)}+P_1(x)y^{(n-1)}+\cdots+P_{n-1}(x)y'+P_n(x)y=f(x).$$

9.5.2 二阶线性微分方程的解的定理

定理 9.1(解的线性叠加原理) 如果 $y_1(x),y_2(x)$ 是方程(9-16)的两个解，那么

$$y=C_1y_1(x)+C_2y_2(x) \tag{9-17}$$

也是方程(9-17)的解,式中 C_1,C_2 为任意常数.

证 因为 y_1,y_2 是方程(9-16)的解,所以

$$y_1''+p(x)y_1'+q(x)y_1=0,\ y_2''+p(x)y_2'+q(x)y_2=0,$$

将 $y=C_1y_1+C_2y_2$ 代入式(9-16)的左端,由上面两个等式即得

$$\begin{aligned}&(C_1y_1+C_2y_2)''+p(x)(C_1y_1+C_2y_2)'+q(x)(C_1y_1+C_2y_2)\\=&C_1[y_1''+p(x)y_1'+q(x)y_1]+C_2[y_2''+p(x)y_2'+q(x)y_2]\\=&C_1\cdot 0+C_2\cdot 0=0,\end{aligned}$$

所以 $y=C_1y_1+C_2y_2$ 是方程(9-16)的解.

齐次线性方程解的这一性质称为解的叠加性,它是齐次线性方程所特有的性质,非线性方程或非齐次线性方程,都没有这一性质.

定理 9.1 表明,当已知二阶齐次线性方程的两个解 y_1,y_2 时,可以构造出无穷多个解 $C_1y_1+C_2y_2$,但 $y=C_1y_1+C_2y_2$ 并不一定是方程(9-16)的通解.

例如,容易验证 $y_1=e^x$ 和 $y_2=2e^x$ 都是二阶齐次线性方程 $y''-2y'+y=0$ 的解.由定理 9.1 知,$y=C_1e^x+2C_2e^x=(C_1+2C_2)e^x=Ce^x$(式中 C_1,C_2 为任意常数),$y=C_1+2C_2$ 也是它的解,这个解形式上含有两个任意常数 C_1,C_2,实质上只含有一个任意常数 C.

然而二阶微分方程的通解应包含两个独立的任意常数,因此这个叠加起来的解并不是方程 $y''-2y'+y=0$ 的通解.

那么在什么情况下,$y=C_1y_1+C_2y_2$ 才是方程(9-16)的通解呢?

要解决这个问题,还需引入一个新的概念,即所谓函数的线性相关和线性无关.

9.5.3 函数的线性相关和线性无关

定义 9.3 设 $y_1(x),y_2(x)$ 是定义在区间 I 内的两个函数,如果存在两个不全为零的常数 k_1,k_2,使得在区间 I 内恒有

$$k_1y_1(x)+k_2y_2(x)=0,$$

那么称 $y_1(x)$ 和 $y_2(x)$ 在区间 I 内**线性相关**;否则,就称其为**线性无关**.

判断 $y_1(x)$ 和 $y_2(x)$ 在区间 I 内的线性相关性,也可采用:

如果 $\dfrac{y_2(x)}{y_1(x)}\equiv k$ (k 为常数),那么称 $y_1(x)$ 和 $y_2(x)$ **线性相关**;否则,就称其为**线性无关**.

$\dfrac{y_2}{y_1}$ 不等于常数这一条件很重要,它保证了 $y=C_1y_1+C_2y_2$ 中含有两个相互独立的任意常数.满足 $\dfrac{y_2}{y_1}$ 不等于常数这一条件的两个解称为线性无关的两个解.

例如,函数 $y_1=\sin 2x, y_2=4\sin x\cos x$ 是两个线性相关的函数,这是因为

$$\frac{y_1}{y_2}=\frac{\sin 2x}{4\sin x\cos x}=\frac{1}{2},$$

又如,函数 $y_1=\mathrm{e}^{-x}$, $y_2=\mathrm{e}^{x}$ 是两个线性无关的函数,这是因为

$$\frac{y_1}{y_2}=\frac{\mathrm{e}^{-x}}{\mathrm{e}^{x}}=\frac{1}{\mathrm{e}^{2x}}\neq \text{常数},$$

设 $y_1(x)$ 和 $y_2(x)$ 为方程(9-16)的两个解,且 $y_1(x)$ 和 $y_2(x)$ 线性相关,即

$$y_1(x)\equiv ky_2(x)\quad (k\text{ 为常数}),\tag{9-18}$$

则
$$C_1y_1+C_2y_2=(C_1k+C_2)y_2=Cy_2(C=C_1k+C_2)$$

此时,函数(9-18)就不是方程(9-16)的通解.

反之,如果 $y_1(x)$ 和 $y_2(x)$ 线性无关,此时 $y=C_1y_1+C_2y_2$ 中的任意常数 C_1, C_2 就不能合并,即 y 中确实含有两个独立的任意常数,它就是方程(9-16)的通解.

综上所述,二阶齐次线性方程的通解结构可叙述为如下定理:

定理 9.2(通解结构定理) 如果 y_1 和 y_2 是方程(9-16)的两个线性无关的特解,那么

$$y=C_1y_1+C_2y_2$$

是方程(9-16)的通解,式中 C_1,C_2 为任意常数.

这个定理的重要意义在于:只要找到方程(9-16)的两个线性无关的特解,就能构造出它的通解.对于一般情形,求特解是很困难的,但对于一些简单的情形,可以用观察法求得.

例 9.29 求方程 $y''+y=0$ 的通解.

解 直接验证可知：$y_1=\sin x, y_2=\cos x$，都是所给方程的解，且

$$\frac{y_1}{y_2}=\frac{\sin x}{\cos x}=\tan x\neq 常数,$$

即 $y_1=\sin x$ 和 $y_2=\cos x$ 线性无关，所以方程的通解为

$$y=C_1\sin x+C_2\cos x,\ 式中\ C_1, C_2\ 为任意常数.$$

例 9.30 验证 $y_1=\mathrm{e}^{x^2}$ 及 $y_2=x\mathrm{e}^{x^2}$ 都是方程

$$y''-4xy'+(4x^2-2)y=0$$

的解，并写出该方程的通解.

证 $y_1'=2x\mathrm{e}^{x^2}, y_1''=4x^2\mathrm{e}^{x^2}+2\mathrm{e}^{x^2}$，代入得

$$4x^2\mathrm{e}^{x^2}+2\mathrm{e}^{x^2}-4x\cdot 2x\mathrm{e}^{x^2}+4x^2\mathrm{e}^{x^2}-2\mathrm{e}^{x^2}=0,$$

所以 y_1 是该方程的解，又

$$y_2'=2x^2\mathrm{e}^{x^2}+\mathrm{e}^{x^2},\ y_2''=4x\mathrm{e}^{x^2}+4x^3\mathrm{e}^{x^2}+2x\mathrm{e}^{x^2},$$

代入该方程的左边，得

$$\mathrm{e}^{x^2}(4x^3+6x)-4x(2x^2+1)\mathrm{e}^{x^2}+(4x^2-2)x\mathrm{e}^{x^2}=0,$$

所以 y_2 也是该方程的解，且

$$\frac{y_2}{y_1}=\frac{x\mathrm{e}^{x^2}}{\mathrm{e}^{x^2}}=x\neq k\,(常数),$$

故 y_1 与 y_2 线性无关，该方程的通解为

$$y=C_1\mathrm{e}^{x^2}+C_2x\mathrm{e}^{x^2}=(C_1+C_2x)\mathrm{e}^{x^2}.$$

在一阶线性微分方程的讨论中已经看到，一阶非齐次线性微分方程的通解可以表示为对应齐次方程的通解与一个非齐次方程的特解的和. 实际上，不仅一阶非齐次线性微分方程的通解具有这样的结构，二阶非齐次线性方程的通解也具有这样的结构，而且二阶甚至更高阶的非齐次线性方程的通解也具有同样的结构.

定理 9.3（通解结构定理） 设 $y^*(x)$ 是二阶非齐次线性方程(9-15)的一个特解，$y(x)$ 是其对应的二阶齐次线性方程(9-16)的通解，则

$$y = y(x) + y^*(x)$$

是二阶非齐次线性方程(9-15)的通解.

证明 略.

例 9.31 求微分方程 $y'' + y = x$ 的通解.

解 由例 9.29 已知其对应的齐次方程 $y'' + y = 0$ 的通解为

$$y = C_1 \sin x + C_2 \cos x,$$

容易验证 $y^* = x$ 是它的一个特解,因此

$$y = C_1 \sin x + C_2 \cos x + x,$$

是非齐次线性方程 $y'' + y = x$ 的通解,式中 C_1, C_2 为任意常数.

定理 9.4(解的叠加定理) 设 y_1^* 与 y_2^* 分别是方程

$$y'' + P(x)y' + Q(x)y = f_1(x) \quad 与 \quad y'' + P(x)y' + Q(x)y = f_2(x)$$

的特解,则 $y_1^* + y_2^*$ 是方程

$$y'' + P(x)y' + Q(x)y = f_1(x) + f_2(x)$$

的特解.

定理 9.5 设 $y_1 + \mathrm{i}y_2$ 是方程

$$y'' + P(x)y' + Q(x)y = f_1(x) + \mathrm{i}f_2(x)$$

的解,其中 $P(x), Q(x), f_1(x), f_2(x)$ 为实值函数,i 为纯虚数,则 y_1 与 y_2 分别是方程

$$y'' + P(x)y' + Q(x)y = f_1(x) \quad 与 \quad y'' + P(x)y' + Q(x)y = f_2(x)$$

的解.

例 9.32 已知 $y_1 = x\mathrm{e}^x + \mathrm{e}^{2x}$, $y_2 = x\mathrm{e}^x - \mathrm{e}^{-x}$, $y_3 = x\mathrm{e}^x + \mathrm{e}^{2x} - \mathrm{e}^{-x}$ 是某二阶非齐次线性微分方程的三个特解:

(1) 求此方程的通解;

(2) 写出此微分方程;

(3) 求此微分方程满足 $y(0) = 7$, $y'(0) = 6$ 的特解.

解 (1) 由题设知, $\mathrm{e}^{2x} = y_3 - y_2$, $\mathrm{e}^{-x} = y_1 - y_3$, 是相应齐次方程的两个线性无关的解,且 $y_1 = x\mathrm{e}^x + \mathrm{e}^{2x}$ 是非齐次方程的一个特解,故所求方程的通解为

$$y = x\mathrm{e}^x + \mathrm{e}^{2x} + C_0\mathrm{e}^{2x} + C_2\mathrm{e}^{-x} = x\mathrm{e}^x + C_1\mathrm{e}^{2x} + C_2\mathrm{e}^{-x}, 其中\ C_1 = 1 + C_0;$$

(2) 因为
$$y = xe^x + C_1e^{2x} + C_2e^{-x}, \quad ①$$
所以
$$y' = e^x + xe^x + 2C_1e^{2x} - C_2e^{-x}, \quad ②$$
$$y'' = 2e^x + xe^x + 4C_1e^{2x} + C_2e^{-x},$$
从这两个式子中消去 C_1, C_2，即得所求方程为
$$y'' - y' - 2y = e^x - 2xe^x;$$
(3) 在①,②中代入初始条件 $y(0) = 7$, $y'(0) = 6$，得
$$C_1 + C_2 = 7,\ 2C_1 - C_2 + 1 = 6,\ 得\ C_1 = 4,\ C_2 = 3,$$
从而所求特解为
$$y = 4e^{2x} + 3e^{-x} + xe^x.$$

例 9.33 给出 n 阶线性微分方程的 n 个解，问能否写出这个微分方程及其通解?

解 不一定能写出微分方程及其通解. 因为所提问题中：

(1) 没有明确微分方程的“齐次”还是“非齐次”；

(2) 没有明确微分方程的 n 个解是“线性无关”还是“线性相关”.

习 题 9.5

1. 判断下列函数组中哪些是线性相关的，哪些是线性无关的?

(1) $x,\ x^2$；　　(2) $e^{-x},\ e^{2x}$；

(3) $e^{3x},\ 5e^{3x}$；　　(4) $\ln x,\ x\ln x$；

(5) $\sin 2x,\ \cos x \sin x$；　　(6) $e^{ax},\ e^{bx}\ (a \neq b)$.

2. 验证 $y_1 = \cos\omega x$, $y_2 = \sin\omega x$ 都是方程 $y'' + \omega^2 y = 0$ 的解，并写出该方程的通解.

3. 已知 $y_1 = 3$, $y_2 = 3 + x^2$, $y_3 = 3 + x^2 + e^x$ 都是微分方程
$$(x^2 - 2x)y'' - (x^2 - 2)y' + (2x - 2)y = 6x - 6$$
的解，求该方程的通解.

4. 证明：$y = C_1e^x + C_2e^{2x} + \frac{1}{12}e^{5x}$ 是微分方程 $y'' - 3y' + 2y = e^{5x}$ 的通解 (C_1, C_2 为常数).

9.6 二阶常系数齐次线性微分方程

根据二阶线性微分方程的结构可知，求解二阶线性微分方程，关键在于如何求

得二阶齐次方程的通解和非齐次方程的一个特解. 本节将讨论二阶线性方程的一种特殊类型,即二阶常系数线性微分方程及其解法.

二阶常系数线性微分方程的一般形式为

$$y''+py'+qy=f(x), \tag{9-19}$$

其中 p,q 是常数, $f(x)$ 是已知函数,对应于方程(9-19)的二阶常系数齐次线性微分方程为

$$y''+py'+qy=0. \tag{9-20}$$

由二阶线性微分方程解的结构定理可知,求二阶常系数齐次线性微分方程(9-20)的通解,关键在于找出它的两个线性无关的特解. 下面讨论这两个特解的求法.

先来分析方程(9-20)可能具有什么形式的特解,从方程的形式上看,它的特点是 y'',y' 与 y 各乘以常数因子后相加等于零,如果能找到一个函数 y,其中 y'',y' 与 y 之间只相差一个常数,这样的函数就有可能是方程(9-20)的特解. 易知在初等函数中,指数函数 e^{rx} 符合上述要求,于是,令

$$y=e^{rx}$$

来尝试求解,式中 r 为待定常数,将 $y=e^{rx}$, $y'=re^{rx}$,$y''=r^2e^{rx}$ 代入方程(9-20),得

$$r^2e^{rx}+pre^{rx}+qe^{rx}=0$$

或

$$e^{rx}(r^2+pr+q)=0,$$

因为 $e^{rx}\neq 0$, 故有

$$r^2+pr+q=0 \tag{9-21}$$

由此可见,若 r 是二次代数方程(9-21)的一个根,则 $y=e^{rx}$ 必是方程(9-20)的一个特解. 于是方程(9-20)的求解问题,就转化为求代数方程(9-21)的根的问题. 代数方程(9-21)称为微分方程(9-20)的**特征方程**,特征方程的根称为微分方程(9-20)的**特征根**.

容易看出,特征方程(9-21)是一个以 r 为未知数的一元二次代数方程,其中 r^2,r 的系数及常数项依次是微分方程(9-20)中 y'',y' 及 y 的系数. 由一元二次方程的求根公式知,特征方程的两个根 r_1 和 r_2 为

$$r_{1,2}=\frac{-p\pm\sqrt{p^2-4q}}{2}.$$

根据判别式 p^2-4q 的符号不同,分以下三种情况讨论:

1. 特征方程(9-21)有两个不相等的实根 r_1,r_2

当 $p^2-4q>0$ 时,特征方程有两个不相等的实根 r_1 及 r_2,其中

$$r_1=\frac{-p+\sqrt{p^2-4q}}{2},r_2=\frac{-p-\sqrt{p^2-4q}}{2},$$

于是 $y_1=e^{r_1x}$ 与 $y_2=e^{r_2x}$ 都是微分方程(9-20)的特解,且因为

$$\frac{y_1}{y_2}=\frac{e^{r_1x}}{e^{r_2x}}=e^{(r_1-r_2)x}$$

不是常数,即 y_1,y_2 线性无关,因此方程(9-20)的通解为

$$y=C_1e^{r_1x}+C_2e^{r_2x},$$

式中 C_1,C_2 为任意常数.

2. 特征方程(9-21)有两个相等的实根 $r_1=r_2$

当 $p^2-4q=0$ 时,特征方程有两个相等的实根,$r_1=r_2=-\frac{p}{2}$,于是只得到微分方程(9-20)的一个特解 $y_1=e^{r_1x}$,

还要找一个与 $y_1=e^{r_1x}$ 线性无关的解 y_2,使得 $\frac{y_2}{y_1}=\frac{y_2}{e^{r_1x}}=u(x)$(不是常数)为此可设:

$$y_2=u(x)e^{r_1x},$$

$u(x)$ 是待定函数.对 $y_2=u(x)e^{r_1x}$ 求导,得

$$y_2'=u'(x)e^{r_1x}+r_1u(x)e^{r_1x},\ y_2''=u''(x)e^{r_1x}+2r_1u'(x)e^{r_1x}+r_1^2u(x)e^{r_1x}$$

将 y_2, y_2', y_2'' 代入微分方程(9-20),得

$$e^{r_1x}[u''(x)+(2r_1+p)u'(x)+(r_1^2+pr_1+q)u(x)]=0,$$

因 $e^{r_1x}\neq 0$,故 $u''(x)+(2r_1+p)u'(x)+(r_1^2+pr_1+q)u(x)=0$.

因为 $r_1=-\frac{p}{2}$,是特征方程的二重根,故有

$$r_1^2+pr_1+q=0\quad 及\quad 2r_1+p=0,$$

于是,得 $u''(x)=0$,积分两次,得 $u(x)=C_1x+C_2$,其中 C_1,C_2 为任意常数.

由于只要求得与 e^{r_1x} 线性无关的一个特解,为简便起见,取 $C_1=1,C_2=0$,即

$u(x)=x$，从而 $y_2=x\mathrm{e}^{r_1x}$.

因此，特征方程有重根时，方程(9-20)的通解是

$$y=C_1\mathrm{e}^{r_1x}+C_2x\mathrm{e}^{r_1x},$$

式中 C_1，C_2 为任意常数.

3. 特征方程(9-21)有一对共轭复根 $r_1=\alpha+\mathrm{i}\beta$，$r_2=\alpha-\mathrm{i}\beta$

当 $p^2-4q<0$ 时，特征方程有一对共轭复根 $r_1=\alpha+\mathrm{i}\beta$，$r_2=\alpha-\mathrm{i}\beta$，其中：

$$\alpha=-\frac{p}{2},\beta=\frac{\sqrt{4q-p^2}}{2}\neq 0,$$

这时微分方程(9-20)有两个线性无关的复数形式的特解

$$y_1=\mathrm{e}^{(\alpha+\mathrm{i}\beta)x},\ y_2=\mathrm{e}^{(\alpha-\mathrm{i}\beta)x}.$$

可是，这种复数形式的解不便于应用. 为了得到实数形式的解，需再找两个线性无关的实数解. 利用欧拉公式

$$\mathrm{e}^{\mathrm{i}x}=\cos x+\mathrm{i}\sin x$$

将 y_1 与 y_2 写成

$$y_1=\mathrm{e}^{\alpha x}(\cos\beta x+\mathrm{i}\sin\beta x),\ y_2=\mathrm{e}^{\alpha x}(\cos\beta x-\mathrm{i}\sin\beta x).$$

由解的叠加性可知，

$$\frac{y_1+y_2}{2}=\mathrm{e}^{\alpha x}\cos\beta x,\ \frac{y_1-y_2}{2\mathrm{i}}=\mathrm{e}^{\alpha x}\sin\beta x$$

也是方程(9-20)的解，且它们线性无关. 因此，方程(9-20)的通解为

$$y=\mathrm{e}^{\alpha x}(C_1\cos\beta x+C_2\sin\beta x),$$

式中 C_1，C_2 为任意常数.

上述求二阶常系数线性齐次方程通解的方法称为特征根法，其步骤是：

(1) 写出微分方程的特征方程

$$r^2+pr+q=0;$$

(2) 求出特征方程的两个根：r_1，r_2；

(3) 根据特征方程的两个根的不同情况，写出对应的特解，并写出其通解.

微分方程的通解与特征方程的根的对应关系如表 9-1 所示：

表 9-1

$r^2+pr+q=0$ 的根	$y''+py'+qy=0$ 的通解
有两不等的实根 r_1,r_2	$y=C_1e^{r_1x}+C_2e^{r_2x}$
有二重根 $r_1=r_2$	$y=(C_1+C_2x)e^{r_1x}$
有一对共轭复根 $r_{1,2}=\alpha\pm i\beta$	$y=e^{\alpha x}(C_1\cos\beta x+C_2\sin\beta x)$

例 9.34 求方程 $y''-4y'-5y=0$ 的通解.

解 特征方程：$r^2-4r-5=0$，有两个不相等的实根 $r_1=-1, r_2=5$，因此所求方程的通解为

$$y=C_1e^{-x}+C_2e^{5x}，式中 C_1,C_2 为任意常数.$$

例 9.35 求方程 $\dfrac{d^2s}{dt^2}+2\dfrac{ds}{dt}+s=0$ 满足初始条件 $s|_{t=0}=4$，$s'|_{t=0}=-2$ 的特解.

解 特征方程：$r^2+2r+1=0$ 有两个相等的实根 $r_1=r_2=-1$，因此所求方程的通解为

$$s=(C_1+C_2t)e^{-t}，式中 C_1,C_2 为任意常数.$$

又 $s'=C_2e^{-t}-e^{-t}(C_1+C_2t)$ 将 $s|_{t=0}=4$，$s'|_{t=0}=-2$ 代入，得 $C_1=4, C_2=2$，于是所求特解为 $s=2(2+t)e^{-t}$.

例 9.36 求方程 $y''+4y'+5y=0$ 的通解.

解 特征方程为 $r^2+4r+5=0$，有共轭复根 $r_{1,2}=\dfrac{-4\pm\sqrt{16-20}}{2}=-2\pm i$，即 $\alpha=-2, \beta=1$，所以方程的通解为

$$y=e^{-2x}(C_1\cos x+C_2\sin x)，式中 C_1,C_2 为任意常数.$$

例 9.37 求解下列二阶常系数齐次线性微分方程：

(1) $y''+5y'+6y=0$；

(2) $16y''-24y'+9y=0$；

(3) $y''+8y'+25y=0$.

解 (1) 题设方程的特征方程为 $r^2+5r+6=0$，解得 $r_1=-2, r_2=-3$，故题设方程的通解为 $y=C_1e^{-2x}+C_2e^{-3x}$，式中 C_1,C_2 为任意常数；

(2) 题设方程的特征方程为 $16r^2-24r+9=0$，即 $(4r-3)^2=0$，解得重根

$r_1 = r_2 = \frac{3}{4}$，故题设方程的通解为 $y = (C_1 + C_2 x)e^{\frac{3}{4}x}$，式中 C_1, C_2 为任意常数；

(3) 题设方程的特征方程为 $r^2 + 8r + 25 = 0$，解得 $r_{1,2} = -4 \pm 3i$，故题设方程的通解为：$y = e^{-4x}(C_1 \cos 3x + C_2 \sin 3x)$，式中 C_1, C_2 为任意常数.

习　题　9.6

1. 解下列微分方程：

(1) $y'' - 9y = 0$；

(2) $y'' + y = 0$；

(3) $y'' + 2y' + 10y = 0$；

(4) $2y'' + y' - y = 0$；

(5) $4y'' - 12y' + 9y = 0$；

(6) $y'' + y' + y = 0$；

(7) $2y'' - 5y' - 3y = 0$；

(8) $y'' - 6y' + 9y = 0$.

2. 求下列微分方程满足所给初始条件的特解：

(1) $4y'' + 4y' + y = 0$，$y(0) = 2$，$y'(0) = 0$；

(2) $y'' + 4y' + 29 = 0$，$y(0) = 0$，$y'(0) = 15$.

3. 求微分方程 $yy'' - (y')^2 = y^2 \ln y$ 的通解.

9.7　二阶常系数非齐次线性微分方程

在上节中讨论二阶常系数齐次线性微分方程的解法，本节将讨论二阶常系数非齐次线性微分方程.

形如

$$y'' + p(x)y' + q(x)y = f(x) \tag{9-22}$$

的微分方程称为二阶常系数非齐次线性微分方程，其中 $f(x)$ 称为自由未知量，由解的叠加原理，(9-22)的通解由两部分构成. 第一部分是此方程对应的齐次方程

$$y'' + p(x)y' + q(x)y = 0 \tag{9-23}$$

的通解，第二部分是原方程的特解 y^*，这两部分相加得到二阶常系数非齐次线性微分方程的全部解. 在上一节，已经介绍过如何求解二阶齐次线性微分方程的通解，因此，现在只需关注如何求解方程(9-22)的特解.

利用待定系数法求式(9-22)的一个特解，不难看出，方程(9-22)的特解与自由项 $f(x)$ 密切相关. 对于一般的 $f(x)$，要求特解是相当困难的，此处对 $f(x)$ 的两种常见表现情形进行讨论：

(1) 多项式类型：$f(x)=P_m(x)\mathrm{e}^{\lambda x}$，式中$\lambda$是常数，$P_m(x)$是$x$的一个$m$次多项式，形如$P_m(x)=a_0x^m+a_1x^{m-1}+\cdots+a_{m-1}x+a_m$，式中$a_1\cdots a_m$是常数且$a_0\neq 0$；

(2) 三角函数类型：$f(x)=P_m(x)\mathrm{e}^{\lambda x}\cos\omega x$或$P_m(x)\mathrm{e}^{\lambda x}\sin\omega x$，式中$\lambda,\omega$是常数，$P_m(x)$是$x$的一个$m$次多项式.

9.7.1 $f(x)=P_m(x)\mathrm{e}^{\lambda x}$型

当$f(x)=P_m(x)\mathrm{e}^{\lambda x}$时，二阶常系数非齐次线性微分方程(9-22)具有形如

$$y^*=x^kQ_m(x)\mathrm{e}^{\lambda x} \tag{9-24}$$

的特解，其中$Q_m(x)$是与$P_m(x)$同次(m次)的多项式，而k按λ不是特征方程的根、是特征方程的单根或是特征方程的重根依次取0、1或2.

上述结论可推广到n阶常系数非齐次线性微分方程，但要注意(9-24)式中的k是特征方程的根λ的重数(即若λ不是特征方程的根，k取0；若λ是特征方程的s重根，k取为s).

9.7.2 $f(x)=P_m(x)\mathrm{e}^{\lambda x}\cos\omega x$或$P_m(x)\mathrm{e}^{\lambda x}\sin\omega x$型

即要求形如

$$y''+py'+qy=P_m(x)\mathrm{e}^{\lambda x}\cos\omega x, \tag{9-25}$$

$$y''+py'+qy=P_m(x)\mathrm{e}^{\lambda x}\sin\omega x \tag{9-26}$$

两种方程的特解.

由欧拉公式知道，$P_m(x)\mathrm{e}^{\lambda x}\cos\omega x$和$P_m(x)\mathrm{e}^{\lambda x}\sin\omega x$分别是

$$P_m(x)\mathrm{e}^{(\lambda+\mathrm{i}\omega)x}=P_m(x)\mathrm{e}^{\lambda x}(\cos\omega x+\mathrm{i}\sin\omega x)$$

的实部和虚部.

先考虑方程

$$y''+py'+qy=P_m(x)\mathrm{e}^{(\lambda+\mathrm{i}\omega)x}. \tag{9-27}$$

这个方程特解的求法在上一段中已经讨论过. 假定已经求出方程(9-27)的一个特解，则根据解的结构定理知，方程(9-27)的特解的实部就是方程(9-25)的特解，而方程(9-27)的特解的虚部就是方程(9-26)的特解.

方程(9-27)的指数函数$\mathrm{e}^{(\lambda+\mathrm{i}\omega)x}$中的$\lambda+\mathrm{i}\omega\ (\omega\neq 0)$是复数，特征方程是实系数的二次方程，所以$\lambda+\mathrm{i}\omega$只有两种可能的情形：或者不是特征根，或者是特征方程的单根. 因此方程(9-27)具有形如

$$y^* = x^k Q_m(x) e^{(\lambda+i\omega)x} \tag{9-28}$$

的特解，其中 $Q_m(x)$ 是与 $P_m(x)$ 同次（m 次）的多项式，而 k 按 λ 是不是特征方程的根或是特征方程的单根依次取 0 或 1.

同样，上述结论可推广到 n 阶常系数非齐次线性微分方程，但要注意式(9-28)中的 k 是特征方程含根 $\lambda+i\omega$ 的重复次数

例 9.38 已知 $y_1=3$，$y_2=3+x^2$，$y_3=3+x^2+e^x$ 都是方程

$$(x^2-2x)y''-(x^2-2)y'+(2x-2)y=6x-6$$

的解，求此方程的通解.

解 注意到对于线性微分方程，非齐次方程的两个特解之差是其对应的齐次方程的解.

令 $y_1^*=y_2-y_1=x^2$，$y_2^*=y_3-y_2=e^x$，则 y_1^*、y_2^* 为原方程对应齐次方程的解. 实际上，可以验证如下：

将 $y_1^*=y_2-y_1=x^2$ 代入原方程所对应的齐次方程得

$$\begin{aligned}&(x^2-2x)(y_1^*)''-(x^2-2)(y_1^*)'+(2x-2)y_1^*\\=&(x^2-2x)\cdot 2-(x^2-2)\cdot 2x+(2x-2)\cdot x^2\\=&2x^2-4x-2x^3+4x+2x^3-2x^2\\=&0;\end{aligned}$$

又 $\dfrac{y_2^*}{y_1^*}=\dfrac{e^x}{x^2}$ 不恒为常数，故 y_1^* 与 y_2^* 是其线性无关解.

又 $y_1=3$ 为原方程的特解，故由非齐次线性微分方程解的结构理论知 $y=C_1x^2+C_2e^x+3$ 即为原方程的通解.

思路总结 先找到齐次方程的线性无关的解，得到齐次线性方程的通解(线性无关解的组合)，再找到非齐次方程的一个特解，将它们相加得到非齐次线性方程的通解.

例 9.39 验证 $y=C_1e^{C_2-3x}-1$ 是 $y''-9y=9$ 的解. 说明它不是通解，式中 C_1，C_2 是两个任意常数.

解 因为 $y=C_1e^{C_2-3x}-1$；$y'=-3C_1e^{C_2-3x}$；$y''=9C_1e^{C_2-3x}$，

代入原方程：

$$左边=9C_1e^{C_2-3x}-9(C_1e^{C_2-3x}-1)=9=右边,$$

所以 $y=C_1e^{C_2-3x}-1$ 为原方程的解.

由 C_1，C_2 的任意性，令 $C_1e^{C_2}=C$ 为任意常数，则 $y=Ce^{-3x}-1$ 仅含有一个独立的常数，而原方程为二阶微分方程，对应的齐次方程应有两个线性无关的解，所以不是通解.

注意 微分方程的通解包括了所有满足方程的解.

例 9.40 求下列微分方程的特解形式：

(1) $y''+4y'-5y=x$； (2) $y''+4y'=x$；

(3) $y''+y=x^2e^x$； (4) $y''+y=\sin 2x$.

解 先写出微分方程对应的特征方程，求出特征方程的特征根，判断 $f(x)$ 中 λ 是否是特征根，单根或重根，依据特征根的情况决定特解形式.

(1) 因为其特征根为 $r_1=-5$，$r_2=1$，$f(x)=x$，$\lambda=0$ 不是特征根，

所以设特解 $$y^*=b_0x+b_1;$$

(2) 因为其特征根为 $r_1=0$，$r_2=-4$，$f(x)=x$，$\lambda=0$ 是单根，

所以设特解 $$y^*=x(b_0x+b_1)=b_0x^2+b_1x;$$

(3) 因为其特征根为 $r_{1,2}=\pm i$，$f(x)=x^2e^x$，$\lambda=1$ 不是方程的根，

所以设特解形式 $$y^*=(b_0x^2+b_1x+b_2)e^x;$$

(4) 因为其特征根为 $r_{1,2}=\pm i$，$f(x)=\sin 2x$，$\lambda=0$，$\omega=2$，$\lambda+i\omega=2i$ 不是方程的根，

所以设特解形式 $$y^*=b_0\cos 2x+b_1\sin 2x.$$

例 9.41 求微分方程 $y''+y=x+e^x$ 的通解.

解 特征方程为 $r^2+1=0$，特征根为 $r_1=i$，$r_2=-i$，

故对应齐次方程的通解为 $Y=C_1\cos x+C_2\sin x$.

观察可得，$y''+y=x$ 的一个特解为 $y_1^*=x$，$y''+y=e^x$ 的一个特解为 $y_2^*=\frac{1}{2}e^x$.

故原微分方程的通解为 $y=C_1\cos x+C_2\sin x+x+\frac{1}{2}e^x$，式中 C_1，C_2 是任意常数.

例 9.42 求下列微分方程的通解：

(1) $y''+y'=2x^2e^x$； (2) $y''+y=(x-2)e^{3x}$.

解 (1) 微分方程的特征方程为 $r^2+r=0$，其根为 $r_1=0$，$r_2=-1$，故对应

的齐次方程的通解为 $Y = C_1 + C_2 e^{-x}$,
因为 $f(x) = 2x^2 e^x$, $\lambda = 1$ 不是特征方程的根,故原方程的特解设为 $Y^* = (ax^2 + bx + c)e^x$,

代入原方程得 $a = 1$, $b = -3$, $c = \frac{7}{2}$,

从而
$$Y^* = \left(x^2 - 3x + \frac{7}{2}\right)e^x,$$

综上原方程(1)的通解为 $y = C_1 + C_2 e^{-x} + \left(x^2 - 3x + \frac{7}{2}\right)e^x$.

(2) 微分方程的特征方程为 $r^2 + 1 = 0$, 其根为 $r_{1,2} = \pm i$,

故对应的齐次方程的通解为
$$Y = C_1 \cos x + C_2 \sin x,$$

因为 $f(x) = (x - 2)e^{3x}$, $\lambda = 3$ 不是特征方程的根,故原方程的特解设为 $Y^* = (ax + b)e^{3x}$, 代入原方程得

从而
$$Y^* = \left(\frac{1}{10}x - \frac{13}{50}\right)e^{3x},$$

综上原方程(2)的通解为 $y = C_1 \cos x + C_2 \sin x + \left(\frac{1}{10}x - \frac{13}{50}\right)e^{3x}$.

例 9.43 求下列微分方程的通解:

(1) $y'' - 6y' + 9y = e^x \cos x$;　　(2) $y'' + y = x \cos 2x$.

解 (1) 微分方程的特征方程为 $r^2 - 6r + 9 = 0$, 其根为 $r_{1,2} = 3$,

故对应的齐次方程的通解为 $Y = C_1 e^{3x} + C_2 x e^{3x}$,

因为 $f(x) = e^x \cos x$, $\lambda = 1 \pm i$ 不是特征方程的根,故原方程的特解设为 $Y^* = e^x(a\cos x + b\sin x)$,

代入原方程得
$$a = \frac{3}{25}, \ b = -\frac{4}{25},$$

从而
$$Y^* = \left(\frac{3}{25}\cos x - \frac{4}{25}\sin x\right)e^x,$$

综上原方程(1)的通解为 $y = C_1 e^{3x} + C_2 x e^{3x} + \left(\frac{3}{25}\cos x - \frac{4}{25}\sin x\right)e^x$.

(2) 对应齐次方程的特征方程的特征根为 $r_{1,2}=\pm\mathrm{i}$，故对应齐次方程的通解为

$$Y=C_1\cos x+C_2\sin x,$$

作辅助方程 $y''+y=x\mathrm{e}^{2\mathrm{i}x}$，$\lambda=2\mathrm{i}$ 不是特征方程的根，故设 $\bar{y}^*=(Ax+B)\mathrm{e}^{2\mathrm{i}x}$ 代入辅助方程得

$$4A\mathrm{i}-3B=0,\ -3A=1\Rightarrow A=-\frac{1}{3},\ B=-\frac{4}{9}\mathrm{i},$$

所以
$$\begin{aligned}\bar{y}^*&=\left(-\frac{1}{3}x-\frac{4}{9}\mathrm{i}\right)\mathrm{e}^{2\mathrm{i}x}=\left(-\frac{1}{3}x-\frac{4}{9}\mathrm{i}\right)(\cos 2x+\mathrm{i}\sin 2x)\\&=-\frac{1}{3}x\cos 2x+\frac{4}{9}\sin 2x-\mathrm{i}\left(\frac{4}{9}\cos 2x+\frac{1}{3}x\sin 2x\right)\end{aligned}$$

取实部得到所求非齐次方程的一个特解

$$\bar{y}=-\frac{1}{3}x\cos 2x+\frac{4}{9}\sin 2x,$$

所求非齐次方程(2)的通解为 $y=C_1\cos x+C_2\sin x-\dfrac{1}{3}x\cos 2x+\dfrac{4}{9}\sin 2x.$

例 9.44 已知函数 $y=\mathrm{e}^{2x}+(x+1)\mathrm{e}^x$ 是二阶常系数非齐次线性微分方程 $y''+ay'+by=c\mathrm{e}^x$ 的一个特解，试确定常数 a、b 与 c 及该方程的通解.

解 1 比较系数法.

将 $y=\mathrm{e}^{2x}+(x+1)\mathrm{e}^x$ 代入原方程得

$$(4+2a+b)\mathrm{e}^{2x}+(3+2a+b)\mathrm{e}^x+(1+a+b)x\mathrm{e}^x=c\mathrm{e}^x,$$

比较两边同类项系数，得方程组 $\begin{cases}4+2a+b=0,\\3+2a+b=c,\\1+a+b=0,\end{cases}$

解此方程组，得 $a=-3,b=2,c=-1$,

故原方程为
$$y''-3y'+2y=-\mathrm{e}^x,$$

其通解为
$$y=C_1\mathrm{e}^{2x}+C_2\mathrm{e}^x+x\mathrm{e}^x;$$

解 2 将已知方程的特解改写为

$$y=\mathrm{e}^{2x}+\mathrm{e}^x+x\mathrm{e}^x,$$

因对应齐次方程的解应是 e^{rx} 型的，如 e^{2x} 是对应齐次方程的解，e^x 也可能是，因原方程的自由项是 Ce^x，而 xe^x 或 $(x+1)e^x$ 是原非齐次方程的解，故 e^x 也是对应齐次方程的解(即 $r=1$ 也是特征方程的根). 故原方程所对应的齐次方程的特征方程为

$$(r-2)(r-1)=0,\text{ 即 } r^2-3r+2=0$$

于是得 $a=-3$，$b=2$. 将 $y^*=xe^x$ 代入方程 $y''-3y'+2y=Ce^x$ 得

$$(x+2)e^x-3(x+1)e^x+2xe^x=Ce^x$$

原方程的通解为 $$y=C_1e^{2x}+C_2e^x+xe^x.$$

习 题 9.7

1. 求下列微分方程的通解：

(1) $y''-4y'+4y=4x+4$；　(2) $y''+4y=x^2$；

(3) $y''-2y'-8y=e^{-2x}$；　(4) $y''+4y'+4y=3e^{-2x}$；

(5) $y''+3y'+2y=\cos x$；　(6) $y''-2y'+5y=e^x\sin x$；

(7) $y''+2y'+2y=2e^x\cos x$；　(8) $y''+y=xe^{-x}$.

2. 求下列微分方程的特解形式：

(1) $y''+4y'-5y=2x$；　(2) $y''+y=2e^x$；

(3) $y''+y=x^2e^{2x}$；　(4) $y''+y=3\sin x$.

3. 求微分方程满足所给初始条件的特解：

(1) $y''+9y=\cos x$，$y\left(\dfrac{\pi}{2}\right)=y'\left(\dfrac{\pi}{2}\right)=0$；

(2) $y''-6y'+10y=e^{3x}$，$y(0)=10$，$y'(0)=5$.

4. 设二阶常系数线性微分方程 $y''+\alpha y'+\beta y=\gamma e^x$ 的一个特解为 $y=e^{2x}+(1+x)e^x$，确定 α，β，γ，并求方程的通解.

9.8 微分方程的应用举例

自然界的本质是非线性的，而微分方程是描述这种非线性的核心工具. 在生态环境、医学理论、经济理论、人类社会等方面，人们基于各个领域的基本原理，建立起一系列微分方程模型，刻画基本规律，这一过程主要通过数学建模实现. 本节将介绍常见的几个利用微分方程建立的数学模型.

9.8.1 人口增长模型

人口增长问题是当今世界上最受关注的问题之一，各个国家制定了许多关于人口的政策，比如"计划生育"，"单独二胎开放"等政策，都是为了控制人口过度增长，调整人口组成结构，使人口增长趋于合理稳定. 这些政策的制定都是基于建立的人口模型，因此如何建立合理的人口预测模型就显得至关重要.

这里，做如下基本假设：用 $x(t)$ 表示 t 时刻的人口数量，且不区分人口在年龄、性别上的差异，严格地说，人口总数中个体的数目是时间 t 的不连续函数，但由于人口数量一般很大，近似地认为 $x(t)$ 是 t 的一个连续可微函数，$x(t)$ 的变化与出生、死亡、迁入和迁出等因素有关，若用 B、D、I 和 E 分别表示人口的出生率、死亡率、迁入率和迁出率并假设它们都是常数，则人口增长的一般模型是

$$\begin{cases}\dfrac{\mathrm{d}x}{\mathrm{d}t}=(B-D+I-E)x,\\ x(t_0)=x_0.\end{cases}$$

要预测一个国家的人口增长情况，关键在于确定人口的出生率与死亡率. 17 世纪末，英国神父马尔萨斯发现，人口出生率和死亡率几乎都可以看成常数，因而两者之差 r 也几乎是常数，这就是说，人口增长率与当时的人口数量成正比，比例常数 r 被称为人口自然增长率(通过人口统计数据得到)，这就是著名的马尔萨斯模型

$$\begin{cases}\dfrac{\mathrm{d}x}{\mathrm{d}t}=rx(t),\\ x(t_0)=x_0,\end{cases}$$

利用分离变量法求得其解为

$$x(t)=x_0\mathrm{e}^{r(t-t_0)}, \tag{9-29}$$

式中 x_0 为初始时刻 t_0 时的人口数. 式(9-29)说明人口将以指数函数的速度增长. 事实上，在实际应用时人们常以年为单位来考察人口的变化情况，例如，取 $t-t_0=0, 1, 2, 3, \cdots, n$，这样就得到了以后各年的人口数为 x_0，$x_0\mathrm{e}^r$，$x_0\mathrm{e}^{2r}$，$\cdots$，$x_0\mathrm{e}^{nr}$，$\cdots$，这表明按照马尔萨斯模型，人口将以公比为 e^r 的等比级数的速度增长.

马尔萨斯模型的一个重要特征是人口增长一倍所需的时间是一个常数. 设 $t=t_0$ 时的人口数为 x_0，$t=t_0+T$ 时人口增长到 $2x_0$，则由 $x_0\mathrm{e}^{rT}=2x_0$ 解得

$$T=\frac{\ln 2}{r}.$$

比较历年的人口统计资料,可发现人口增长的实际情况与马尔萨斯模型的预报结果基本相符.对于已测得的人口数据,此模型效果很好;但却不能合理地预测将来的数据,因为在马尔萨斯模型中做了如下的假设:人口自然增长率 r 仅与人口出生率和死亡率有关且为常数.这一假设隐含了人口的无限制增长,这显然是不符合事实的.为此,建立如下改进的模型,即罗杰斯蒂克模型(阻滞增长模型).

短期内,人口增长率基本上是一个常数.但当人口数量发展到一定水平后,会导致食物短缺、居住和交通拥挤,传染病增多,死亡率上升等问题,这些因素会导致人口增长率的减少.根据统计规律,假设 $B-D=r\left(1-\frac{x}{K}\right)$,它反映了人口增长率随着人口数量的增加而减少的现象.其中 r 为人口的内增长率,K 为环境可容纳的人口最大数量.由此,得到人口增长的罗杰斯蒂克模型

$$\begin{cases}\dfrac{\mathrm{d}x(t)}{\mathrm{d}t}=rx\left(1-\dfrac{x}{K}\right),\\ x(t_0)=x_0,\end{cases}$$

求解此方程可得

$$x(t)=\frac{K}{1+\left(\dfrac{K}{x_0}-1\right)\mathrm{e}^{-r(t-t_0)}},$$

从上述解的表达式中,可以看出:

(1) $\lim\limits_{t\to\infty}x(t)=K$,即不管开始时人口处于什么状态,随着时间的增长,人口总数最终都将趋于其环境的最大容纳量;

(2) 当 $x(t)>K$ 时,$\frac{\mathrm{d}x(t)}{\mathrm{d}t}<0$;当 $x(t)<K$ 时,$\frac{\mathrm{d}x(t)}{\mathrm{d}t}>0$,即当人口数量超过环境容纳量时,人口将减少,当人口数量小于环境容纳量时,人口数量将增加.

因此,在对人口进行短期预测时,可以采用马尔萨斯模型,但进行中长期预测时,罗杰斯蒂克模是更为合理的选择.

9.8.2 环境污染的数学模型

随着人类文明的发展,环境污染问题已越来越成为公众所关注的焦点.本节将建立一个模型来分析一个已受到污染的水域,在不再增加污染的情况下,需要经过多长的时间才能将其污染程度减少到一定标准之内.

记 $Q=Q(t)$ 为体积为 V 的某一湖泊在时刻 t 所含的污染物的总量.假设洁净的水以不变的流速 r 流入湖中,并且湖水也以同样的流速流出湖外,同时假设污染

物是均匀地分布在整个湖中，并且流入湖中洁净的水立刻就与原来湖中的水相混合. 注意到

$$Q\text{ 的变化率}=-\text{污染物的流出速度},$$

等式右端的负号表示 Q 是减少的，而在时刻 t，污染物的浓度为 $\frac{Q}{V}$. 于是

$$\text{污染物的流出速度}=\text{污水外流的速度}\times\text{浓度}=r\cdot\frac{Q}{V}.$$

这样，得微分方程

$$\frac{\mathrm{d}Q}{\mathrm{d}t}=-\frac{r}{V}Q,$$

又设当 $t=0$ 时，$Q(0)=Q_0$，解得该问题的特解为 $Q=Q_0\mathrm{e}^{-\frac{rt}{V}}$.

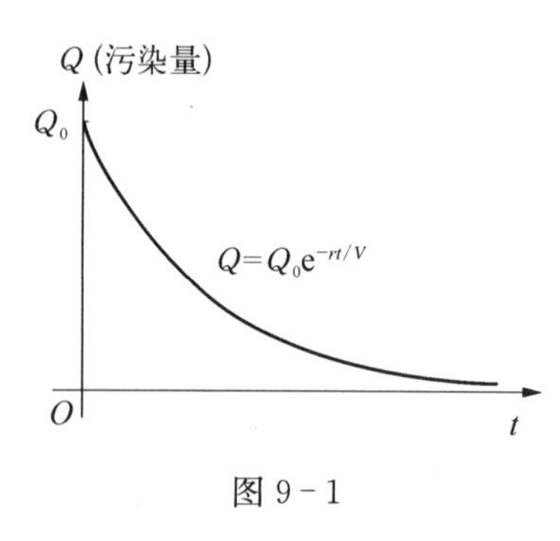

图 9-1

污染量 Q 随时间 t 的变化如图 9-1 所示.

例 9.45 若有一已受污染的湖泊，其体积为 $4.9\times10^6\ \mathrm{m}^3$，洁净的水以每年 $158\times10^3\ \mathrm{m}^3$ 的流速流入湖中，污水也以同样的流速流出. 问经过多长时间，可使湖中的污染物排出 90%? 若要排出 99%，又需要多长时间?

解 因为 $$\frac{r}{V}=\frac{158\times10^3}{4.9\times10^3}\approx0.032\,25,$$

$$Q=Q_0\mathrm{e}^{-0.032\,25t},$$

所以，当有 90%的污染物被排出时，还有 10%的污染物留在湖中，

即 $Q=0.1Q_0$，代入上式，得 $0.1Q_0=Q_0\mathrm{e}^{-0.032\,25t}$,

解得

$$t=\frac{-\ln(0.1)}{0.032\,25}\approx72\text{ 年}.$$

当有 99%的污染物被排出时，剩余的 $Q=0.01Q_0$，于是 $0.01Q_0=Q_0\mathrm{e}^{-0.032\,25t}$，解得

$$t=\frac{-\ln(0.01)}{0.032\,25}\approx143\text{ 年}.$$

9.8.3 衰变模型

镭、铀等放射性元素因不断放射出各种射线而逐渐减少其质量，这种现象称为

放射性物质的衰变. 根据实验得知，衰变速度与现存物质的质量成正比，若要求放射性元素在时刻 t 的质量，可用 x 表示该放射性物质在时刻 t 的质量，则 $\frac{dx}{dt}$ 表示 x 在时刻 t 的衰变速度，于是“衰变速度与现存的质量成正比”可表示为

$$\frac{dx}{dt}=-kx. \tag{9-30}$$

这是一个以 x 为未知函数的一阶方程，它就是放射性元素衰变的数学模型，其中 $k>0$ 是比例常数，称为衰变常数，因元素的不同而异. 方程(9-30)右端的负号表示当时间 t 增加时，质量 x 减少.

解方程(9-30)得通解 $x=Ce^{-kt}$. 若已知当 $t=t_0$ 时，$x=x_0$，代入通解 $x=Ce^{-kt}$ 中可得 $C=x_0e^{-kt_0}$，则可得到方程(9-30)特解

$$x=x_0e^{-k(t-t_0)},$$

它反映了某种放射性元素衰变的规律.

注意 物理学称放射性物质从最初的质量到衰变为该质量自身的一半所花费的时间为半衰期，不同物质的半衰期差别极大. 如铀的普通同位素(^{238}U)的半衰期约为 50 亿年；通常的镭(^{226}Ra)的半衰期是上述放射性物质的特征，然而半衰期却不依赖于该物质的初始量，一克 ^{226}Ra 衰变成半克所需要的时间与一吨 ^{226}Ra 衰变成半吨所需要的时间同样都是 1 600 年，正是这种事实才构成了确定考古发现日期时使用的著名的碳-14 测验的基础.

9.8.4 市场价格模型

对于纯粹的市场经济来说，商品市场价格取决于市场供需之间的关系，市场价格能促使商品的供给与需求相等(这样的价格称为(静态)均衡价格). 也就是说，如果不考虑商品价格形成的动态过程，那么商品的市场价格应能保证市场的供需平衡，但是，实际的市场价格不会恰好等于均衡价格，而且价格也不会是静态的，应是随时间不断变化的动态过程.

下面建立描述市场价格形成的动态过程的数学模型.

假设在某一时刻 t，商品的价格为 $p(t)$，它与该商品的均衡价格间有差别，此时，存在供需差，此供需差促使价格变动. 对新的价格，又有新的供需差，如此不断调节，就构成市场价格形成的动态过程，假设价格 $p(t)$ 的变化率 $\frac{dp}{dt}$ 与需求和供给之差成正比，并记 $f(p, r)$ 为需求函数，$g(p)$ 为供给函数 (r 为参数)，于是

$$\begin{cases} \dfrac{dp}{dt} = \alpha[f(p, r) - g(p)], \\ p(0) = p_0, \end{cases}$$

式中 p_0 为商品在 $t = 0$ 时刻的价格，α 为正常数.

若设 $f(p, r) = -ap + b$, $g(p) = cp + d$，则上式变为

$$\begin{cases} \dfrac{dp}{dt} = -\alpha(a+c)p + \alpha(b-d), \\ p(0) = p_0, \end{cases}$$

式中 a, b, c, d 均为正常数，且 $a + c \neq 0$，其解为

$$p(t) = \left(p_0 - \frac{b-d}{a+c}\right)e^{-\alpha(a+c)t} + \frac{b-d}{a+c}.$$

下面对所得结果进行讨论：

(1) 设 $\bar{p}$ 为静态均衡价格，则其应满足

$$f(\bar{p}, r) - g(\bar{p}) = 0,$$

即
$$-a\bar{p} + b = c\bar{p} + d,$$

于是得 $\bar{p} = \dfrac{b-d}{a+c}$，从而价格函数 $p(t)$ 可写为

$$p(t) = (p_0 - \bar{p})e^{-\alpha(a+c)t} + \bar{p},$$

令 $t \to +\infty$，取极限得

$$\lim_{t \to +\infty} p(t) = \bar{p}.$$

说明市场价格逐步趋于均衡价格. 又若初始价格 $p_0 = \bar{p}$，则动态价格就维持在均衡价格 $\bar{p}$ 上，整个动态过程就化为静态过程；

(2) 由于

$$\frac{dp}{dt} = (\bar{p} - p_0)\alpha(a+c)e^{-\alpha(a+c)t}, \tag{9-31}$$

所以，当 $p_0 > \bar{p}$ 时，$\dfrac{dp}{dt} < 0$，$p(t)$ 单调下降向 $\bar{p}$ 靠拢；当 $p_0 < \bar{p}$ 时，$\dfrac{dp}{dt} > 0$，$p(t)$ 单调增加向 $\bar{p}$ 靠拢.

说明 初始价格高于均衡价格时，动态价格就要逐步降低，且逐步靠近均衡价

格；否则，动态价格就要逐步升高. 因此，式 9－31 在一定程度上反映了价格影响需求与供给，而需求与供给反过来又影响价格的动态过程，并指出了动态价格逐步向均衡价格靠拢的变化趋势.

习 题 9.8

1. 已知曲线过 $\left(1, \dfrac{1}{3}\right)$，并且在曲线上任何一点处的切线斜率等于自原点到该切点连线的斜率的两倍，求此曲线方程.

2. 已知某商品的收益 R 随需求量 x 的增加而增加，其增长率为 $R' = \dfrac{R^3 + x^3}{xR^2}$ 且 $R(10) = 0$，求收益函数 $R(x)$.

3. 在商品销售预测中，时刻 t 的销售量用 $x = x(t)$ 表示，如果商品销售的增长速度(即边际销售) $\dfrac{\mathrm{d}x(t)}{\mathrm{d}t}$ 正比于销售量 $x(t)$ 与销售接近饱和水平的程度 $a - x(t)$ 之乘积 (a 为饱和水平)，求销售量函数.

4. 设为国民债务 $D = D(t)$，$Y = Y(t)$ 为国民收入，它们满足如下经济关系：

$$D' = \alpha Y + \beta,\ Y' = \gamma Y,$$

式中 α, β, γ 均为正的常数，且 $D(0) = D_0$，$Y(0) = Y_0$，求国民债务函数 $D(t)$ 与国民收入函数 $Y(t)$.

5. 设某商品的需求价格弹性 $\varepsilon_p = -k$ (k 为常数)，求该商品的需求函数 $Q = Q(p)$.

本章小结

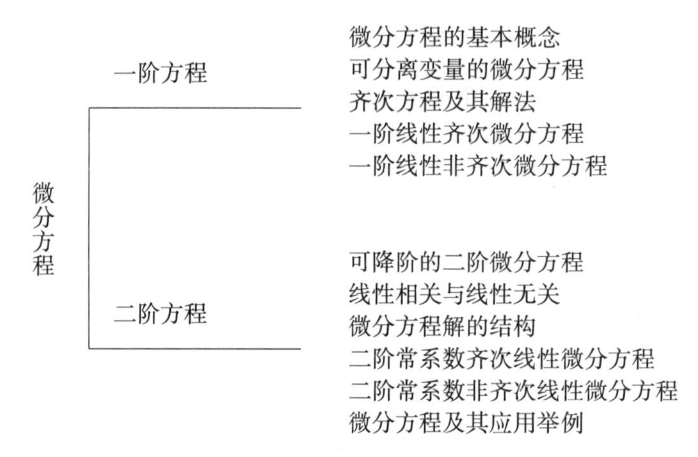

习 题 9

1. 求下列初值问题的解：

(1) $\cos y\,\mathrm{d}x+(1+\mathrm{e}^{-x})\sin y\,\mathrm{d}y=0$，$y(0)=\dfrac{\pi}{4}$；

(2) $(x^2+2xy-y^2)\mathrm{d}x+(y^2+2xy-x^2)\mathrm{d}y=0$，$y(1)=1$.

2. 求方程 $2x^4yy'+y^4=4x^6$ 的通解.

3. 求方程 $y'+\sin(2x-y)=\sin(2x+y)$ 的通解.

4. 求方程 $y''-4y'+4y=\mathrm{e}^{2x}+4x$ 的特解.

5. 求方程 $y'=1-x+y^2-xy^2$ 满足初始条件 $y(0)=1$ 的特解.

6. 若曲线 $y=f(x)(f(x)\geqslant 0)$ 以 $[0,x]$ 为底围成曲边梯形，其面积 y 与纵坐标的 4 次幂成正比，已知 $f(0)=0$，$f(1)=1$，求曲线方程.

7. 解下列微分方程：

(1) $(1+x)y'-ny=(x+1)^{n+1}x\sin(x^2)$；

(2) $(x-\sin y)\mathrm{d}y+\tan y\,\mathrm{d}x=0$，$y(1)=\dfrac{\pi}{6}$；

(3) $(2xy^2-y)\mathrm{d}x+y\,\mathrm{d}y=0$；

(4) $y' = \dfrac{x+1-\sin y}{\cos y}$;

(5) $y'\cos y - \dfrac{1}{x}\sin y = e^x \sin^2 y$;

(6) $y' = x^2 + 2xy + y^2 + 2x + 2y$;

(7) $yy'' - (y')^2 + (y')^3 = 0$;

(8) $y\left(x\cos\dfrac{y}{x} + y\sin\dfrac{y}{x}\right)dx = x\left(y\sin\dfrac{y}{x} - x\cos\dfrac{y}{x}\right)dy$.

8. 已知一曲线通过点 $(e, 1)$，且在曲线上任一点(x, y)处的法线的斜率等于 $\dfrac{-x\ln x}{x + y\ln x}$，求该曲线的方程.

9. 求以 $(x+C)^2 + y^2 = 1$ (C 为任意常数)为通解的微分方程.

10. 设方程 $y'' + p(x)y' + q(x)y = f(x)$ 的三个解为 $y_1 = x$，$y_2 = e^x$，$y_3 = e^{2x}$，求此方程满足初始条件 $y(0) = 1$，$y'(0) = 3$ 的解.

11. 求下列微分方程满足所给初始条件的特解：

(1) $y'' - 3y' - 4y = 0$，$y(0) = 0$，$y'(0) = -5$；

(2) $y'' - 4y' + 13y = 0$，$y(0) = 0$，$y'(0) = 3$.

12. 设 $f(x)$ 可微,对任意实数 a，b 满足 $f(a+b) = e^a f(b) + e^b f(a)$，又 $f'(0) = e$，求 $f(x)$.

13. 设 $f(x)$ 可导,对任意的有,求与 $f(x)$ 的关系,并求 $f(x)$.

14. 已知 $g(x)$ 是微分方程 $g'(x) + \sin x g(x) = \cos x$ 满足初始条件 $g(0) = 0$ 的解,求 $\lim\limits_{x\to 0}\dfrac{g(x)}{x}$.

习 题 答 案

1 函数极限与连续

习题 1.1

1. $A\cup B=(-\infty, 3)\cup(5, +\infty)$，$A\cap B=[-10, 5)$，$A\backslash B=(-\infty, -10)\cup(5, +\infty)$，$A\backslash(A\backslash B)=[-10, -5]$.

2. (1) $\left[-\dfrac{1}{3}, +\infty\right)$；　(2) $(-\infty, -1)\cup(-1, 1)\cup(1, +\infty)$；

(3) $(-\infty, 0)\cup(0, +\infty)$；　(4) $(-2,2)$；

(5) $(-\infty, +\infty)$；　(6) $\bigcup\limits_{k\in\mathbf{Z}}\left(\left(k-\dfrac{1}{2}\right)\pi-1, \left(k+\dfrac{1}{2}\right)\pi-1\right)$；

(7) $[2, 4]$；　(8) $(-1, +\infty)$；

(9) $(-\infty, 0)\cup(0, +\infty)$；　(10) $(-\infty, -1)\cup(1, +\infty)$.

3. (1) 不同,因为定义域不同；　(2) 相同,因为定义域与对应法则均相同；

(3) 不同,因为定义域不同；　(4) 相同,因为定义域与对应法则均相同.

4. $f(0)=-\dfrac{5}{2}$，$f(3)=-\dfrac{2}{5}$，$f(-3)=8$，$f(2a)=\dfrac{2a-5}{2+2a}$ $(a\neq-1)$.

5. $f\left(\dfrac{1}{2}\right)=\dfrac{1}{2}$，$f(2)=2$，$f(3)=2$，$f\left(\dfrac{9}{2}\right)=\dfrac{3}{2}$.

6. 略.

7. (1) 单调增加；　(2) 单调增加.

8. (1) 偶函数；　(2) 非奇非偶函数；

(3) 偶函数；　(4) 奇函数；

(5) 奇函数；　(6) 非奇非偶函数；

(7) 偶函数；　(8) 奇函数.

9. (1) 周期为 2π 的周期函数；　(2) 周期为 π 的周期函数；

(3) 周期为 2 的周期函数；　(4) 不是周期函数；

(5) 周期为 π 的周期函数；　(6) 周期为 π 的周期函数.

10. (1) 有界；　(2) 有界；　(3) 有界；　(4) 无界.

习题 1.2

1. (1) $y=\frac{1}{3}(e^{x-1}-2)$；　(2) $y=x^{\frac{1}{2}}$；

(3) $y=\frac{1}{5}(x^3-2)$；　(4) $y=\log_2 x+3$；

(5) $y=\frac{1}{3}\arcsin\frac{x}{3}$；　(6) $y=e^{x-2}+1$；

(7) $y=\log_2\frac{1+y}{1-y}$；　(8) $y=-\sqrt{1-x^2}(0\leqslant x\leqslant 1)$.

2. $f[f(x)]=\frac{x}{1-2x}$，$f\{f[f(x)]\}=\frac{x}{1-3x}$.

3. $f(g(x))=\begin{cases}1, & x<0,\\ 0, & x=0,\\ -1, & x>0;\end{cases}$　$g(f(x))=\begin{cases}e, & |x|<1,\\ 1, & |x|=1,\\ e^{-1}, & |x|>1.\end{cases}$

4. (1) $y=\sin^2 x$，$y(x_1)=1$，$y(x_2)=\frac{3}{4}$；

(2) $y=\sin 2x$，$y(x_1)=\frac{\sqrt{2}}{2}$，$y(x_2)=1$；

(3) $y=\sqrt{3+2x^2}$，$y(x_1)=\sqrt{5}$，$y(x_2)=\sqrt{11}$；

(4) $y=e^{x^3}$，$y(x_1)=1$，$y(x_2)=e^8$.

5. (1) $y=\sin u$，$u=2x$；　(2) $y=\sqrt{u}$，$u=\tan v$，$v=e^x$；

(3) $y=a^u$，$u=\sin x$；　(4) $y=\ln u$，$u=\ln x$；

(5) $y=x^2u$，$u=e^x$；　(6) $y=u^2$，$u=2+v^2$，$v=\ln x$.

6. $f(x)=5x+\frac{2}{x^2}$，$f(x^2+1)=5(x^2+1)+\frac{2}{(x^2+1)^2}$.

7. $f(x)=2x^2-4$.

8. $f(x)=2-2x^2$.

9. $f(e^{-x})=e^{-2x}(\ln(1+e^x)-x)$.

10. $(-1,0)\cup(0,1)$.

习题 1.3

1. (1) 500 台；　(2) 亏本，亏 4 000 元；　(3) 550 台.

2. 均衡价格 $p_0=2$，均衡数量 $Q_0=12$.

3. $L=4Q-500$(元).

4. 6 414 元.

习题 1.4

1. (1) $\frac{n+1}{n^2}$;　(2) $\frac{(-1)^n}{2n}$;　(3) $\frac{2n-1}{2^n}$;　(4) $(-1)^{n-1}\frac{2n+1}{2n+3}$.

2. (1) 0;　(2) 0;　(3) 0;　(4) 1;
(5) $+\infty$;　(6) 1;　(7) 不存在;　(8) $-\infty$;
(9) 不存在;　(10) 不存在.

3. 略.

4. (1) 0;　(2) $\frac{1}{2}$;　(3) 0;　(4) 0;
(5) 1;　(6) 2.

5. 略.

6. 略.

7. 略.

8. 略.

习题 1.5

1. 略.

2. (1) $f(2+0)=4$, $f(2-0)=-2a$;　(2) $a=-2$.

3. $f(0+0)=\frac{1}{2}$, $f(0-0)=-\frac{1}{2}$.

4. 不一定，$f(x)=\frac{1}{x^2}$, $g(x)=x$, 当 $x\to\infty$ 时，$\lim\limits_{x\to\infty}g(x)f(x)=\lim\limits_{x\to\infty}\frac{1}{x}=0$.

5. $\lim\limits_{x\to 0}f(x)$ 不存在.

6. (1) 3;　(2) $\frac{5}{3}$;　(3) $3a^2$;　(4) ∞;
(5) $\frac{m}{n}$;　(6) $-\frac{1}{2}$;　(7) 8;　(8) ∞;
(9) $\frac{1}{2}$;　(10) 2.

习题 1.6

1. (1)、(2)、(4)、(6) 无穷大量;　(3)、(5) 无穷小量.

2. (1)、(4) 同阶无穷小量;　(2) 高阶无穷小量;
(3) 低阶无穷小量.

3. (1) 4;　(2) -3;　(3) $\frac{1}{3}$;　(4) 0;

(5) $\frac{1}{2}$； (6) e^{-3}； (7) 20； (8) 0.

4. 略.

5. $y = x\cos x$ 在 $(-\infty, +\infty)$ 内无界，但当 $x \to +\infty$ 时，此函数不是无穷大.

6. 略.

习题 1.7

1. (1) 12； (2) 0； (3) 0； (4) $\frac{2}{3}$；

(5) 3； (6) 6； (7) $\frac{2}{3}$； (8) 0；

(9) $\frac{3}{2}$； (10) 0； (11) $\frac{1}{2}$； (12) $\frac{1}{2}$；

(13) 0； (14) 0； (15) $\frac{1}{2}$； (16) ∞.

2. (1) $\frac{1}{5}$； (2) ∞； (3) $\frac{1}{2}$； (4) -1.

3. (1) $\frac{1}{4}$； (2) 0； (3) 4； (4) ∞.

4. $k = -3$.

5. $a = 1$, $b = -1$.

6. $\lim\limits_{x \to 0} f(x)$ 不存在，$\lim\limits_{x \to 1} f(x) = 2$.

习题 1.8

1. (1) $\frac{3}{4}$； (2) $\frac{\alpha}{\beta}$； (3) $\frac{2}{5}$； (4) 0；

(5) 4； (6) $\frac{1}{2}$； (7) α； (8) 3；

(9) 0； (10) 1； (11) $\frac{9}{2}$； (12) 0.

2. (1) e； (2) e^2； (3) e^{-2}； (4) e^k；

(5) e； (6) e^{-1}； (7) e^2； (8) e^{2a}；

(9) e； (10) e^{-1}； (11) 1； (12) $\frac{5}{3}$.

3. (1) 提示：$\frac{n}{n+\pi} \leqslant n\left(\frac{1}{n^2+\pi} + \cdots + \frac{1}{n^2+n\pi}\right) \leqslant \frac{n^2}{n^2+\pi}$；

(2) 略.

4. $c=\ln 3$.

5. -1.

6. $\dfrac{\sqrt{13}+1}{2}$. 提示：用单调递增有上界证明.

7. 6 640 元.

8. 424 元.

9. 15 059.71 元.

习题 1.9

1. 当 $x\to 0$ 时，x^2-x^3 是比 $x-x^2$ 高阶的无穷小.

2. 同阶，等价无穷小.

3. 同阶，但不是等价无穷小.

4. (1) $\dfrac{3}{2}$； (2) $\dfrac{3}{5}$； (3) 5； (4) 0；

(5) $\dfrac{1}{2}$； (6) 5； (7) $\dfrac{2}{3}$； (8) 1.

5. $\lim\limits_{x\to 0}\dfrac{\sin x^n}{(\sin x)^m}=\begin{cases}1,\ n=m,\\ 0,\ n>m,\\ \infty,\ n<m.\end{cases}$

习题 1.10

1. 略.

2. (1) 不连续； (2) 不连续； (3) 连续； (4) 连续.

3. (1) $x=1$ 可去间断点，$x=2$ 第二类无穷间断点；

(2) $x=\pm\sqrt{2}$ 都是无穷间断点；

(3) $x=0$ 跳跃间断点； (4) $x=2$ 可去间断点；

(5) $x=0, x=k\pi+\dfrac{\pi}{2}$ 可去间断点，$x=k\pi$ 无穷间断点；

(6) $x=0$ 第二类振荡间断点； (7) $x=1$ 跳跃间断点；

(8) $x=0$ 可去间断点.

4. 连续.

5. $a=1$.

6. 左不连续，右连续.

7. $a=1,\ b=\mathrm{e}$.

习题 1.11

1. 连续区间 $(-\infty,-3)\cup(-3,2)\cup(2,+\infty)$；$\lim\limits_{x\to 0}f(x)=\dfrac{1}{2}$，$\lim\limits_{x\to -3}f(x)=$

$-\frac{8}{5}$, $\lim\limits_{x\to 2} f(x)=\infty$.

2. (1) $\sqrt{5}$; (2) 1; (3) $\ln 2$; (4) $\frac{1}{2}$;

(5) 0; (6) 0; (7) 1; (8) $\sqrt{e}$.

3. 略.

4. 略.

5. 略.

6. 略.

7. 略.

8. 略.

习题 1

1. (1) $[-1, 2]$; (2) $(-\infty, -1)\cup\left(-1, \frac{1}{2}\right)$;

(3) $[1, +\infty)$; (4) $\mathbf{Z}$.

2. (1) 不同,因为定义域不同; (2) 不同,因为定义域不同;

(3) 不同,因为对应法则不同; (4) 相同,因为定义域和对应法则都相同.

3. $F(x)=0$, $H(x)=1$.

4. $(-1, 1)$.

5. $f(x)=\begin{cases}-x^2+x-1, & -1\leqslant x<0,\\ 0, & x=0,\\ x^2+x+1, & 0<x\leqslant 1.\end{cases}$

6. 1.

7. $T=2(b-a)$.

8. (1) $y=\log_2\frac{x}{1-x}$; (2) $y=e^{x-1}-2$.

9. $\frac{1}{x}+\frac{\sqrt{x^2+1}}{|x|}$.

10. $f(x+1)=\begin{cases}x+2, & x\leqslant 0,\\ 2x+1, & x>0,\end{cases}$ $f(\ln x)=\begin{cases}\ln x+1, & x\leqslant e,\\ 2\ln x-1, & x>e,\end{cases}$

$f(\sin x)=\sin x+1$.

11. $f(x)=\begin{cases}(x-1)^2, & 1\leqslant x\leqslant 2,\\ 2x-2, & 2<x\leqslant 3.\end{cases}$

12. (1) $y=\dfrac{1}{u^2}$, $u=2x+5$;

(2) $y=u^2+1$, $u=\sin x+\cos x+3$;

(3) $y=\sin u$, $u=\sqrt{v}$, $v=\ln w$, $w=x^2+1$;

(4) $y=u^2$, $u=\sin v$, $v=\lg w$, $w=3x+5$.

13. $Q=\begin{cases}-10+2.8p, & \dfrac{25}{7}\leqslant p\leqslant 4,\\ -18+4.8p, & p\geqslant 4.\end{cases}$

14. $R=\begin{cases}130x, & 0\leqslant x\leqslant 700,\\ 9\,100+117x, & 700<x\leqslant 1\,000.\end{cases}$

15. $\lim\limits_{x\to\infty}x_n=\dfrac{1}{2}$.

16. 略.

17. 略.

18. (1) n; (2) $\dfrac{2\sqrt{2}}{3}$; (3) $\dfrac{p+q}{2}$; (4) 0.

19. (1) x; (2) $\dfrac{6}{5}$.

20. $\dfrac{1+\sqrt{5}}{2}$.

21. 略.

22. 2.

23. $P(x)=x^3+2x^2+x$.

24. $a=1$, $b=-2$.

25. $x=0$ 和 $x=k\pi+\dfrac{\pi}{2}$ 是第一类可去间断点，$x=k\pi(k\neq 0)$ 是第二类无穷间断点.

26. 0.

2 导数与微分

习题 2.1

1. (1) $\cos x$; (2) $y'=-2x^{-3}$; $y'(1)=-2$.

2. (1) $-f'(x_0)$; (2) $2f'(x_0)$.

3. (1) 0; (2) $2tf'(0)$.

4. 2.

5. $f'_-(1)=2$，$f'_+(1)=2$，$f'(1)$ 不存在.

6. $\frac{1}{2}$.

7. $f'(x)=2|x|$.

8. 不可导 ($f'_-(1)\neq f'_+(1)$).

9. 在 $x=0$ 处连续且可导.

10. $2a^3=b$ 或 $b=-2a^3$.

11. 切线方程：$x-y+1=0$；法线方程：$x+y-1=0$.

12. 略.

13. 略.

习题 2.2

1. (1) $\frac{1}{2\sqrt{x}}-\frac{1}{x^2}+2\sin x$；　(2) $2^x\ln 2+2x+\frac{1}{x\ln 2}$；

(3) $x(2\ln x+1)$；　(4) $e^x(\cos x-\sin x)$；

(5) $x(2\ln x\cos x+\cos x-x\ln x\sin x)$；

(6) $2x\arctan x+\frac{x^2}{x^2+1}$；

(7) $\cos x\arcsin x+\frac{\sin x}{\sqrt{1-x^2}}$；　(8) $\frac{(1+x^2)\sec^2 x\arctan x-\tan x}{(1+x^2)(\arctan x)^2}$；

(9) $\frac{\sec x\tan x-\sec x}{x^2}$；　(10) $\frac{e^x(x^3-x^2+x+1)}{(x^2+1)^2}$；

(11) $\frac{e^x(x\ln x-\ln x-1)}{(x\ln x)^2}$；　(12) $\frac{2(\sin x+\cos x+2)}{(1+2\cos x)^2}$；

(13) $5x^4+12x^2+2$.　(14) $e^{-t}(\cos t-\sin t)$；

(15) $\sec^2 x$；　(16) $\frac{-2x}{1-x^2}$.

2. (1) $2e^{2x}$；　(2) $\frac{1}{x-1}$；

(3) $-\frac{2\arccos x}{\sqrt{1-x^2}}$；　(4) $\frac{1}{x\sqrt{x^2-1}}$；

(5) $\frac{4x}{3\sqrt[3]{x^2-1}}$；　(6) $2\cot 2x$；

(7) $\dfrac{\cos\sqrt{2x+1}}{\sqrt{2x+1}}$；　　(8) $\dfrac{4e^{2x}}{(e^{2x}+1)^2}$；

(9) $-\dfrac{1}{1+x^2}$；　　(10) $(n+1)\sin^n x\cos x$；

(11) $\dfrac{\ln x}{x\sqrt{1+\ln^2 x}}$.　　(12) $\begin{cases}\dfrac{2}{1+x^2}, & |x|<1,\\ -\dfrac{2}{1+x^2}, & |x|>1.\end{cases}$

3. $f'(x+3)=5x^4$，$f'(x)=5(x-3)^4$.

4. $-\dfrac{1}{(1+x)^2}$.

5. (1) -1；　(2) $\dfrac{13}{3}$；　(3) $-\dfrac{1}{18}$；　(4) 1.

6. (1) $2xf'(x^2)$；　(2) $2f(x)f'(x)$；

(3) $4xf(x^2)f'(x^2)$；　(4) $[f'(\sin^2 x)-f'(\cos^2 x)]\sin 2x$.

7. $-xe^{x-1}$.

8. 不可导.

9. (1) $-0.2t+1.2$；　(2) $99.875°$；

(3) 0.9 度/天.　(4) 略.

习题 2.3

1. $x=20$，50，70 时边际收益依次为 12，0，-8,边际收入函数为 $100-10p$,边际收入递减.

2. (1) -1.85；　(2) 总收益大约增加 0.879%.

3. $60-0.2x$，30，-20.

4. $-\dfrac{1}{4}p$，-0.75，-1，-1.25.

5. (1) kx；　(2) $\dfrac{\sqrt{x}}{2(\sqrt{x}-4)}$；

(3) a；　(4) $\dfrac{x}{2(x-9)}$.

习题 2.4

1. (1) $20x^3+24x$；　(2) $9e^{3x-2}$；

(3) $2\cos x-x\sin x$；　(4) $-2e^{-t}\cos t$；

(5) $\dfrac{e^x(x^2-2x+2)}{x^3}$; (6) $-\dfrac{x}{(x^2+1)^{\frac{3}{2}}}$;

(7) $2e^x\cos x$; (8) $-\dfrac{2(1+x^2)}{(1-x^2)^2}$;

(9) $2\sec^2 x\tan x$; (10) $\dfrac{6x^2-2}{(x^2+1)^3}$.

2. $e^{f(x)}[(f'(x))^2+f''(x)]$.

3. 19 440.

4. $-4e^x\cos x$.

5. 略.

6. $2g(a)$.

7. (1) e^x; (2) $e^x(x+n)$;

(3) $\dfrac{(-1)^n(n-2)!}{x^{n-1}}(n\geqslant 2)$; (4) $2^{n-1}\sin\left(2x+\dfrac{(n-1)\pi}{2}\right)$;

(5) $4^{n-1}\cos\left(4x+\dfrac{n\pi}{2}\right)$; (6) $\dfrac{(-1)^n n!}{(x+1)^{n+1}}(n\geqslant 2)$.

8. $n!$.

习题 2.5

1. (1) $\dfrac{y-2x^2}{y^2-x}$; (2) $\dfrac{e^{x+y}-y}{x-e^{x+y}}$;

(3) $-\dfrac{2x+y}{x+2y}$; (4) $\dfrac{e^x}{1-xe^y}$;

(5) $\dfrac{5-ye^{xy}}{xe^{xy}+3y^2}$; (6) $\dfrac{-y}{x-\pi\cos(\pi y)}$.

2. (1) $-\dfrac{x^2+4y^2}{16y^5}$; (2) $-2\csc^4(x+y)\cot(x+y)\cos^2(x+y)$;

(3) $-\dfrac{\sin(x+y)\cos(x+y)}{[1+\sin(x+y)]^4}$; (4) $\dfrac{e^{2y}(2-xe^y)}{(1-xe^y)^3}$.

3. $-\dfrac{1}{e}$, $\dfrac{1}{e^2}$.

4. (1) $(1+x^2)^{\tan x}\left[\sec^2 x\ln(1+x^2)+\dfrac{2x\tan x}{1+x^2}\right]$;

(2) $\dfrac{\sqrt{x+2}\,(3-x)^4}{(x+1)^5}\left[\dfrac{1}{2(x+2)}-\dfrac{4}{3-x}-\dfrac{5}{x+1}\right]$;

(3) $\sqrt{\dfrac{x(x^2+1)}{(x^2-1)^3}}\left(\dfrac{1}{2x}+\dfrac{x}{x^2+1}-\dfrac{3x}{x^2-1}\right)$;

(4) $\dfrac{(x+1)^2\sqrt{3x-2}}{x^3\sqrt{2x+1}}\left[\dfrac{2}{x+1}+\dfrac{3}{2(3x-2)}-\dfrac{3}{x}-\dfrac{1}{2x+1}\right]$.

5. 切线方程：$x+y-\dfrac{\sqrt{2}}{2}a=0$；法线方程：$x-y=0$.

6. 切线方程：$x-y+1=0$；法线方程：$x+y-1=0$.

7. (1) t，$\dfrac{1}{6t}$；　　(2) $\dfrac{\cos t+\sin t}{\cos t-\sin t}$，$\dfrac{2}{e^t(\cos t-\sin t)^3}$；

(3) $\dfrac{1-3t^2}{-2t}$，$-\dfrac{1+3t^2}{4t^3}$；　　(4) -1，0.

8. 切线方程：$2x+2y-1=0$；法线方程：$2x-2y-1=0$.

习题 2.6

1. 选 C. 函数 $f(x)$在点 x_0 处导数记为 $f'(x_0)$，也可记为 $y'|_{x=x_0}$，而 y'是导函数的记法.

2. 选 A. $y'=\dfrac{(2-\sin x)'(3+\cos x)-(2-\sin x)(3+\cos x)'}{(3+\cos x)^2}$

$$=\frac{-\cos x(3+\cos x)-(2-\sin x)(-\sin x)}{(3+\cos x)^2}$$

3. 选 A. $y'=(\cos 2x)'+(\sin\sqrt{x})'=(-2\sin 2x)(2x)'+\cos\sqrt{x}(\sqrt{x})'$

$$=-2\sin 2x+\frac{\cos\sqrt{x}}{2\sqrt{x}}.$$

4. 选 A. $y'=\dfrac{1}{2}\left[\cos\left(2x-\dfrac{\pi}{3}\right)\right]^{-\frac{1}{2}}\left[\cos\left(2x-\dfrac{\pi}{3}\right)\right]'$

$$=\frac{1}{2}\left[\cos\left(2x-\frac{\pi}{3}\right)\right]^{-\frac{1}{2}}\left[-\sin\left(2x-\frac{\pi}{3}\right)\right]\left(2x-\frac{\pi}{3}\right)'$$

$$=\frac{-\sin\left(2x-\frac{\pi}{3}\right)}{\sqrt{\cos\left(2x-\frac{\pi}{3}\right)}}.$$

5. $y'=(e^x x^{-1})'=(e^x)'x^{-1}+e^x(x^{-1})'=e^x x^{-1}-e^x x^{-2}$，$y''=(e^x x^{-1})'-(e^x x^{-2})'$ $=(e^x)'x^{-1}+e^x(x^{-1})'-[(e^x)'x^{-2}+e^x(x^{-2})']=e^x(x^{-1}-2x^{-2}+2x^{-3})$.

6. 选 A. 因为 $C'=0$，所以 $d(c)=c'dx=0$.

7. 选 B. $y' = \sin(\ln x) + \cos(\ln x) + x\left[\frac{1}{x}\cos(\ln x) - \frac{1}{x}\sin(\ln x)\right] = 2\cos(\ln x)$.

8. 选 A. 因为 $\Delta y = f(x) - f(x_0) \approx f'(x_0)\Delta x$,
所以 $f(x) = f(x_0) + f'(x_0)(x - x_0)$,

$$f'(x_0) = \frac{1}{2\sqrt{1+x}}\bigg|_{x=x_0} = \frac{1}{2\sqrt{1+x_0}},$$

令 $x_0 = 0, f(x) = f(0) + \frac{x}{2} = 1 + \frac{x}{2}$.

9. D 当自变量的改变量为 Δx 时, Δy 是函数的改变量, $\mathrm{d}y$ 是切线纵坐标的改变量. 因 $f(x)$不是常数函数或一次函数,故 $\mathrm{d}y \neq \Delta y, \mathrm{d}y \approx \Delta y$,又在微分定义中,把 Δx 记为 $\mathrm{d}x$,即 $\Delta x = \mathrm{d}x$.

10. D 因为 $y' = f'(\sin x) \cdot (\sin x)' = f'(\sin x)\cos x$ 所以 $\mathrm{d}y = f'(\sin x)\cos x\,\mathrm{d}x$

11. $\frac{3}{4}\mathrm{d}x$.

12. $\Delta x = 1$ 时, $\Delta y = 19$, $\mathrm{d}y = 12$; $\Delta x = 0.1$ 时, $\Delta y = 1.261$, $\mathrm{d}y = 1.2$; $\Delta x = 0.01$ 时, $\Delta y = 0.120\,601$, $\mathrm{d}y = 0.12$.

13. (1) $(\cos 2x - 2x\sin 2x)\mathrm{d}x$; (2) $x(2-x)\mathrm{e}^{-x}\mathrm{d}x$;

(3) $-\frac{2x}{1+x^4}\mathrm{d}x$; (4) $-\frac{x}{|x|\sqrt{1-x^2}}\mathrm{d}x$;

(5) $\frac{x+(1-x)\ln(1-x)}{x^2(x-1)}\mathrm{d}x$; (6) $-(x^2-1)^{-\frac{3}{2}}\mathrm{d}x$;

(7) $\left(\frac{1}{x}+\frac{1}{\sqrt{x}}\right)\mathrm{d}x$; (8) $\frac{-3x^2}{2(1-x^3)}\mathrm{d}x$;

(9) $2(\mathrm{e}^{2x}-\mathrm{e}^{-2x})\mathrm{d}x$; (10) $\frac{\mathrm{d}x}{\sqrt{x^2 \pm a^2}}$.

14. $\mathrm{d}y = \frac{y+x}{y-x}\mathrm{d}x$.

15. $\mathrm{d}y = \frac{2+\ln(x-y)}{3+\ln(x-y)}\mathrm{d}x$.

16. 略.

17. (1) 2; (2) $\frac{\sqrt{3}}{2}$; (3) 1; (4) $\frac{\pi}{6}$.

18. $\dfrac{21}{40}$.

19. $L(x)=\dfrac{3}{2}x+1$.

20. 约减少 2 618 cm^2,约增加 104.72 cm^2.

习题 2

1. -4.

2. $4f'(x)$.

3. $2c$.

4. $\dfrac{x}{1+x\mathrm{e}^x}$.

5. $(2, 4)$.

6. $y-9x-10=0$ 或 $y-9x+22=0$.

7. $x-y=0$.

8. $2x^2+1$.

9. $a=2$, $b=-1$.

10. (1) $(3x+5)^2(5x+4)^4(120x+161)$;

(2) $-\dfrac{1}{x^2+1}$;

(3) $\dfrac{1-n\ln n}{x^{n+1}}$; (4) $-\dfrac{1}{x^2}\sec^2\dfrac{1}{x}\cdot\mathrm{e}^{\tan\frac{1}{x}}$;

(5) $ax^{a-1}+a^x\ln a$; (6) $\dfrac{2\sqrt{x}+1}{4\sqrt{x}\cdot\sqrt{x+\sqrt{x}}}$.

11. (1) $f'(\mathrm{e}^x+x^{\mathrm{e}})(\mathrm{e}^x+\mathrm{e}x^{\mathrm{e}-1})$; (2) $\mathrm{e}^{f(x)}[f'(\mathrm{e}^x)\mathrm{e}^x+f(\mathrm{e}^x)f'(x)]$.

12. $f'(x)=2+\dfrac{1}{x^2}$.

13. (1) $c=2.199w$; (2) 4.25;

(3) 2.199; (4) 9.346;

(5) $\dfrac{\mathrm{d}D}{\mathrm{d}w}$ 表示药的剂量随体重的变化率.

14. $2\arctan x+\dfrac{2x}{1+x^2}$.

15. $(-1)^n n!\left[\dfrac{1}{(x-3)^{n+1}}-\dfrac{1}{(x-2)^{n+1}}\right]$.

16. $(\tan x)^{\sin x}(\cos x \ln \tan x + \sec x) + x^{x}(\ln x + 1)$.

17. (1) $e^{-x}[\sin(3-x) - \cos(3-x)]dx$;

(2) $dy = \begin{cases} \dfrac{dx}{\sqrt{1-x^2}}, & -1 < x < 0, \\ -\dfrac{dx}{\sqrt{1-x^2}}, & 0 < x < 1. \end{cases}$

18. $-2x\sin x^2$; $-2\sin x^2 - 4x^2\cos x^2$.

19. $L(x) = \dfrac{3}{2}x + \dfrac{1}{2}$.

20. $L(x) = \dfrac{5}{2}x - \dfrac{1}{10}$.

21. 1%；3%.

22. 连续但不可导.

23. $x + y = 0$.

24. 略.

3　中值定理与导数的应用

习题 3.1

1. (1)、(2) 不满足；(3)、(4) 满足.

2. 略.

3. 略.

4. 有分别位于(1, 2), (2, 3), (3, 4)的三个根.

5. 提示：利用柯西中值定理.

6. 略.

7. 略.

8. 略.

9. 略.

10. 提示：设 $\varphi(x) = f(x)e^{-x}$，再证 $\varphi(x)$ 为常数.

习题 3.2

1. (1) $-\dfrac{1}{6}$;　(2) 2;　(3) 2;　(4) $a^{a}(\ln a - 1)$;

(5) $-\dfrac{1}{8}$;　(6) ∞;　(7) 1;　(8) $\dfrac{2}{\pi}$;

(9) 1；　(10) $\frac{1}{2}$；　(11) 0；　(12) $e^{-\frac{1}{6}}$；

(13) 1；　(14) 0；　(15) -2；　(16) 1；

(17) $e^{-\frac{1}{2}}$；　(18) 1；　(19) 2；　(20) $\sqrt{e}$.

2. $a=-3$，$b=\frac{9}{2}$.

3. 略.

4. 略.

5. $a=g'(0)$，$f'(0)=\frac{1}{2}g''(0)$.

习题 3.3

1. (1) $10+11(x-1)+7(x-1)^2+(x-1)^3$；

(2) $-[1+(x+1)+\cdots+(x+1)^n]+\frac{(-1)^{n+1}(x+1)^{n+1}}{[-1+\theta(x+1)]^{n+2}}$ $(0<\theta<1)$；

(3) $1-x+x^2+\cdots+(-1)^n+\frac{(-1)^{n+1}x^{n+1}}{(1+\theta x)^{n+2}}$ $(0<\theta<1)$；

(4) $x+x^2+\frac{1}{2!}x^3+\cdots+\frac{1}{(n-1)!}x^n+\frac{(n+1+\theta x)x^{n+1}}{(n+1)!}$ $(0<\theta<1)$.

2. $f(x)=-44-25(x-3)+24(x-3)^2+\frac{26}{3}(x-3)^3+(x-3)^4$.

3. $f(x)=1-9x+30x^2-45x^3+30x^4-9x^5+x^6$.

4. $f(x)=\frac{2}{2!}x^2-\frac{2^3}{4!}x^4+\frac{2^5}{6!}x^6+\cdots+(-1)^{n-1}\frac{2^{2n-1}}{(2n)!}x^{2n}-$

$\frac{2^{2n+1}\cos(2\theta x+(n+1)\pi)}{(2n+2)!}x^{2n+2}$，其中 $0<\theta<1$.

5. $f(x)=x+\frac{x^3}{3!}+\frac{9\theta x+6(\theta x)^3}{4![1-(\theta x)^2]^{\frac{7}{2}}}x^4$ $(0<\theta<1)$.

6. $\ln x=\ln 2+\frac{1}{2}(x-2)-\frac{1}{2^3}(x-2)^2+\frac{1}{3\cdot 2^3}(x-2)^3-\cdots+\frac{(-1)^{n-1}}{n\cdot 2^n}$

$(x-2)^n+o((x-2)^n)$.

7. (1) 0；　(2) $\frac{1}{3}$.

习题 3.4

1. (1) 在$(-\infty,-1]$，$[1,+\infty)$内单调减少，在$[-1,1]$内单调增加；

(2) 在$(-\infty, -1]$, $[1, +\infty)$内单调减少,在$[-1, 1]$内单调增加;

(3) 在$\left(0, \dfrac{1}{2}\right]$内单调减少,在$\left[\dfrac{1}{2}, +\infty\right)$内单调增加;

(4) 在$[1, 2]$内单调减少,在$[0, 1]$内单调增加;

(5) 在$\left(-\infty, \dfrac{1}{2}\right]$内单调减少,在$\left[\dfrac{1}{2}, +\infty\right)$内单调增加;

(6) 在$\left[0, \dfrac{\pi}{3}\right]$, $\left[\dfrac{5\pi}{3}, 2\pi\right]$内单调减少,在$\left[\dfrac{\pi}{3}, \dfrac{5\pi}{3}\right]$内单调增加;

(7) 在$[0, +\infty)$内单调增加;

(8) 在$\left[0, \dfrac{2}{5}\right]$内单调减少,在$(-\infty, 0)$, $\left[\dfrac{2}{5}, +\infty\right)$内单调增加.

2. 略.

3. 略.

4. 略.

5. (1) 极大值 $y(0) = 0$, 极小值 $y(1) = -1$;

(2) 极小值 $y(0) = 0$;

(3) 极大值 $y\left(\dfrac{3}{4}\right) = \dfrac{5}{4}$;

(4) 极大值 $y(2) = 4e^{-2}$, 极小值 $y(0) = 0$;

(5) 极大值 $y(1) = 1$, 极小值 $y(-1) = -1$;

(6) 极大值 $y(1) = 0$, 极小值 $y(e^2) = 4e^{-2}$;

(7) 极大值 $y\left(\dfrac{\pi}{4}\right) = \sqrt{2}$;

(8) 极小值 $y\left(\dfrac{12}{5}\right) = -\dfrac{1}{24}$.

6. $a = \dfrac{2}{3}$, $f\left(\dfrac{\pi}{3}\right) = \dfrac{\sqrt{3}}{2}$ 为极大值.

7. (1) 最小值 $f(0) = f\left(\dfrac{\pi}{2}\right) = 1$, 最大值 $f\left(\dfrac{\pi}{4}\right) = \sqrt{2}$;

(2) 无最小值,最大值 $f(e) = e^{\frac{1}{e}}$;

(3) 最小值 $f(3) = 1$, 最大值 $f(-5) = e^8$;

(4) 最小值 $f\left(\dfrac{1}{2}\right) = -\dfrac{\ln 2}{\sqrt{2}}$, 最大值 $f(1) = 0$.

8. 从中点处截.

9. 截去边长为 $\frac{a}{6}$ 的小方块,能使做成的盒子容积最大.

10. 250 个单位产品.

11. $a \neq 0$, $b = 0$, $c = 1$.

12. (1) $(-\infty, 1)$ 上凸,$(1, +\infty)$ 下凸,拐点 $(1, -2)$;

(2) $(-\infty, -\sqrt{3})$, $(0, \sqrt{3})$ 上凸,$(-\sqrt{3}, 0)$, $(\sqrt{3}, +\infty)$ 下凸,拐点 $\left(-\sqrt{3}, -\frac{\sqrt{3}}{2}\right)$, $\left(\sqrt{3}, \frac{\sqrt{3}}{2}\right)$, $(0, 0)$;

(3) $\left(\frac{1}{2}, +\infty\right)$ 上凸,$\left(-\infty, \frac{1}{2}\right)$ 下凸,拐点 $\left(\frac{1}{2}, e^{\arctan\frac{1}{2}}\right)$;

(4) $(-\infty, -1)$, $(1, +\infty)$ 上凸,$(-1, 1)$ 下凸,拐点 $(\pm 1, \ln 2)$;

(5) $(-\infty, -3)$, $(-3, 6)$ 上凸,$(6, +\infty)$ 下凸,拐点 $\left(6, \frac{2}{27}\right)$;

(6) 在正半轴是凹的,无拐点.

习题 3.5

1. 当 $x = -3$ 时,函数有最小值 27.

2. 当 $x = 1$ 时,函数有最大值 $\frac{1}{2}$.

3. 50 s.

4. $C(Q) = 100 + 20Q$, $L(Q) = -20Q^2 + 320Q - 100$, $C'(Q) = 20$, $L'(Q) = -40Q + 320$.

5. $\frac{100+C}{2}$元.

6. (1) -24; (2) -1.85; (3) 总收益增加,约增加 1.69%.

习题 3.6

1. (1) $y = 1$, $x = 0$; (2) $y = x$.

2. 略.

3. (1) $V(0) = 50$ 元,$V(5) = 37.24$ 元,$V(10) = 32.64$ 元,$V(70) = 26.37$ 元;
(2) 极大值 $V(0) = 50$; (3) $\lim\limits_{t \to \infty} V(t) = 25$.

4. (1) $x = 0$; (2) $x = 1$, $y = x + 2$;
(3) $y = 0$, $y = x$; (4) $y = 0$, $x = -2$;
(5) $x = \pm 1$; (6) $x = \pm 1$.

习题 3

1. 略.

2. 略.

3. 略.

4. (1) $\frac{3}{2}$; (2) $\frac{1}{4}$; (3) $-\frac{1}{2}$; (4) $-\frac{1}{2}$.

5. 在 $(-\infty, 1]$ 内单调减少,在 $[1, +\infty)$ 内单调增加.

6. 略.

7. 略.

8. 略.

9. 略.

10. 略.

11. (1) 拐点 $\left(2, \frac{2}{e^2}\right)$,在 $(-\infty, 2]$ 内是凸的,在 $[2, +\infty)$ 内是凹的;

(2) 拐点 $(2, 1)$,在 $(-\infty, 2)$ 内是凸的,在 $(2, +\infty)$ 内是凹的.

12. $a=0$, $b=-3$,极值点为 $x=1$ 和 $x=-1$,拐点为 $(0, 0)$.

13. (1) 极小值 $y\left(-\frac{1}{2}\ln 2\right)=2\sqrt{2}$; (2) 没有极值.

14. $(1, 2)$ 和 $(-1, -2)$.

15. 正方形周长为 $\frac{4a}{4+\pi}$,圆的周长为 $\frac{\pi a}{4+\pi}$.

16. $\frac{2+a}{1+a}$.

17. (1) 1 000; (2) 6 000.

4 不 定 积 分

习题 4.1

1. 略.

2. (1) $\frac{1}{3}x^3+x^2-5x+C$; (2) $\frac{3}{5}x^{\frac{5}{3}}+\frac{3^x}{\ln 3}-5x+C$;

(3) $x+\frac{1}{2}x^4+\frac{1}{7}x^7+C$; (4) $\frac{\sqrt{2}}{4}x^4-3e^x+3\sin x+C$;

(5) $-\frac{1}{x^2}+C$; (6) $\frac{3}{10}x^{\frac{10}{3}}+C$;

(7) $x+\frac{2}{3}x^3+\frac{1}{5}x^5+C$; (8) $\frac{2}{5}x^{\frac{5}{2}}-2x^{\frac{3}{2}}+4x^{\frac{1}{2}}+C$;

(9) $2\sqrt{x}-\dfrac{1}{x}+C$；

(10) $\dfrac{1}{3}x^3+\dfrac{2}{5}x^{\frac{5}{2}}-\dfrac{2}{3}x^{\frac{3}{2}}-x+C$；

(11) $2e^x+3\ln|x|+C$；

(12) $e^x-\tan x+C$；

(13) $\dfrac{5^x e^x}{1+\ln 5}+C$；

(14) $e^x-3\cos x+\tan x+C$；

(15) $-\cot x-x+C$；

(16) $\tan x-\sec x+C$；

(17) $\dfrac{x+\sin x}{2}+C$；

(18) $\dfrac{1}{2}\tan x+C$；

(19) $\tan x-\sec x+C$；

(20) $\sin x-\cos x+C$.

3. $y=\ln x-1$.

4. $k=-\dfrac{4}{3}$.

5. xe^x.

6. 提示：设 $F(x)$ 是 $f(x)$ 的一个原函数，先证明 $[F(x)]'=[F(-x)]'$.

7. 收益函数为：$R(x)=100x-0.005x^2$；平均收益函数为：$R(\bar{x})=100-0.005x$.

8. $\dfrac{-1}{x\sqrt{1-x^2}}$.

习题 4.2

1. (1) $\dfrac{1}{a}F(ax+b)+C$；

(2) $-\dfrac{1}{2}F(e^{-2x})+C$；

(3) $\dfrac{1}{3}F(\sin 3x)+C$；

(4) $2\sqrt{f(\ln x)}+C$.

2. 略.

3. (1) $-\dfrac{1}{303}(1-3x)^{101}+C$；

(2) $-\dfrac{2}{5}\sqrt{2-5x}+C$；

(3) $\dfrac{1}{7}\sin(7x+1)+C$；

(4) $-\dfrac{1}{2}(1-3x)^{\frac{2}{3}}+C$；

(5) $-\dfrac{1}{2(2x+3)}+C$；

(6) $\dfrac{1}{18}\ln(4+9x^2)+C$；

(7) $-\sqrt{2-x^2}+C$；

(8) $-\dfrac{1}{2}\cos x^2+C$；

(9) $\dfrac{1}{9}(1+2x^3)^{\frac{3}{2}}+C$；

(10) $-\dfrac{1}{5}e^{-x^5}+C$；

(11) $\frac{1}{4}\arcsin\frac{x^4}{2}+C$；

(12) $-\sin\frac{1}{x}+C$；

(13) $-\arcsin\frac{1}{x}+C$；

(14) $-2\ln|\cos\sqrt{x}|+C$；

(15) $2\arctan\sqrt{x}+C$；

(16) $\frac{1}{2}\ln|2\ln x+1|+C$；

(17) $\arcsin(\ln x)+C$；

(18) $\frac{1}{3}(1+\ln x)^3+C$；

(19) $\frac{1}{6}\ln(2+3e^{2x})+C$；

(20) $x-\ln(1+e^x)+C$；

(21) $\frac{1}{2}\ln\left|\frac{1+e^x}{1-e^x}\right|+C$；

(22) $\frac{1}{3}(x^2-5x+2)^3+C$；

(23) $\frac{1}{2}\ln(x^2+2x+5)+C$；

(24) $-\frac{1}{\arcsin x}+C$；

(25) $\frac{2^{\arctan x}}{\ln 2}+C$；

(26) $\frac{1}{4}\tan^2(2x+1)+C$；

(27) $2\sqrt{\sin x-\cos x}+C$；

(28) $\frac{1}{3}\sin^3 x-\frac{1}{5}\sin^5 x+C$；

(29) $\frac{1}{3}\tan^3 x-\tan x+x+C$；

(30) $\frac{1}{7}\sec^7 x-\frac{2}{5}\sec^5 x+\frac{1}{3}\sec^3 x+C$.

4. (1) $\ln\left(\frac{2-\sqrt{4-x^2}}{x}\right)+C$；

(2) $-\frac{x}{2}\sqrt{4-x^2}+2\arcsin\frac{x}{2}+C$；

(3) $\frac{x}{\sqrt{1-x^2}}+C$；

(4) $-\frac{1}{3}(a^3+x^2)\sqrt{a^2-x^2}+C$；

(5) $-\frac{\sqrt{1+x^2}}{x}+C$；

(6) $\frac{1}{2}\arctan x-\frac{x}{2(1+x^2)}+C$；

(7) $\frac{\sqrt{x^2-a^2}}{a^2 x}+C$；

(8) $\sqrt{x^2-9}-3\arccos\frac{3}{x}+C$.

5. $f(x)=2\sqrt{x+1}-1$.

习题 4.3

1. (1) $\frac{1}{3}x\cos(1-3x)+\frac{1}{9}\sin(1-3x)+C$；

(2) $-(x+1)e^{1-x}+C$；

(3) $-x^2\cos x+2x\sin x+2\cos x+C$；

(4) $\frac{1}{2}x^2\sin x^2+\frac{1}{2}\cos x^2+C$；

(5) $\frac{1}{4}(2x^2-6x+13)e^{2x}+C$；

(6) $x\ln x-x+C$；

(7) $\frac{1}{2}(x^2-1)\ln(x-1)-\frac{1}{4}x^2-\frac{1}{2}x+C$；

(8) $2\sqrt{x}\ln x-4\sqrt{x}+C$；

(9) $\frac{1}{2}(1+x^2)[\ln(1+x^2)-1]+C$；

(10) $\frac{1}{4}x^2-\frac{1}{4}x\sin 2x-\frac{1}{8}\cos 2x+C$；

(11) $x\arctan-\frac{1}{2}\ln(1+x^2)+C$；

(12) $\frac{1}{3}x^3\arctan x-\frac{1}{6}x^2+\frac{1}{6}\ln(1+x^2)+C$；

(13) $-\frac{1}{x}\ln^2 x-\frac{2}{x}\ln x-\frac{2}{x}+C$；

(14) $-\frac{2}{17}e^{-2x}\left(\cos\frac{x}{2}+4\sin\frac{x}{2}\right)+C$；

(15) $\frac{1}{10}e^{-x}(\cos 2x-2\sin 2x-5)+C$；

(16) $\frac{1}{2}x[\sin(\ln x)-\cos(\ln x)]+C$；

(17) $-\frac{1}{2}x^2+x\tan x+\ln|\cos x|+C$；

(18) $-\frac{1}{2}(x\csc^2 x+\cot x)+C$；

(19) $-2\sqrt{1-x}\arcsin\sqrt{x}+2\sqrt{x}+C$；

(20) $\frac{1}{2}(x^2+1)\arctan\sqrt{x}-\frac{1}{6}x^{\frac{3}{2}}+\frac{1}{2}\sqrt{x}+C$.

2. $\cos x-\frac{2}{x}\sin x+C$.

3. $x\ln x+C$.

4. $\left(1-\frac{2}{x}\right)e^x+C$.

5. $xf^{-1}(x)-F(f^{-1}(x))+C$.

习题 4.4

1. (1) $\frac{4}{3}\ln|x+4|-\frac{1}{3}\ln|x+1|+C$;

(2) $\frac{1}{5}\ln|x-1|+\frac{4}{5}\ln|x+4|+C$;

(3) $-\frac{4}{x-2}-\frac{11}{2(x-2)^2}+C$;

(4) $\frac{1}{x+1}+\frac{1}{2}\ln|x^2-1|+C$;

(5) $\ln|x|-\frac{1}{2}\ln|x+1|-\frac{1}{4}\ln(x^2+1)-\frac{1}{2}\arctan x+C$;

(6) $\frac{1}{4}\ln\left|\frac{x-1}{x+1}\right|-\frac{1}{2}\arctan x+C$;

(7) $\frac{1}{2}\arctan\frac{1+x}{2}+C$;

(8) $\frac{1}{2}\ln(x^2+2x+2)-\arctan(x+1)+C$;

(9) $\frac{1}{2}\ln(x^2+2x+3)-\frac{3}{\sqrt{2}}\arctan\frac{x+1}{\sqrt{2}}+C$;

(10) $x+\ln(x^2-2x+2)+\arctan(x-1)+C$;

(11) $\ln|x^2+3x-10|+C$;

(12) $\frac{1}{2}x^2-\frac{9}{2}\ln(9+x^2)+C$.

2. (1) $\frac{2}{\sqrt{5}}\arctan\frac{\tan\frac{x}{2}}{\sqrt{5}}+C$;　　(2) $\frac{2}{\sqrt{3}}\arctan\frac{2\tan\frac{x}{2}+1}{\sqrt{3}}+C$;

(3) $\frac{1}{2}\ln\left|\tan\frac{x}{2}\right|-\frac{1}{4}\tan^2\frac{x}{2}+C$;　(4) $\ln\left|1+\tan\frac{x}{2}\right|+C$;

(5) $\frac{1}{4}\tan^2\frac{x}{2}+\tan\frac{x}{2}+\frac{1}{2}\ln\left|\tan\frac{x}{2}\right|+C$;

(6) $\cos x+\sec x+C$;

(7) $-\frac{1}{2}\cot\left(x+\frac{\pi}{4}\right)+C$;　　(8) $\frac{1}{2}\arctan\frac{\tan x}{2}+C$.

习题4

1. $-2e^{-2x}$.

2. $-\frac{1}{3}\sqrt{(1-x^2)^3}+C$.

3. $x+2\ln|x-1|+C$.

4. $\dfrac{\sin^2 2x}{\sqrt{x-\frac{1}{4}\sin 4x+1}}$.

5. (1) $\frac{1}{3}\arctan\frac{x^{\frac{3}{2}}}{2}+C$;

(2) $\frac{1}{4}\ln|x|-\frac{1}{24}\ln(x^6+4)+C$;

(3) $\frac{1}{\ln 3-\ln 2}\arctan\left(\frac{3}{2}\right)^x+C$;

(4) $-\frac{1}{2}(\arctan(1-x))^2+C$;

(5) $\arcsin(\sin^2 x)+C$;

(6) $\sqrt{2}\ln\left|\csc\frac{x}{2}-\cot\frac{x}{2}\right|+C$;

(7) $2\sqrt{3-2x-x^2}+6\arcsin\frac{1+x}{2}+C$;

(8) $-\frac{\sqrt{(1+x^2)^3}}{3x^3}+\frac{\sqrt{1+x^2}}{x}+C$;

(9) $\ln(x+\sqrt{x^2+8})-\frac{x}{\sqrt{x^2+8}}+C$;

(10) $\frac{1}{54}\arccos\frac{3}{x}+\frac{\sqrt{x^2-9}}{18x^2}+C$;

(11) $\ln\frac{|x|}{(\sqrt[6]{x}+1)^6}+C$;

(12) $\frac{3}{2}\arcsin\frac{2}{3}x+\frac{1}{2}\sqrt{9-4x^2}+C$.

6. (1) $\frac{x\ln x}{\sqrt{1+x^2}}-\ln(x+\sqrt{1+x^2})+C$;

(2) $-\frac{3}{2}\sqrt[3]{\frac{x+1}{x-1}}+C$;

(3) $\frac{xe^x}{e^x+1}-\ln(e^x+1)+C$;

(4) $-\frac{x}{\ln x}+C$;

(5) $2\sin x f'(\sin x)-2f(\sin x)+C$;

(6) $e^{\sin x}(x-\sec x)+C$.

7. $\dfrac{f(x)}{x\mathrm{e}^x}+C.$

8. $\tan x.$

9. $\begin{cases}-\dfrac{x^2}{2}+C, & x<-1,\\ x+C, & -1\leqslant x\leqslant 1,\\ \dfrac{x^2}{2}+C, & x>1.\end{cases}$

10. $\dfrac{1}{2}\ln|(x-1)^2-1|+C.$

11. (1) 3；　(2) $C(x)=\dfrac{3}{2}x^2+20x+200$；

(3) 亏本 164 元.

12. $f(x)$在(a, b)内不存在原函数.

13. 略.

5 定积分及其应用

习题 5.1

1. (1) $\dfrac{1}{3}$；　(2) $\dfrac{1}{2}(b^2-a^2)$；　(3) $\mathrm{e}-1$；　(4) $\dfrac{1}{2}a+b.$

2. (1) $\int_0^1 x^p\mathrm{d}x$；　(2) $\int_0^{\pi}\dfrac{\sin x}{1+x}\mathrm{d}x$；　(3) $\int_0^1\sqrt{x}\mathrm{d}x$；　(4) $\mathrm{e}^{\int_0^1\sqrt{x}\mathrm{d}x}.$

3. (1) 1；　(2) $\dfrac{\pi}{4}$；　(3) 0；　(4) 1.

4. (1)2；　(2) $\ln 2.$

5. $\dfrac{\pi(b-a)^2}{8}.$

习题 5.2

1. (1) $\pi\leqslant\int_{\frac{\pi}{4}}^{\frac{5\pi}{4}}(1+\sin^2x)\mathrm{d}x\leqslant\dfrac{3\pi}{2}$；　(2) $\mathrm{e}\leqslant\int_1^2 x\mathrm{e}^x\,\mathrm{d}x\leqslant 2\mathrm{e}^2$；

(3) $\dfrac{2}{5}\leqslant\int_1^2\dfrac{x}{1+x^2}\mathrm{d}x\leqslant\dfrac{1}{2}$；　(4) $\dfrac{1}{2}\leqslant\int_{\frac{\pi}{4}}^{\frac{\pi}{2}}\dfrac{\sin x}{x}\mathrm{d}x\leqslant\dfrac{\sqrt{2}}{2}.$

2. (1)、(2)、(3)、(4)、(5) 前项大于后项，(6) 前项小于后项.

3. $\dfrac{\sqrt{3}}{9}\pi\leqslant\int_{\frac{\sqrt{3}}{3}}^{\sqrt{3}}x\,\mathrm{arccot}\,x\,\mathrm{d}x\leqslant\dfrac{\sqrt{3}}{6}\pi.$

4. 略.

5. 略.

6. $\pi^2 - 4$.

7. $\dfrac{3}{\ln 2}$.

8. 略.

9. 略.

10. 略.

习题 5.3

1. (1) 0;　(2) 0;　(3) 2;　(4) 2e.

2. (1) $-\dfrac{3}{4}$;　(2) -2;　(3) 0;　(4) $-\ln\left(1-\dfrac{\sqrt{2}}{2}\right)$;

(5) $\dfrac{1}{4}(e^{4\pi}-1)a^2$;　(6) $2e-1$;　(7) $1-\dfrac{\pi}{4}$;　(8) $\dfrac{\pi}{2}$;

(9) $\dfrac{271}{6}$;　(10) -1.

3. 略.

4. $y' = \dfrac{\sin x}{2y e^4}$.

5. 略.

6. $\dfrac{1}{2}\ln(2+\cos x)+C$.

7. $f(x)$.

8. 1.

9. 极小值为 0,拐点 $(1, 1-2e^{-1})$.

10. $\dfrac{2}{3}$.

11. $\phi(x)=\begin{cases}0, & x<0,\\ \sin^2\left(\dfrac{x}{2}\right), & 0\leqslant x\leqslant \pi,\\ 1, & x>\pi.\end{cases}$

12. $f(x) = -(x+1)e^x + C$ (C 为任意常数).

13. $\dfrac{1}{2}(\ln x)^2$.

习题 5.4

1. (1) $\frac{1}{6}$; (2) $\frac{1}{2}$; (3) $1-e^{-\frac{1}{2}}$; (4) $\ln 7$;

(5) 0; (6) $\frac{1}{4}$; (7) $\frac{a^4\pi}{16}$; (8) $\frac{2\pi}{3}$;

(9) $2\ln 3$; (10) $\frac{\pi}{4}$; (11) $\frac{\sqrt{2}}{2}$; (12) $\frac{1}{6}$;

(13) $\frac{\pi}{6}$; (14) $10-\frac{8}{3}\sqrt{2}$; (15) $\frac{\pi}{4}$; (16) $\frac{4}{5}$.

2. 略.

3. $1-\frac{\sqrt{3}\pi}{6}$.

4. 略.

5. $\frac{1}{3}(\cos 1-1)$.

6. $\frac{1}{3}$.

7. (1) $\frac{1-3e^{-2}}{4}$; (2) 4π;

(3) $\frac{\pi^2}{16}-\frac{\pi}{4}+\frac{1}{2}$; (4) $4(2\ln 2-1)$;

(5) $\frac{2\pi}{3}-\frac{\sqrt{3}}{2}$; (6) $\frac{\pi^2}{72}+\frac{\sqrt{3}\pi}{6}-1$;

(7) $\sqrt{3}\ln(2+\sqrt{3})-1$; (8) $\frac{\pi}{4}+\frac{1}{2}\ln 2$;

(9) $\frac{1}{5}(e^{\pi}-2)$; (10) $\frac{1}{2}(e\sin 1-e\cos 1+1)$.

8. 略.

9. 略.

习题 5.5

1. (1) $\frac{1}{3}$; (2) 2; (3) π; (4) $\frac{1}{2}\ln 2$;

(5) 发散; (6) $\frac{\pi}{4}+\frac{1}{2}\ln 2$; (7) 1; (8) $\frac{\pi}{2}$;

(9) $\dfrac{w}{p^2+w^2}$；　(10) 发散.

2. $\dfrac{5}{2}$.

3. $\dfrac{\pi}{3}$，提示：令 $t=\sqrt{x-2}$.

4. $n!$.

5. (1)、(4) 收敛，(2)、(3) 发散.

6. 1.

7. 当 $k>1$ 时，收敛于 $\dfrac{1}{(k-1)(\ln 2)^{k-1}}$；当 $k\leqslant 1$ 时，发散；当时 $k=1-\dfrac{1}{\ln\ln 2}$，取得最小值.

习题 5.6

1. (1) $\dfrac{3}{2}-\ln 2$；　(2) $\dfrac{3}{4}(2\sqrt[3]{2}-1)$；

(3) $\mathrm{e}-1$；　(4) $2\pi+\dfrac{4}{3}$，$6\pi-\dfrac{4}{3}$.

2. $\dfrac{4a^2\pi^3}{3}$.

3. $\dfrac{9}{4}$.

4. πa^2.

5. $7\pi^2 a^3$.

6. 160π.

7. $\dfrac{\pi}{2}-1$.

8. $\dfrac{16}{3}\sqrt{2}$.

9. $\dfrac{3}{2}-\ln 2$.

10. $b-a$.

11. $\dfrac{3}{10}\pi$.

12. $2\pi^2$.

13. $1+\frac{1}{2}\ln\frac{3}{2}$.

14. $\frac{y}{2p}\sqrt{p^2+y^2}+\frac{p}{2}\ln\frac{y+\sqrt{p^2+y^2}}{p}$.

习题 5.7

1. $C(x)=25x+15x^2-3x^3+56$.

2. 当 $x=11$ 时，可获得最大利润 $111\frac{1}{3}$ 万元.

3. $R(q)=3q-0.1q^2$，当 $q=15$ 时，收入最高为 22.5.

4. $F(t)=2\sqrt{t}+100$.

5. (1) $c(Y)=3\sqrt{Y}+70$；　(2) 12.

6. $\frac{400}{3}$.

7. 96.73 万元.

8. (1) $L(x)=-x^3+5x^2-8x-10$；(2) 产量为 2 时利润最大.

习题 5

1. $-2e^2\leqslant\int_2^0 e^{x^2-x}dx\leqslant-2e^{-\frac{1}{4}}$.

2. $\frac{\pi}{4}$.

3. 2.

4. 略.

5. 略.

6. $3g(x)+2xg'(x)$.

7. 2.

8. 略.

9. $-\frac{1}{2t^2\ln t}$.

10. $1+\frac{3\sqrt{2}}{2}$.

11. $F(0)=0$ 为最大值，$F(4)=-\frac{32}{3}$ 为最小值.

12. $f(2)=6$，$f\left(\frac{1}{2}\right)=-\frac{3}{4}$ 分别为的最大值与最小值.

13. $x^2-\frac{4}{3}x+\frac{2}{3}$.

14. (1) $3e^x+2\arcsin x-\frac{1}{x}+C$；　(2) $\frac{1}{2}x^2+2x+\ln|x|+C$；

(3) $-\frac{1}{3}\sqrt{(1-2x)^3}+C$；　(4) $\frac{1}{\ln 2}2^{2x-1}+C$；

(5) $\frac{1}{2}\ln(1+x^2)-\arctan x+C$；　(6) $\ln(\cos x+1)+C$；

(7) $\sin e^x+C$；　(8) $\ln|\ln x|+C$.

15. (1) $\frac{6}{7}$；　(2) $\frac{5}{6}$；　(3) $\frac{2}{5}$；　(4) $\arctan e-\frac{\pi}{4}$；

(5) $\frac{\pi}{2}-1$；　(6) 2.

16. (1) 0；　(2) $\ln 10$.

17. $I_n=\frac{(2n)!!}{(2n+1)!!}$.

18. 略.

19. $\frac{5}{6}$.

20. 略.

21. (1) 2；　(2) $\frac{1}{3}$.

22. $\frac{\pi}{4}e^{-2}$.

23. 3.

24. $4\sqrt{2}$.

25. $160\pi^2$.

26. $\frac{9}{2}$.

27. $Q(p)=100\times\left(\frac{1}{2}\right)^p$.

28. $C(Q)=25Q+15Q^2-3Q^3+55$，$\bar{C}=25+15Q-3Q^2+\frac{55}{Q}$，$C_1=25Q+15Q^2-3Q^3$.

29. (1) 19 万元，20 万元；

(2) $Q=3.2$ 百台；

(3) $C(Q)=1+4Q+\frac{1}{8}Q^2$，$L(Q)=-1+4Q-\frac{5}{8}Q^2$；

(4) $L(3.2)=5.4$ 万元，$C(3.2)=15.08$ 万元，$R(3.2)=20.48$ 万元.

6 多元函数微积分

习题 6.1

1. (1) $z-3=0$；　(2) $x+3y=0$；
(3) $9y-z-2$.

2. 在空间解析几何中表示两平面的交线.

3. $14x+9y-z-15=0$.

4. $x^2+y^2+z^2-2x-4y-6z=0$.

5. (1) $k=2$；　(2) $k=-3$.

6. (1) 两平面的交线；　(2) 球面与平面的交线(圆)；
(3) 单叶双曲面与平面的交线(椭圆)；(4) 双叶抛物面与平面的交线(抛物线).

7. $\begin{cases} y^2=\dfrac{10z}{9}, \\ x=0. \end{cases}$

8. $4x+4y+10z-63=0$.

9. $x^2+y^2+z^2-2x-6y+4z=0$.

10. $\begin{cases} y^2=\dfrac{10}{9}z, \\ x=0. \end{cases}$

习题 6.2

1. $\frac{2}{3}$，0，$\frac{xy}{x^2-y^2}$.

2. $\frac{x^2-xy}{2}$.

3. (1) $D=\{(x,y)\mid x>0,-x\leqslant y\leqslant x\}\cup\{(x,y)\mid x<0,x\leqslant y\leqslant -x\}$；
(2) $D=\{(x,y)\mid y^2\leqslant 4x,0<x^2+y^2<1\}$.

4. (1) 0；　(2) 0；　(3) 0；　(4) 0.

5. 提示：求沿 $y=kx$ 的极限，可得极限与 k 有关，因此极限不存在.

6. 连续.

7. x^2-x.

习题 6.3

1. (1) $z_x = 3x^2y - y^3$, $z_y = x^3 - 3xy^2$;

(2) $z_x = \frac{1}{y} - \frac{y}{x^2}$, $z_y = \frac{1}{x} - \frac{x}{y^2}$;

(3) $z_x = \frac{-2xy}{(x^2+y^2)^2}$, $z_y = \frac{x^2-y^2}{(x^2+y^2)^2}$;

(4) $z_x = 2\sin 2(2x-3y)$, $z_y = -3\sin 2(2x-3y)$;

(5) $z_x = \frac{2y}{\sqrt{4y-y^2}}$, $z_y = \frac{2(2x-y^2)}{\sqrt{4y-y^2}}$;

(6) $u_x = \frac{y}{z}x^{\frac{y}{z}-1}$, $u_y = \frac{1}{z}x^{\frac{y}{z}}\ln x$, $u_z = -\frac{y}{z^2}x^{\frac{y}{z}}\ln x$.

2. 提示:先求相应偏导数.

3. (1) $\frac{-y}{x(2x+y)}$, $\frac{1}{2x+y}$; (2) -3, -1.

4. (1) $z_{xx} = 6x$, $z_{yy} = 6y - 4x$, $z_{xy} = -4y$;

(2) $z_{xx} = \frac{-2xy}{(x^2+y^2)^2}$, $z_{yy} = \frac{2xy}{(x^2+y^2)^2}$, $z_{xy} = \frac{x^2-y^2}{(x^2+y^2)^2}$.

5. $f_{xx}(0, 0, 1) = 2$, $f_{xz}(1, 0, 2) = 2$, $f_{yz}(0, -1, 0) = 0$.

6. $f'_x(0, 0) = 0$. $f'_y(0, 0)$ 不存在.

7. 略.

8. 略.

习题 6.4

1. (1) $du = \frac{1}{2}(dx - dy)$; (2) $du = -(dx + \frac{2}{3}dy)$;

(3) $du = [(1-y)\sin(x+y) + x\cos(x+y)]dx + [(1+x)\cos(x+y) - y\sin(x+y)]dy$;

(4) $du = 2x\,dx + 2y\,dy + 2z\,dz$.

2. 提示:先求相应偏导数.

3. 略.

4. 略.

5. 略.

6. 略.

7. (1) $L(x, y) = 2x + 2y - 1$; (2) $L(x, y) = -y + \frac{\pi}{2}$.

8. (1) 1.04;　　(2) -0.04.

习题 6.5

1. (1) $-\sqrt{3-2x}(\sin x+\cos x)$;　　(2) $\dfrac{2+x(1+x^2)^{-\frac{1}{2}}}{2x+\sqrt{1+x^2}}$;

(3) $-6x(2-x^2)^2$;　　(4) $\dfrac{1+\frac{1}{2}(x+2x^2)^{-\frac{1}{2}}(1+4x)}{x+\sqrt{x+2x^2}}$.

2. $z_x=-\dfrac{2x}{2z-f'(u)}$, $z_y=-\dfrac{2y^2-yf(u)+zf'(u)}{y[2z-f'(u)]}$, $u=\dfrac{z}{y}$.

3. 提示：先求相应偏导数.

4. 提示：先求相应偏导数.

5. $u_x=\dfrac{1}{y}f'_1$, $u_y=-\dfrac{x}{y^2}f'_1+\dfrac{1}{z}f'_2$, $u_z=-\dfrac{y}{z^2}f'_2$.

6. $\mathrm{d}z=f'\mathrm{e}^x(\sin y\,\mathrm{d}x+\cos y\,\mathrm{d}y)$.

7. $z_{xx}=2yf'_2+y^4f''_{11}+4xy^3f''_{12}+4x^2y^2f''_{22}$,

$z_{xy}=2yf'_1+2xf'_2+2xy^3f''_{11}+2x^3yf''_{22}+5x^2y^2f''_{12}$,

$z_{yy}=2xf'_1+4x^2y^2f''_{11}+4x^3yf''_{12}+x^4f''_{22}$.

8. $w_{xz}=f''_{11}+yf'_2+y(x+z)f''_{12}+xy^2zf''_{22}$.

9. $\dfrac{\mathrm{d}y}{\mathrm{d}x}=-\dfrac{x+y}{y-x}$.

10. 略.

11. 略.

12. $\mathrm{e}^{\cos t-3t^4}(-\sin t-12t^3)$.

13. $-\dfrac{\mathrm{e}^x+2xy}{x^2+\cos y}$.

14. $\dfrac{3y-2x}{2y+3x}$.

习题 6.6

1. 最大值 π,最小值 0.

2. 提示：求 $x-\ln(x+1)$ 的最小值.

3. 极大值 $z(3,2)=36$.

4. 矩形两边分别为 $\sqrt{2}R$, $\dfrac{\sqrt{2}}{2}R$.

5. $f(2, -2) = 8$.

6. 提示：利用条件极值证明.

7. (1) 极大值 $f(-1) = 4$，极小值 $f\left(-\frac{1}{3}\right) = \frac{112}{27}$；

(2) $a \leqslant 2$.

8. $\left(\frac{8}{5}, \frac{16}{5}\right)$.

9. (1) 极大值 8，$x = 2$，$y = -2$；　(2) 极小值 $-\frac{e}{2}$，$x = \frac{1}{2}$，$y = -1$；

(3) 极小值 2，$x = y = 1$；

(4) $a > 0$ 时，极大值 $z\left(\frac{1}{3}a, \frac{1}{3}a\right) = \frac{1}{27}a^3$；$a < 0$ 时，极小值 $z\left(\frac{1}{3}a, \frac{1}{3}a\right) = \frac{1}{27}a^3$.

10. (1) $6x - 2y$，$10y - 2x$；　(2) 1 262.

11. 长 $2\sqrt{10}$ 米，宽 $3\sqrt{10}$ 米时，用料最省.

12. A，B 分别为 100，25.

习题 6

1. (1) $\{(x, y) \mid y^2 - 2x + 10 > 0\}$；　(2) $\{(x, y) \mid x + y > 0, x - y > 0\}$.

2. (1) e；　(2) 0.

3. ∞.

4. (1) $z_x = y e^{xy} + 2xy$，$z_y = x e^{xy} + x^2$；

(2) $z_x = y + \frac{1}{y}$，$z_y = x - \frac{x}{y^2}$；

(3) $z_x = e^{x-y}\cos(x+y) - e^{x-y}\sin(x+y)$，$z_y = -e^{x-y}\cos(x+y) - e^{x-y}\sin(x+y)$；

(4) $z_x = -\frac{1}{x}$，$z_y = \frac{1}{y}$.

5. 略.

6. (1) $\frac{x}{x^2 + y^2}dx + \frac{y}{x^2 + y^2}dy$；

(2) $\frac{2x}{x^2 + y^2 + z^2}dx + \frac{2y}{x^2 + y^2 + z^2}dy + \frac{2z}{x^2 + y^2 + z^2}dz$.

7. $\frac{2y}{x}f'\left(\frac{y}{x}\right)$.

8. $\frac{y + x e^x}{1 + x^2 y^2}$.

9. $u_r = u_x \cos\theta + u_y \sin\theta$, $u_\theta = -u_x r\sin\theta + u_r r\cos\theta$.

10. 略.

11. $-2f''_{11} + (2\sin x - y\cos x)f''_{12} + y\sin x\cos x f''_{22} + \cos x f'_2$.

12. $x e^{2y} f''_{uu} + e^y f''_{uy} + x e^y f''_{xu} + f''_{xy} + e^y f'_u$.

13. $z_x = \dfrac{zF_u}{xF_u + yF_v}$, $z_y = \dfrac{zF_v}{xF_u + yF_v}$, $u = \dfrac{x}{z}$, $v = \dfrac{y}{z}$.

14. $x^2 + y^2$.

15. $\dfrac{z(z^2 - 2xyz^2 - x^2y^2)}{(z^2 - xy)^3}$.

16. 极小值 $f(0, 0) = 1$，极大值 $f(2, 0) = \ln 5 + \dfrac{7}{15}$.

17. $x = \dfrac{ma}{n+m+p}$, $y = \dfrac{na}{n+m+p}$, $z = \dfrac{pa}{n+m+p}$.

18. 略.

19. 略.

20. 最大值 72，最小值 6.

21. 2.

22. 折起来的边长为 8 cm，与底边倾角为 60°时，就能使断面的面积最大.

7 重积分

习题 7.1

1. $\dfrac{1}{4}$.

2. (1) $>$; (2) $<$.

3. (1) $0 \leqslant I \leqslant 2$; (2) $\dfrac{25}{51} \leqslant I \leqslant \dfrac{1}{2}$;
(3) $8 \leqslant I \leqslant 8\sqrt{2}$; (4) $-\sqrt{2}\pi \leqslant I \leqslant \sqrt{2}\pi$;
(5) $\dfrac{1}{2} \leqslant I \leqslant \dfrac{3}{2}$.

4. (1) $\int_0^1 dx \int_x^1 f(x, y)dy$; (2) $\int_0^1 dy \int_{e^y}^{e} f(x, y)dx$;
(3) $\int_0^1 dy \int_{-\sqrt{1-y^2}}^{y-1} f(x, y)dx$; (4) $\int_0^1 dy \int_y^{2-y} f(x, y)dx$.

5. $\dfrac{3\pi}{32}a^4$.

6. $\dfrac{\pi}{4}(2\ln 2-1)$.

7. πR^3.

8. 提示：交换积分次序.

9. 略.

习题 7.2

1. (1) $-\dfrac{3}{2}\pi$； (2) $\dfrac{11}{15}$； (3) $\dfrac{6}{55}$； (4) $\dfrac{1}{2}(1-\cos 2)$.

2. $-\dfrac{5}{6}$.

3. $\mathrm{e}-\dfrac{1}{\mathrm{e}}$.

4. $\dfrac{8}{3}$.

5. $\dfrac{9}{4}$.

6. 略.

7. πa^2.

8. $\dfrac{7}{2}$.

9. 6π.

习题 7.3

1. (1) $-3\pi\left(\arctan 2-\dfrac{\pi}{4}\right)$； (2) $\dfrac{\pi}{4}(5\ln 5-4)$；

(3) $\sqrt{2}-1$； (4) $\pi(\mathrm{e}^9-1)$.

2. (1) 0； (2) $\dfrac{2}{3}$； (3) $\dfrac{4}{3}$.

3. (1) $\dfrac{1}{2}$； (2) 1.

4. (1) 18π； (2) $\pi(\cos\pi^2-4\cos 4\pi^2)$；

(3) $\dfrac{3}{64}\pi^2$； (4) π；

(5) $\dfrac{R^3}{3}\left(\pi-\dfrac{4}{3}\right)$； (6) $\dfrac{\pi}{2}-1$.

5. $-\frac{2}{5}$.

6. $\frac{1}{3}R^3\arctan k$.

7. $\frac{5}{12}\pi R^3$.

8. π.

9. $\frac{7}{2}$.

习题 7.4

1. $\int_0^1 \mathrm{d}x\int_0^{\frac{1-x}{2}}\mathrm{d}y\int_0^{1-x-2y}x\,\mathrm{d}z$.

2. $\int_0^{2\pi}\mathrm{d}\theta\int_0^{\frac{\pi}{4}}\mathrm{d}\varphi\int_0^{\sqrt{2}}f(r^2)r^2\sin\varphi\,\mathrm{d}r$.

3. $\frac{1}{3}R^3\arctan k$.

4. $\frac{7}{2}$.

5. $\frac{17}{6}$.

6. $\frac{3}{32}\pi a^4$.

7. (1) $\int_0^1\mathrm{d}x\int_0^{1-x}\mathrm{d}y\int_0^{xy}f(x,y,z)\mathrm{d}z$;

(2) $\int_{-1}^1\mathrm{d}x\int_{-\sqrt{1-x^2}}^{\sqrt{1-x^2}}\mathrm{d}y\int_{x^2+2y^2}^{2-x^2}f(x,y,z)\mathrm{d}z$.

8. $\frac{1}{48}$.

9. $\frac{\pi}{4}h^2R^2$.

10. $\frac{1}{2}\left(\ln 2-\frac{5}{8}\right)$.

习题 7.5

1. (1) $\frac{16\pi}{3}$; (2) $\frac{7\pi}{12}$; (3) $\frac{\pi}{2}(2\ln 2+\pi-4)$;

(4) $2\pi e^2$； (5) $\dfrac{59}{480}\pi R^5$； (6) $\dfrac{4\pi}{5}R^5$； (7) $\dfrac{1}{64}\pi^2 R^4$；

(8) 0.

2. 不妨认为 $a>0$，则图形含在第一、三、六、八卦限，根据图形对称性，所求体积为

$$V=4\iiint_{\Omega_1}\mathrm{d}x\mathrm{d}y\mathrm{d}z\ (\Omega_1 \text{ 为 } \Omega \text{ 含在第一卦限的部分}),$$

用球坐标变换，则曲面方程 $(x^2+y^2+z^2)^3=3a^3xyz$ 变为

$$\rho^3=3a^3\sin^2\varphi\cos\varphi\cos\theta\sin\theta,$$

因此，

$$V=4\iiint_{\Omega_1}\mathrm{d}x\mathrm{d}y\mathrm{d}z=4\int_0^{\frac{\pi}{2}}\mathrm{d}\theta\int_0^{\frac{\pi}{2}}\sin\varphi\,\mathrm{d}\varphi\int_0^{\sqrt[3]{3a^3\sin^2\varphi\cos\varphi\cos\theta\sin\theta}}\rho^2\mathrm{d}\rho$$
$$=4a^3\int_0^{\frac{\pi}{2}}\cos\theta\sin\theta\mathrm{d}\theta\int_0^{\frac{\pi}{2}}\sin^3\varphi\cos\varphi\mathrm{d}\varphi=\frac{a^3}{2}.$$

3. $F'(t)=4\pi t^2 f(t^2)$.

4. 当 m, n, k 中至少有一个为奇数时，$I=0$；

当 m, n, k 都为偶数时，

$$I=\frac{2}{m+n+k+3}\frac{\Gamma\left(\frac{m+1}{2}\right)\Gamma\left(\frac{n+1}{2}\right)\Gamma\left(\frac{k+1}{2}\right)}{\Gamma\left(\frac{m+n+k+3}{2}\right)}.$$

5. 由曲面方程看出 $(x\geqslant 0)$，曲面包围的立体 Ω 处在坐标平面 Oyz 的正侧 $(x\geqslant 0)$ 一方，并且分别关于坐标平面 Oxy 与 Oxz 对称. 因此，它的体积是它含在第一卦限部分 Ω_0 的体积的 4 倍，即 $V=4\iiint_{\Omega_0}\mathrm{d}v$. 令广义球坐标变换，

$$\begin{cases}x=a\rho\sin\varphi\cos\theta\\ y=b\rho\sin\varphi\sin\theta\\ z=c\rho\cos\varphi\end{cases}\left(0\leqslant\theta\leqslant\frac{\pi}{2},\ 0\leqslant\varphi\leqslant\frac{\pi}{2},\ 0\leqslant\rho\leqslant\sqrt[3]{a^2\sin\varphi\cos\theta}\right),$$

则

$$V=4\iiint_{\Omega_0}\mathrm{d}v=4\int_0^{\frac{\pi}{2}}\mathrm{d}\theta\int_0^{\frac{\pi}{2}}\mathrm{d}\varphi\int_0^{\sqrt[3]{a^2\sin\varphi\cos\theta}}abc\rho^2\sin\varphi\mathrm{d}\rho$$
$$=4abc\int_0^{\frac{\pi}{2}}\mathrm{d}\theta\int_0^{\frac{\pi}{2}}\sin\varphi\mathrm{d}\varphi\int_0^{\sqrt[3]{a^2\sin\varphi\cos\theta}}\rho^2\mathrm{d}\rho$$

$$= \frac{4}{3}a^3bc\int_0^{\frac{\pi}{2}}\cos\theta\mathrm{d}\theta\int_0^{\frac{\pi}{2}}\sin^2\varphi\mathrm{d}\varphi = \frac{\pi}{3}a^3bc.$$

6. 求它的质心时,注意到质量均匀分布(即分布密度 $\rho(P)=\rho$(常数)),以及物体的对称性(质心在 Oz 轴上,$x_c=y_c=0$),则质心的竖坐标为

$$z_c=\frac{1}{m}\iiint_\Omega z\rho(P)\mathrm{d}x\mathrm{d}y\mathrm{d}z=\frac{\rho}{m}\iiint_\Omega z\,\mathrm{d}x\mathrm{d}y\mathrm{d}z,$$

其中总质量为

$$m=\iiint_\Omega \rho(P)\mathrm{d}x\mathrm{d}y\mathrm{d}z=\rho\iiint_\Omega \mathrm{d}x\mathrm{d}y\mathrm{d}z$$

$$=\rho\int_0^{2\pi}\mathrm{d}\theta\int_0^2 r\mathrm{d}r\int_r^{\sqrt{8-r^2}}\mathrm{d}z=\frac{32(\sqrt{2}-1)\pi\rho}{3},$$

而

$$\iiint_\Omega z\,\mathrm{d}x\mathrm{d}y\mathrm{d}z=\int_0^{2\pi}\mathrm{d}\theta\int_0^2 r\mathrm{d}r\int_r^{\sqrt{8-r^2}}z\,\mathrm{d}z=8\pi,$$

因此,质心的竖坐标为

$$z_c=\frac{\rho}{m}\iiint_\Omega z\,\mathrm{d}x\mathrm{d}y\mathrm{d}z=\frac{8\pi\rho}{\dfrac{32(\sqrt{2}-1)\pi\rho}{3}}=\frac{3}{4(\sqrt{2}-1)},$$

其次,它对 Oxy 坐标平面的惯性矩(即转动惯量)为

$$J_{xy}=\iiint_\Omega z^2\rho(P)\mathrm{d}x\mathrm{d}y\mathrm{d}z=\rho\iiint_\Omega z^2\mathrm{d}x\mathrm{d}y\mathrm{d}z=\rho\int_0^{2\pi}\mathrm{d}\theta\int_0^2 r\mathrm{d}r\int_r^{\sqrt{8-r^2}}z^2\mathrm{d}z$$

$$=\frac{128}{15}(2\sqrt{2}-1)\pi\rho.$$

7. $\frac{7}{12}\pi$.

8. $\frac{4}{5}\pi$.

9. (1) $\frac{59}{480}\pi R^5$;(2) $\frac{250}{3}\pi$.

习题 7.6

1. 球面方程 $x^2+y^2+(z-a)^2=a^2$ 在球坐标系下表示为 $r=2a\cos\varphi$, 圆锥面

$z=\sqrt{x^2+y^2}\cot\beta$ 在球坐标系下表示为 $\varphi=\beta$ 如图 1 所示，因此

$$V'=\{(r,\ \varphi,\ \theta)\mid 0\leqslant r\leqslant 2a\cos\varphi,\\ 0\leqslant\varphi\leqslant\beta,\ 0\leqslant\theta\leqslant 2\pi\},$$

$$\iiint\limits_V \mathrm{d}V=\int_0^{2\pi}\mathrm{d}\theta\int_0^{\beta}\mathrm{d}\varphi\int_0^{2a\cos\varphi}r^2\sin\varphi\,\mathrm{d}r=\frac{4}{3}\pi a^3(1-\cos^4\beta).$$

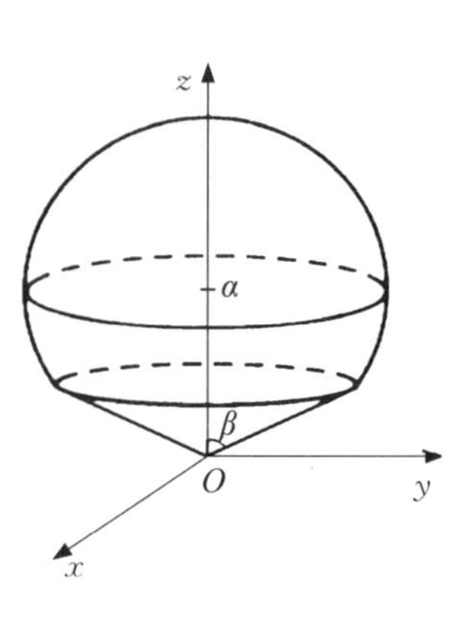

图 1

2. 解 1 “投影法”：

画出 Ω 及在 xOy 面投影域 D，如图 2 所示. 由

$\begin{cases} z=x^2+2y^2, \\ z=1, \end{cases}$ 消去 z，

得 $x^2+y^2=1$ 即 D：$x^2+y^2\leqslant 1$，

“穿线”$\sqrt{x^2+y^2}\leqslant z\leqslant 1$，

X 型 D：$\begin{cases} -1\leqslant x\leqslant 1, \\ -\sqrt{1-x^2}\leqslant y\leqslant\sqrt{1-x^2}, \end{cases}$

所以 Ω：$\begin{cases} -1\leqslant x\leqslant 1, \\ -\sqrt{1-x^2}\leqslant y\leqslant\sqrt{1-x^2}, \\ \sqrt{x^2+y^2}\leqslant z\leqslant 1, \end{cases}$

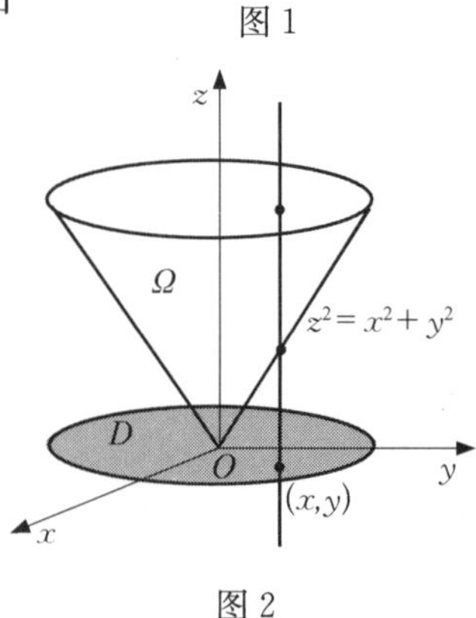

图 2

因此 $\iiint\limits_{\Omega}\sqrt{x^2+y^2}\,\mathrm{d}v=\int_{-1}^{1}\mathrm{d}x\int_{-\sqrt{1-x^2}}^{\sqrt{1-x}}\mathrm{d}y\int_{\sqrt{x^2+y^2}}^{1}\sqrt{x^2+y^2}\,\mathrm{d}z$

$$=\int_{-1}^{1}\mathrm{d}x\int_{-\sqrt{1-x^2}}^{\sqrt{1-x^2}}\sqrt{x^2+y^2}(1-\sqrt{x^2+y^2})\,\mathrm{d}y$$

$$=\frac{\pi}{6}.$$

亦可利用柱坐标进行计算.

解 2 “截面法”：

画出 Ω，如图 3 所示，其中 $z\in[0,\ 1]$，过点 z 作垂直于 z 轴的平面截 Ω 得 D_z：$x^2+y^2\leqslant z^2$，

$$D_z:\begin{cases} 0\leqslant\theta\leqslant 2\pi, \\ 0\leqslant r\leqslant z, \end{cases}$$

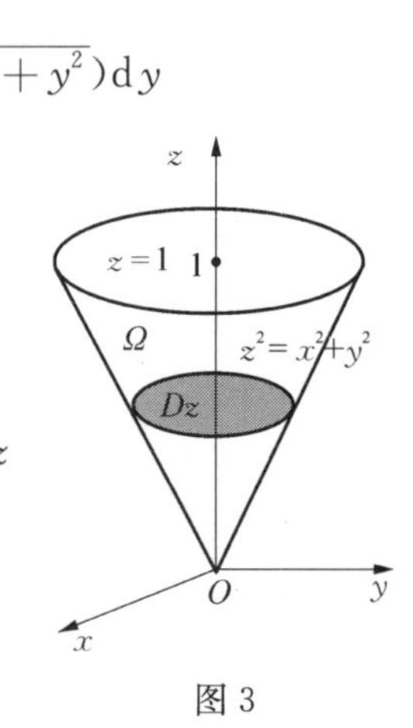

图 3

用柱坐标计算 Ω：$\begin{cases}0\leqslant\theta\leqslant 2\pi,\\ 0\leqslant r\leqslant z,\\ 0\leqslant z\leqslant 1,\end{cases}$

故

$$\iiint\limits_{\Omega}\sqrt{x^2+y^2}\,\mathrm{d}v=\int_0^1\left[\iint\limits_{D_z}\sqrt{x^2+y^2}\,\mathrm{d}x\,\mathrm{d}y\right]\mathrm{d}z=\int_0^1\left[\int_0^{2\pi}\mathrm{d}\theta\int_0^z r^2\,\mathrm{d}r\right]\mathrm{d}z$$

$$=\int_0^1 2\pi\left[\frac{1}{3}r^3\right]_0^z\mathrm{d}z=\frac{2}{3}\pi\int_0^1 z^3\,\mathrm{d}z=\frac{\pi}{6}.$$

3. 设球体由式 $x^2+y^2+z^2\leqslant R^2$ 表示，密度函数为 $\rho=k\sqrt{x^2+y^2+z^2}$，则它对切平面 $x=R$ 的转动惯量为

$$J=k\iiint\limits_{V}\sqrt{x^2+y^2+z^2}\,(x-R)^2\,\mathrm{d}x\,\mathrm{d}y\,\mathrm{d}z$$

$$=k\int_0^{2\pi}\mathrm{d}\theta\int_0^{\pi}\mathrm{d}\varphi\int_0^R(R-r\sin\varphi\cos\theta)^2r^3\sin\varphi\,\mathrm{d}r$$

$$=kR^2\int_0^{2\pi}\mathrm{d}\theta\int_0^{\pi}\sin\varphi\,\mathrm{d}\varphi\int_0^R r^3\,\mathrm{d}r-2kR\int_0^{2\pi}\cos\theta\,\mathrm{d}\theta\int_0^{\pi}\sin^2\varphi\,\mathrm{d}\varphi\int_0^R r^4\,\mathrm{d}r+k\int_0^{2\pi}\cos^2\theta\,\mathrm{d}\theta\int_0^{\pi}\sin^3\varphi\,\mathrm{d}\varphi\int_0^R r^5\,\mathrm{d}r$$

$$=\frac{11}{9}k\pi R^6.$$

4. 设圆环 D 为 $R_1^2\leqslant x^2+y^2\leqslant R_2^2$，密度为 ρ，则

$$J=\iint\limits_{D}\rho\cdot(x^2+y^2)\,\mathrm{d}\sigma=\rho\int_0^{2\pi}\mathrm{d}\theta\int_{R_1}^{R_2}r^3\,\mathrm{d}r=\frac{\pi\rho}{2}(R_2^4-R_1^4)=\frac{m}{2}(R_2^2+R_1^2),$$

其中 m 为圆环的质量.

5. $\frac{1}{4}mR^2$，其中 m 为圆盘的质量.

6. 设球体由式 $x^2+y^2+z^2\leqslant R^2$ 表示，球外一点 A 的坐标为 $(0,0,a)$ $(R<a)$，由对称性 $F_x=F_y=0$，知

$$F_z=k\iiint\limits_{V}\frac{z-\zeta}{r^3}\rho\,\mathrm{d}V=k\iiint\limits_{V}\frac{z-a}{\left(\sqrt{x^2+y^2+(z-a)^2}\right)^3}\rho\,\mathrm{d}V$$

$$=k\rho\int_{-R}^{R}(z-a)\,\mathrm{d}z\int_0^{2\pi}\mathrm{d}\theta\int_0^{\sqrt{R^2-z^2}}\frac{r}{\left[r^2+(z-a)^2\right]^{\frac{3}{2}}}\,\mathrm{d}r$$

$$=-\frac{4}{3a^2}\pi R^3\rho k.$$

7. 解 1 “投影法”：

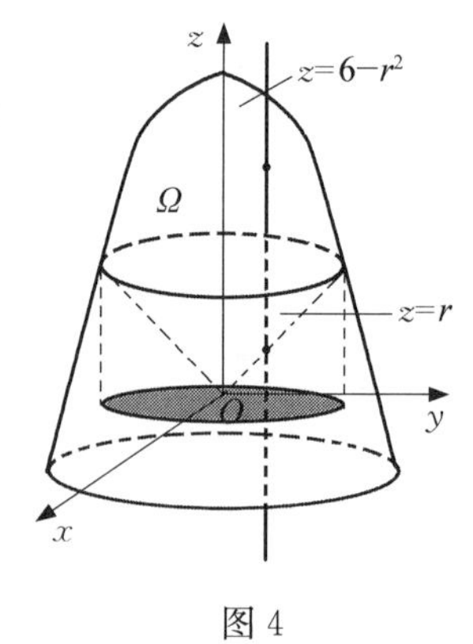

图 4

画出 Ω 及在 xOy 面投影域 D(见图 4)，用柱坐标计算

由 $\begin{cases}x=r\cos\theta,\\ y=r\sin\theta,\\ z=z,\end{cases}$ 化 Ω 的边界曲面方程为：

$z=6-r^2, z=r$,

解 $\begin{cases}z=6-r^2,\\ z=r,\end{cases}$ 得 $r=2$,

所以 D：$r\leqslant 2$ 即 $\begin{cases}0\leqslant\theta\leqslant 2\pi,\\ 0\leqslant r\leqslant 2,\end{cases}$

“穿线” $r\leqslant z\leqslant 6-r^2$，所以 Ω：$\begin{cases}0\leqslant\theta\leqslant 2\pi,\\ 0\leqslant r\leqslant 2,\\ r\leqslant z\leqslant 6-r^2,\end{cases}$

$$\iiint_\Omega z\,\mathrm{d}v=\iint_D\left[\int_r^{6-r^2}z\,\mathrm{d}z\right]r\,\mathrm{d}r\,\mathrm{d}\theta=\int_0^{2\pi}\mathrm{d}\theta\int_0^2 r\,\mathrm{d}r\int_r^{6-r^2}z\,\mathrm{d}z=2\pi\int_0^2 r\left[\frac{1}{2}z^2\right]_r^{6-r^2}\mathrm{d}r$$

$$=\pi\int_0^2 r[(6-r^2)^2-r^2]\mathrm{d}r=\pi\int_0^2(36r-13r^3+r^5)\mathrm{d}r=\frac{92}{3}\pi.$$

解 2 “截面法”：

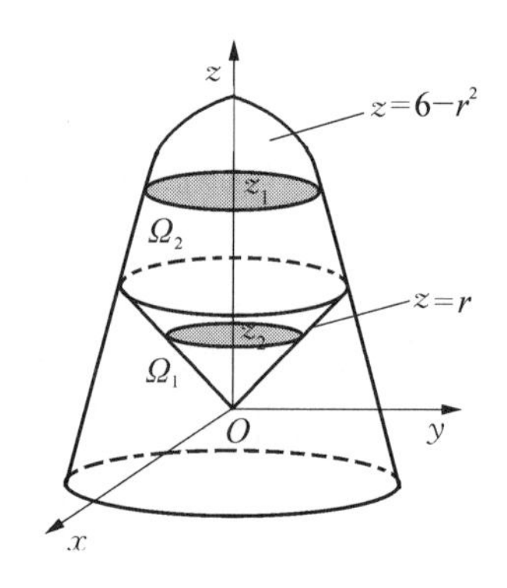

图 5

画出 Ω. 如图 5 所示：Ω 由 $z=6-r^2$ 及 $z=r$ 围成，

则 $z\in[0,6]=[0,2]\cup[2,6]$ $\Omega=\Omega_1+\Omega_2$

Ω_1 由 $z=r$ 与 $z=2$ 围成；$z\in[0,2]$,

D_z：$r\leqslant z$,

$$\Omega_1:\begin{cases}0\leqslant\theta\leqslant 2\pi,\\ 0\leqslant r\leqslant z,\\ 0\leqslant z\leqslant 2,\end{cases}$$

Ω_2 由 $z=2$ 与 $z=6-r^2$ 围成；$z\in[2,6]$,

D_z：$r\leqslant\sqrt{6-z}$,

$$\Omega_2:\begin{cases}0\leqslant\theta\leqslant 2\pi,\\0\leqslant r\leqslant\sqrt{6-z},\\2\leqslant z\leqslant 6,\end{cases}$$

$$\iiint\limits_{\Omega} z\,\mathrm{d}v=\iiint\limits_{\Omega_1} z\,\mathrm{d}v+\iiint\limits_{\Omega_2} z\,\mathrm{d}v=\int_0^2 z\Big[\iint\limits_{D_{z_1}} r\,\mathrm{d}r\,\mathrm{d}\theta\Big]\mathrm{d}z+\int_2^6 z\Big[\iint\limits_{D_{z_2}} r\,\mathrm{d}r\,\mathrm{d}\theta\Big]\mathrm{d}z$$

$$=\int_0^2 zS_{D_{z1}}\,\mathrm{d}z+\int_2^6 zS_{D_{z2}}\,\mathrm{d}z=\int_0^2 z[\pi(z^2)]\mathrm{d}z+\int_2^6 z[\pi(\sqrt{6-z})^2]\mathrm{d}z$$

$$=\pi\int_0^2 z^3\,\mathrm{d}z+\pi\int_2^6(6z-z^2)\,\mathrm{d}z=\frac{92}{3}\pi.$$

8. 记所考虑的球体为 Ω,以 Ω 的球心为原点 O,射线 Op_0 为正 x 轴,建立直角坐标系,则点 p_0 的坐标为$(R,\ 0,\ 0)$,球面方程为 $x^2+y^2+z^2=R^2$,体密度为 $\mu(x,\ y,\ z)=k[(x-R)^2+y^2+z^2]$. 设 Ω 的重心坐标为 $(\bar{x},\ \bar{y},\ \bar{z})$,由对称性 $\bar{y}=0$,$\bar{z}=0$

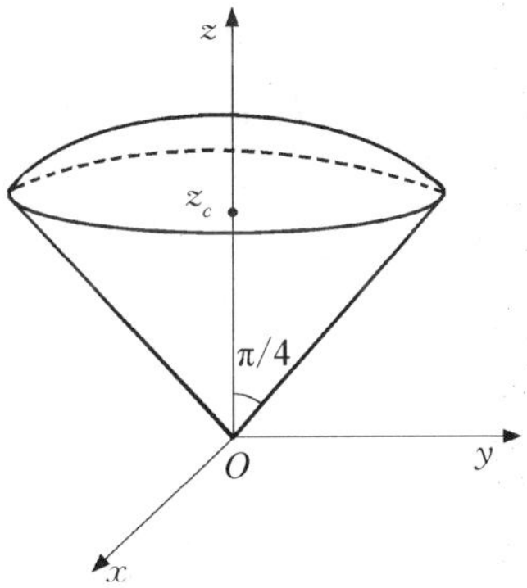

图 6

$$\bar{x}=\frac{\iiint\limits_{\Omega} xk[(x-k)^2+y^2+z^2]\mathrm{d}v}{\iiint\limits_{\Omega} k[(x-k)^2+y^2+z^2]\mathrm{d}v},$$

而

$$\iiint\limits_{\Omega}[(x-k)^2+y^2+z^2]\mathrm{d}v$$

$$=\iiint\limits_{\Omega}[x^2+y^2+z^2]\mathrm{d}v+\iiint\limits_{\Omega}k^2\,\mathrm{d}v$$

$$=8\int_0^{\frac{\pi}{2}}\mathrm{d}\theta\int_0^{\frac{\pi}{2}}\mathrm{d}\varphi\int_0^R r^2\cdot r^2\sin\varphi\,\mathrm{d}r+\frac{4}{3}\pi R^5=\frac{4}{5}\pi R^5+\frac{4}{3}\pi R^5$$

$$=\frac{32}{15}\pi R^5,$$

$$\iiint\limits_{\Omega} x[(x-k)^2+y^2+z^2]\mathrm{d}v=-2R\iiint\limits_{\Omega}x^2\,\mathrm{d}v=-\frac{2}{3}R\iiint\limits_{\Omega}[x^2+y^2+z^2]\mathrm{d}v$$

$$=-\frac{2}{3}R\cdot\frac{4}{5}\pi R^5=-\frac{8}{15}\pi R^6,$$

故 $\bar{x}=-\dfrac{R}{4}$,因此,球体 Ω 的重心坐标为$\left(-\dfrac{R}{4},\ 0,\ 0\right)$.

9. $\left(0,\ 0,\ \dfrac{5}{4}R\right)$.

10. (1) $\dfrac{8}{3}a^4$; (2) $\left(0,\ 0,\ \dfrac{7}{15}a^2\right)$;

(3) $\dfrac{112}{45}\rho a^6$.

习题 7

1. $0 \leqslant I \leqslant 2$.

2. $\iint\limits_D (x+y)^2 \mathrm{d}\sigma \geqslant \iint\limits_D (x+y)^3 \mathrm{d}\sigma$.

3. (1) $\dfrac{9}{4}$; (2) $\dfrac{3}{2} + \cos 1 + \sin 1 - \cos 2 - 2\sin 2$;

(3) $\dfrac{1}{3}R^3\left(\pi - \dfrac{4}{3}\right)$; (4) $\dfrac{2}{3}\pi(b^3 - a^3)$.

4. $\dfrac{1}{40}\pi^5$.

5. $\dfrac{4}{3}$.

6. $\dfrac{3}{2}$.

7. $I = \dfrac{368}{105}\mu$.

8. $\bar{x} = 0,\ \bar{y} = \dfrac{4b}{3\pi}$.

9. $\bar{x} = \dfrac{35}{48},\ \bar{y} = \dfrac{35}{54}$.

10. 积分区域用不等式组表示为 Ω: $\begin{cases} 0 \leqslant x \leqslant 1, \\ x \leqslant y \leqslant 1, \\ 0 \leqslant z \leqslant xy, \end{cases}$ 则

$$I = \int_0^1 \mathrm{d}x \int_x^1 \mathrm{d}y \int_0^{xy} xy^2 z^3 \mathrm{d}z = \frac{1}{4}\int_0^1 x^5 \mathrm{d}x \int_x^1 y^6 \mathrm{d}y = \frac{1}{28}\int_0^1 (x^5 - x^{12}) \mathrm{d}x = \frac{1}{312}.$$

11. 记 V 为雪堆体积, S 为雪堆的侧面积, 则 $\left(D_1: x^2 + y^2 \leqslant \dfrac{1}{2}[h^2(t) - h(t) \cdot z]\right)$

$$V = \int_0^{h(t)} \mathrm{d}z \iint\limits_{D_1} \mathrm{d}x\mathrm{d}y = \int_0^{h(t)} \frac{1}{2}\pi[h^2(t) - h(t) \cdot z]\mathrm{d}z = \frac{\pi}{4}h^3(t),$$

$$S=\iint\limits_{D_2}\sqrt{1+\frac{16(x^2+y^2)}{h^2(t)}}\,\mathrm{d}x\mathrm{d}y\ \left(D_2: x^2+y^2\leqslant\frac{h^2(t)}{2}\right)$$

$$=\int_0^{2\pi}\mathrm{d}\theta\int_0^{\frac{h(t)}{\sqrt{2}}}\ \frac{1}{h(t)}[h^2(t)+16r^2]^{\frac{1}{2}}r\mathrm{d}r=\frac{13\pi}{12}h^2(t),$$

由题意知 $\frac{\mathrm{d}v}{\mathrm{d}t}=-0.9s$,所以$\frac{\mathrm{d}h(t)}{\mathrm{d}t}=\frac{13}{10}$,因此 $h(t)=-\frac{13}{10}t+C$.

由 $h(0)=130$ 得 $h(t)=-\frac{13}{10}t+130$,令 $h(t)\to 0$,得 $t=100$ h,

因此,高度为 130 m 的雪堆全部融化所需时间为 100 h.

8 无穷级数

习题 8.1

1. (1) $\frac{a^{n+1}}{2n+1}$;　(2) $(-1)^{n-1}\frac{n+1}{n}$;

(3) $\frac{n}{n^2+1}$;　(4) $(-1)^{n-1}\frac{a^{n+1}}{2a+1}$;

(5) $\frac{1}{2n-1}$;　(6) $\frac{1\cdot 3\cdot 5\cdot\cdots\cdot(2n-1)}{1\cdot 4\cdot 7\cdot\cdots\cdot(3n-2)}$.

2. $\frac{2}{n(n+1)}$.

3. (1) 收敛;　(2) 发散.

4. (1) $\frac{1}{2}$;　(2) $\frac{1}{4}$.

5. (1) 收敛;　(2) 发散.

习题 8.2

1. (1)、(3)、(6)、(8)、(9)、(12)、(18) 发散,(7) $a>1$ 时收敛,$0<a\leqslant 1$ 时发散,(2)、(4)、(5)、(10)、(11)、(13)、(14)、(15)、(16)、(17)收敛.

2. (1) 发散;　(2) 收敛.

3. (1) 收敛;　(2) 发散.

4. 发散.

习题 8.3

1. (1)、(3)条件收敛,(2)、(4)绝对收敛.

2. (1) 发散;　(2) 绝对收敛;　(3) 条件收敛;　(4) 绝对收敛.

3. 绝对收敛.

4. 绝对收敛.

习题 8.4

1. (1) $x=0$;　(2) $[1, 3]$;　(3) $(-1, 1)$;　(4) $[-1, 1]$;

(5) $(-\infty, +\infty)$;(6) $[-3, 3)$;　(7) $\left[-\frac{1}{2}, \frac{1}{2}\right]$;(8) $(-\sqrt{2}, \sqrt{2})$;

(9) $[4, 6)$;　(10) $\left(-\frac{1}{\sqrt{2}}, \frac{1}{\sqrt{2}}\right)$.

2. (1) $\frac{1}{(1-x)^2}$, $(-1<x<1)$;

(2) $\frac{1}{4}\ln\frac{1+x}{1-x}+\frac{1}{2}\arctan x-x$, $(-1<x<1)$;

(3) $\frac{2+x^2}{(2-x^2)^2}$, $(-\sqrt{2}, \sqrt{2})$, 3;　(4) $\frac{2x}{(1-x)^3}$, $(-1, 1)$, 8.

习题 8.5

1. (1) $\sum_{n=1}^{\infty}\frac{(-1)^{n+1}2^{2n-1}}{(2n)!}x^{2n}$, $(-\infty, +\infty)$;

(2) $\ln a+\sum_{n=1}^{\infty}(-1)^{n-1}\frac{1}{n}\left(\frac{x}{a}\right)^n$, $(-a, a]$;

(3) $\sum_{n=0}^{\infty}\frac{(-1)^n}{(2n+1)!}\left(\frac{x}{2}\right)^{2n+1}$, $(-\infty, +\infty)$;

(4) $\sum_{n=0}^{\infty}\frac{(x\ln a)^n}{n!}$, $(-\infty, +\infty)$;

(5) $\sum_{n=0}^{\infty}(-1)^n\frac{2^{2n}x^{2n+1}}{(2n+1)!}$, $(-\infty, +\infty)$;

(6) $x+\sum_{n=2}^{\infty}\frac{(-x)^n}{n(n-1)}$, $(-1, 1]$;

(7) $\sum_{n=0}^{\infty}\frac{x^{2n}}{(2n)!}$, $(-\infty, +\infty)$;

(8) $-2\sum_{n=0}^{\infty}\frac{x^{2n}}{2n+1}$, $(-1, 1)$.

2. $x+\sum_{n=1}^{\infty}(-1)^n\frac{2(2n)!}{(n!)^2}\left(\frac{x}{2}\right)^{2n+1}$, $(-1, 1]$.

3. $\frac{1}{3}\sum_{n=0}^{\infty}(-1)^n\frac{(x-3)^n}{3^n}$, $(0, 6)$.

4. $\dfrac{1}{\ln 10}\sum\limits_{n=0}^{\infty}(-1)^n\dfrac{(x-1)^{n+1}}{n+1}$，$(0,\ 2]$.

5. $\sum\limits_{n=0}^{\infty}\dfrac{1}{(2n)!}x^{2n}$，$(-\infty,\ +\infty)$.

习题 8

1. (1)、(3)、(5)发散，(2)、(4)、(6)收敛.

2. (1) 绝对收敛；　　(2) 绝对收敛.

3. 收敛.

4. 收敛.

5. 发散.

6. 收敛域是$(0,\ +\infty)$.

7. 收敛.

8. 绝对收敛.

9. $\dfrac{2x^2}{(1-x)^2}$.

10. 略.

11. 略.

12. $2S$.

13. $a>1$时收敛，$0<a\leqslant 1$时发散.

9　微 分 方 程

习题 9.1

1. 略.

2. 略.

3. (1)、(2)、(3)、(5)、(6)是微分方程，(1)、(3)、(6)是一阶微分方程，(2)、(5)是二阶微分方程.

4. (1) 是通解；　(2) 是特解；　(3) 是通解；　(4) 不是解.

5. 略.

6. $y=\dfrac{1}{3}x^3$.

7. $16e^y-15=(4x+1)^2$.

8. $\dfrac{x^2}{2}+x+C$.

9. $y'=x^2$.

10. $y'y+2x=0$.

习题 9.2

1. (1) $y=e^{Cx}$; (2) $(x^2-1)(y^2-2)=C$;

(3) $y=Ce^{\sqrt{1-x^2}}$; (4) $e^{-y}=1-Cx$;

(5) $y=C\sin x-1$; (6) $10^x+10^{-y}=C$.

2. (1) $y+\sqrt{y^2-x^2}=Cx^2$; (2) $y=xe^{Cx+1}$;

(3) $\sin\dfrac{y}{x}=\ln|x|+C$; (4) $y=-x\ln|C-\ln x|$.

3. (1) $2\sin 3y-3\cos 2x=3$; (2) $r=2e^{\theta}$;

(3) $y=\dfrac{\pi-\cos x-1}{x}$; (4) $y=2e^{-\sin x}+\sin x-1$.

4. $x+3y+2\ln|x+y-2|=C$.

5. $R=R_0e^{-0.000\,433t}$，时间以年为单位.

6. $xy=6$.

7. $y=2(e^x-x-1)$.

8. 约 27 183 个.

习题 9.3

1. (1) $x^2+y^2=C$; (2) $1+y^2=Ce^{-\frac{1}{x}}$;

(3) $e^{y^2}=C(1+e^x)^2$; (4) $\ln x=\sqrt{1+y^2}+C$;

(5) $\arctan y=x+\dfrac{1}{2}x^2+C$; (6) $y=2x-2+Ce^{-x}$;

(7) $y=Cx(x-y)$; (8) $y=xe^{Cx}$;

(9) $y=Ce^{\frac{y}{x}}$; (10) $x-\sqrt{xy}=C$.

2. (1) $y=2(x+1)e^{-x}$; (2) $\ln y=\tan\dfrac{x}{2}$;

(3) $x^2y=4$; (4) $y^2=2x^2(\ln x+2)$;

(5) $y=\dfrac{2}{3}(4-e^{-3x})$; (6) $y=x\sec x$.

3. (1) $\dfrac{3}{2}x^2+\ln\left|1+\dfrac{3}{y}\right|=C$; (2) $xy^{-3}+\dfrac{3}{4}x^2(2\ln x-1)$;

(3) $y^3=(Cx^2-2x-1)^{-1}$; (4) $y=\dfrac{1}{\ln x+Cx+1}$.

4. (1) $y=\dfrac{x}{\cos x}$; (2) $y=(x+1)e^x$.

5. (1) $\csc(x+y)-\cot(x+y)=\dfrac{C}{x}$；(2) $x=Cy\,e^{\frac{1}{xy}}$.

习题 9.4

1. (1) $y=\dfrac{1}{6}x^3-\sin x+C_1x+C_2$；

(2) $y=(x-3)e^x+C_1x^2+C_2x+C_3$；

(3) $y=x\arctan x-\dfrac{1}{2}\ln(1+x^2)+C_1x+C_2$；

(4) $y=-\ln\cos(x+C_1)+C_2$；

(5) $y=\dfrac{1}{C_1}\ln\dfrac{1+C_1x}{1-C_1x}-x+C_2$；　(6) $y=C_1e^x-\dfrac{1}{2}x^2-x+C_2$；

(7) $C_1y^2-1=(C_1x+C_2)^2$；　(8) $\ln y=C_1e^x+C_2e^{-x}$.

2. $y=\dfrac{4}{(x-2)^2}$.

3. $y=\sqrt{2x-x^2}$.

4. $2y\sqrt{y}=3x-1$.

5. $y=\dfrac{x^3}{6}+\dfrac{x}{2}+1$.

习题 9.5

1. (1)、(2)、(4)、(6)线性无关，(3)、(5)线性相关.

2. $y=C_1\cos wx+C_2\sin wx$.

3. $y=C_1e^x+C_2x^2+3$.

4. 略.

习题 9.6

1. (1) $y=C_1e^{-3x}+C_2e^{3x}$；　(2) $y=C_1\cos x+C_2\sin x$；

(3) $y=e^{-x}(C_1\cos 3x+C_2\sin 3x)$；　(4) $y=C_1e^{-x}+C_2e^{\frac{1}{2}x}$；

(5) $y=(C_1+C_2x)e^{\frac{3}{2}x}$；

(6) $y=e^{-\frac{1}{2}x}\left(C_1\cos\dfrac{\sqrt{3}}{2}x+C_2\sin\dfrac{\sqrt{3}}{2}x\right)$；

(7) $y=C_1e^{-\frac{1}{2}x}+C_2e^{3x}$；　(8) $y=(C_1+C_2x)e^{3x}$.

2. (1) $y=(x+2)e^{-\frac{x}{2}}$；　(2) $3e^{-2x}\sin 5x$.

3. $\ln y=C_1e^x+C_2e^{-x}$.

习题 9.7

1. (1) $(C_1+C_2x)e^{2x}+x+2$；

(2) $y=C_1\cos 2x+C_2\sin 2x+\frac{1}{4}x^2-\frac{1}{8}$；

(3) $y=C_1e^{-2x}+C_2e^{4x}-\frac{1}{6}xe^{-2x}$；

(4) $y=(C_1+C_2x)e^{-2x}+\frac{3}{2}x^2e^{-2x}$；

(5) $y=C_1e^{-2x}+C_2e^{-x}+\frac{1}{10}(\cos x+3\sin x)$；

(6) $y=e^x(C_1\cos 2x+C_2\sin 2x)+\frac{1}{3}e^x\sin x$；

(7) $y=e^{-x}(C_1\cos 2x+C_2\sin 2x)+\frac{1}{4}e^x(\cos x+\sin x)$；

(8) $y=C_1\cos x+C_2\sin x+\frac{1}{2}(x+1)e^{-x}$.

2. (1) $y^*=b_0x+b$； (2) $y^*=b_0e^x$；

(3) $y^*=(b_0x^2+b_1x+b_2)e^{2x}$； (4) $y^*=x(b_0\cos x+b_1\sin x)$.

3. (1) $y=\frac{1}{24}\cos 3x+\frac{1}{8}\cos x$； (2) $y=(9\cos x-25\sin x)e^{3x}+e^{3x}$.

4. $\alpha=-3$，$\beta=2$，$\gamma=-1$，$y=C_1e^x+C_2e^{2x}+xe^x$.

习题 9.8

1. $y=\frac{1}{3}x^2$.

2. $R(x)=(2x^2-20x^3)^{\frac{1}{3}}$.

3. $x(t)=\frac{a}{1+ce^{-akt}}$.

4. $Y(t)=Y_0e^{\gamma t}$，$D(t)=\frac{\alpha Y_0}{\gamma}e^{\gamma t}+\beta t+D_0-\frac{\alpha Y_0}{\gamma}$.

5. $Q=CP^{-k}$(k 为常数).

习题 9

1. (1) $(1+e^x)\sec y=2\sqrt{2}$； (2) $x^2+y^2=x+y$.

2. $y^2=\frac{(4+Cx^5)x^3}{Cx^5-1}$，$y^2=y^3$.

3. $\ln|\csc y-\cot y|=\sin 2x+C.$

4. $y^{*}=ax^{2}e^{2x}+bx+C.$

5. $y=\tan\left(x-\frac{1}{2}x^{2}+\frac{\pi}{4}\right).$

6. $y^{3}=x.$

7. (1) $y=\left[-\frac{1}{2}\cos x^{2}+C\right](x+1)^{n}$; (2) $x=\left(\frac{1}{2}\sin y^{2}+\frac{3}{8}\right)\frac{1}{\sin y}$;

(3) $\frac{1}{y}=\frac{x^{2}+C}{x}$; (4) $\sin y=x+Ce^{-x}$;

(5) $\frac{1}{\sin y}=\frac{(1-x)e^{x}+C}{x}$; (6) $(1+x+y)(x+C)=-1$;

(7) $y+\frac{1}{C_1}\ln y=x+C_2$; (8) $xy\cos\frac{y}{x}=C.$

8. $y=x(\ln\ln x+e^{-1}).$

9. $y^{2}(1+y'^{2})=1.$

10. $y=2e^{2x}-e^{x}.$

11. (1) $y=e^{-x}-e^{4x}$; (2) $y=e^{2x}\sin 3x.$

12. $f(x)=xe^{x+1}.$

13. $y=e^{x}(2x+C).$

14. 1.

参 考 文 献

[1] 吴赣章. 高等数学(医药类)第 2 版. [M]. 北京：中国人民大学出版社，2012.
[2] 刘金林. 高等数学(经济管理类)第 4 版. [M]. 北京：机械工业出版社，2013.
[3] 蒋兴国. 高等数学(经济类)第 3 版. [M]. 北京：机械工业出版社，2011.
[4] 费伟劲. 高等数学与经济数学[M]. 上海：立信会计出版社，2006.
[5] 中国机械工业教育协会组编. 高等数学(文科用)[M]. 北京：机械工业出版社，2000.
[6] 贲亮. 高等数学(合订本)[M]. 北京：北京邮电大学出版社，2006.